"十四五"职业教育国家规划教材

金属材料失效分析

基础与应用

主　编　胡美些

副主编　李仕慧　丰洪微

参　编　高昊　弋楠　李翔

主　审　王学武　张艳飞

第 **2** 版

机械工业出版社

CHINA MACHINE PRESS

本书为"十四五"和"十三五"职业教育国家规划教材，是根据教育部制定的职业教育材料类专业教学标准和"金属材料失效分析"课程教学大纲，在第 1 版的基础上修订而成。本书以单元为单位组织内容，并将案例融入其中，使读者充分掌握失效分析中的各项技能。全书共分六个单元，包括概论、金属零件失效基础知识、断裂失效分析、表面损伤失效分析、金属构件加工缺陷与失效、典型构件失效分析案例。

　　本书贯彻现行国家标准，内容深入浅出，图文并茂，注重实用性和应用性，突出高等职业教育特色，可作为高等职业院校材料类专业用教材，也可供成人高校、中等职业学校等材料类专业的学生以及工程技术人员使用、参考。

　　为提高学习效果，本书配有数字化资源，以二维码形式嵌入书中，可帮助读者理解相关知识、巩固所学内容和拓展视野。为方便教学，本书配有电子课件等教学资源，凡选用本书作为授课教材的教师均可登录机械工业出版社教育服务网 www.cmpedu.com，注册后免费下载，或致电 010-88379375 联系营销人员。

图书在版编目（CIP）数据

金属材料失效分析基础与应用／胡美些主编.
2 版. -- 北京：机械工业出版社，2024. 12. --（"十四五"职业教育国家规划教材）. -- ISBN 978-7-111
-77235-4

Ⅰ. TG115

中国国家版本馆 CIP 数据核字第 20256KL709 号

机械工业出版社（北京市百万庄大街 22 号　邮政编码 100037）
策划编辑：王海峰　　　　　　　责任编辑：王海峰　赵晓峰
责任校对：韩佳欣　陈　越　　　封面设计：张　静
责任印制：李　昂
北京捷迅佳彩印刷有限公司印刷
2025 年 3 月第 2 版第 1 次印刷
184mm×260mm · 16. 75 印张 · 415 千字
标准书号：ISBN 978-7-111-77235-4
定价：55. 00 元

电话服务　　　　　　　　　　网络服务
客服电话：010-88361066　　　机　工　官　网：www.cmpbook.com
　　　　　010-88379833　　　机　工　官　博：weibo.com/cmp1952
　　　　　010-68326294　　　金　书　网：www.golden-book.com
封底无防伪标均为盗版　　　　机工教育服务网：www.cmpedu.com

关于"十四五"职业教育
国家规划教材的出版说明

为贯彻落实《中共中央关于认真学习宣传贯彻党的二十大精神的决定》《习近平新时代中国特色社会主义思想进课程教材指南》《职业院校教材管理办法》等文件精神，机械工业出版社与教材编写团队一道，认真执行思政内容进教材、进课堂、进头脑要求，尊重教育规律，遵循学科特点，对教材内容进行了更新，着力落实以下要求：

1. 提升教材铸魂育人功能，培育、践行社会主义核心价值观，教育引导学生树立共产主义远大理想和中国特色社会主义共同理想，坚定"四个自信"，厚植爱国主义情怀，把爱国情、强国志、报国行自觉融入建设社会主义现代化强国、实现中华民族伟大复兴的奋斗之中。同时，弘扬中华优秀传统文化，深入开展宪法法治教育。

2. 注重科学思维方法训练和科学伦理教育，培养学生探索未知、追求真理、勇攀科学高峰的责任感和使命感；强化学生工程伦理教育，培养学生精益求精的大国工匠精神，激发学生科技报国的家国情怀和使命担当。加快构建中国特色哲学社会科学学科体系、学术体系、话语体系。帮助学生了解相关专业和行业领域的国家战略、法律法规和相关政策，引导学生深入社会实践、关注现实问题，培育学生经世济民、诚信服务、德法兼修的职业素养。

3. 教育引导学生深刻理解并自觉实践各行业的职业精神、职业规范，增强职业责任感，培养遵纪守法、爱岗敬业、无私奉献、诚实守信、公道办事、开拓创新的职业品格和行为习惯。

在此基础上，及时更新教材知识内容，体现产业发展的新技术、新工艺、新规范、新标准。加强教材数字化建设，丰富配套资源，形成可听、可视、可练、可互动的融媒体教材。

教材建设需要各方的共同努力，也欢迎相关教材使用院校的师生及时反馈意见和建议，我们将认真组织力量进行研究，在后续重印及再版时吸纳改进，不断推动高质量教材出版。

机械工业出版社

前　言

　　应用失效分析技术可以指导机械产品规划、设计、选材、加工、检验及质量管理等方面的工作；同时失效分析技术又是制定技术规范、科学发展规划、法律仲裁等的重要依据之一。随着现代科学技术的飞跃发展，失效分析已经成为一门综合性学科，在工程上正得到日益广泛的应用和普遍的重视。在这种背景下，对于失效分析人员的培养成为工科类院校的一项重要任务。近年来，我国部分高校相继开设了有关失效分析的课程，但是目前对于从事失效分析人员的实践能力的培养仍然达不到社会的需求。为此，我们组织编写了本书。本书自出版发行以来，受到了读者的欢迎和喜爱，也获得了读者对教材使用情况的反馈。在机械工业出版社的支持下，在充分接受读者意见和建议的基础上，我们对本书进行了修订。

　　此次修订是根据教育部制定的职业教育材料类专业教学标准和"金属材料失效分析"课程教学大纲进行的。本书分为六个单元：第一单元为概论，总体上介绍失效及失效分析；第二单元为金属零件失效基础知识；第三单元为断裂失效分析；第四单元为表面损伤失效分析；第五单元为金属构件加工缺陷与失效；第六单元为典型构件失效分析案例。

　　修订后的内容主要体现以下特点：

　　1）本书采用单元、模块化的设计，紧密结合高等职业教育的办学特点和教学目标，强调实践性、应用性和创新性。

　　2）在内容上不仅适当降低了理论深度，坚持以应用为目的，理论知识以必需、够用为度，而且注重精选和创新，既考虑了知识结构的合理性、系统性，又兼顾了职业技术培训的要求，力求突出实践应用，重在能力培养。

　　3）本书在第1版的基础上更新了案例，内容更加翔实，易于理解。

　　4）为便于教学，本书配套了电子教案。

　　本书由内蒙古机电职业技术学院胡美些（编写概论、第六单元）、包头轻工职业技术学院李仕慧（编写第二单元）、渤海船舶职业学院高昊（编写第三单元）、陕西工业职业技术学院弋楠和内蒙古自治区产品质量检验研究院李翔（编写第四单元）、内蒙古机电职业技术学院丰洪微（编写第五单元）共同编写，胡美些任主编，李仕慧、丰洪微任副主编。全书由渤海船舶职业学院王学武教授、内蒙古电力（集团）有限责任公司内蒙古电力科学研究院分公司张艳飞主审。

　　在本书的编写过程中，编者引用和参考了相关文献和资料，在此向原作者表示感谢。

　　由于编者学识水平和收集的资料有限，书中难免有疏漏和不妥之处，敬请读者不吝赐教，共同商榷。（电子邮箱：710679063@qq.com）

编　者

二维码索引

（续）

序号	名　　称	二维码	页码	序号	名　　称	二维码	页码
15	抗层状撕裂钢 Q460E-Z35 炼成记		199	17	焊接人物故事——高凤林的工匠精神		201
16	库尔斯克号核潜艇沉没原因探析——焊接缺陷		200	18	压力容器结构仿真动画		240

目　录

第一单元
概　　论

学习目标

　　工程上的各类构件在使用过程中都存在一定的磨损、腐蚀、断裂等情况，当构件使用达到一定程度时就会出现失效现象，这时就需要对其进行失效分析。可以说，失效给生产、生活造成了严重的损失，而失效分析可以有效地避免或减少这种损失，进一步提高构件的质量，节约成本。

　　本单元主要目标是认识失效及失效分析，了解失效分析的意义与任务，了解失效分析的历史、现状与发展趋势，掌握失效分析的思路方法和基本程序。

模块一　失效与失效分析

一、失效及其危害

1. 失效的概念

　　金属装备中的金属零部件称为金属构件。金属装备及其构件都具有一定的功能，承担各种各样的工作任务，如承受载荷、传递能量、完成某种规定的动作等。金属装备及其构件在使用过程中，由于应力、时间、温度和环境介质和操作失误等因素的作用，失去其规定功能的现象时有发生。这种丧失其规定功能的现象称为失效（failure）。

　　应特别强调的是失效与以下几个概念既有联系又有区别，必须加以正确理解。

　　1）失效和事故。失效与事故是紧密相关的两个概念，事故强调的是后果，即造成的损失和危害，而失效强调的是机械产品本身的功能状态。失效和事故常有一定的因果关系，但两者没有必然的联系。

　　2）失效和可靠。失效是可靠的反义词。机电产品的可靠度 $R(t)$ 是指时间 t 内能满足规定功能产品的比例，即 $n(t)/n(0)$。其中，$n(t)$ 为时间 t 内满足规定功能产品的数量，$n(0)$ 为产品试验总数量。

　　3）失效件和废品。失效件是指进入商品流通领域后发生故障的零件，而废品则是指进入商品流通领域前发生质量问题的零件。废品分析采用的方法常与失效分析方法一致。

零件失效（即失去其规定功能）包括三种情况：

1）零件由于断裂、腐蚀、磨损、变形等，完全失去规定功能。

【案例1-1】 压力容器在运行中突然产生壳体开裂而引起介质外泄或爆破，涡轮机在运转中突然发生叶片断裂而停止运转或使整机遭到破坏，这种完全失去规定功能的现象就是失效。

2）零件在外部环境作用下，部分地失去其规定功能，虽然仍能工作，但不能完成规定功能和既定任务。

【案例1-2】 换热器流道变形、污垢堵塞使传热系数下降，压缩机气缸内壁腐蚀使排出气体压力下降，这时虽然换热器和压缩机尚未完全不能使用，也可认为已经失效。

3）金属装备的整体功能并无任何变化，但其中某个构件失去部分或全部功能，虽然装备还能正常工作，但在某些特殊情况下可能导致重大事故，这种失去安全工作能力的情况也属于失效。

【案例1-3】 锅炉和压力容器的安全阀失灵、火车或汽车的制动失灵等。

2. 失效的分类

失效的分类方法较多且不统一，主要有以下几种分类方法。

（1）按材料损伤机理分类 根据机械失效过程中材料发生物理、化学变化的本质机理不同和过程特征差异，可以分为四类，分别是变形、断裂、磨损和腐蚀，如图1-1所示。图1-2所示为一些典型零件失效特征。

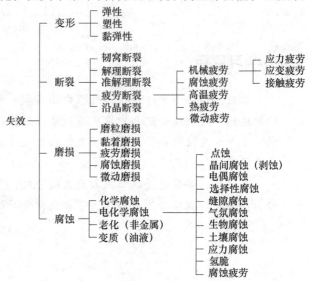

图1-1 按材料损伤机理分类

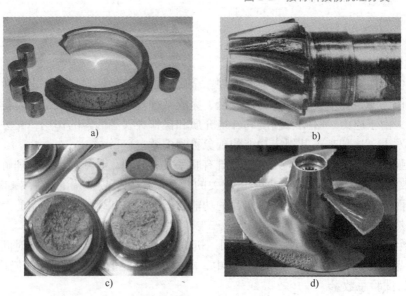

图1-2 典型零件失效特征

a）轴承断裂 b）齿轮磨损失效 c）轴断裂 d）叶片气蚀损坏

（2）按机械失效的时间特征分类 可分为早期失效和突发失效，具体如图 1-3 所示。

（3）按机械失效的后果分类 结果如图 1-4 所示。

图 1-3 按机械失效的时间特征分类　　　图 1-4 按机械失效的后果分类

二、失效分析

1. 失效分析的基本概念

对装备及其构件在使用过程中发生各种形式失效现象的特征及规律进行分析研究，从中找出产生失效的主要原因及防止失效的措施，称为失效分析。失效分析是一门综合性的质量系统工程，是一门解决材料、工程结构、系统组元等质量问题的工程学。它的任务是既要揭示装备及其构件功能失效的模式和原因，弄清失效的机理和规律，又要找出纠正和预防失效的措施。它相当于材料诊断学，运用各种分析仪器和方法，对断口（缺陷）进行综合分析，查明失效原因并采取措施，防止同类失效再发生，一般应包含五项内容，即判定失效模式（failure mode）；界定失效缺陷（failure defect）；鉴定失效机理（failure mechanism）；确定失效起因（failure cause）；提出解决对策（counter measure）。

1）失效模式 是指构件失效后的外观表现形式，即可观察、可测量的失效的宏观特征，如脆性断裂、疲劳开裂、接触磨损等。根据构件失效的外观特征，失效模式应有五种：断裂（fracture）；腐蚀（corrosion）；磨损（wear）；畸变（distortion）；衰减（attenuation），指微观结构随时间、环境等因素渐变劣化。

2）失效缺陷 是指导致构件损伤或损坏的实际缺陷，如裂纹、腐蚀坑、磨损带、分层等。

3）失效机理 是指致使构件失效所发生的物理、化学变化过程，即失效的微观机制，如腐蚀模式下的电偶腐蚀、缝隙腐蚀、晶界腐蚀、点蚀等。

4）失效起因 是指促使失效机理起作用的主要因素，如超载、疲劳载荷、电极电位差、微动摩擦等。

【案例 1-4】 泰坦尼克号轮船的失效模式、缺陷、机理与起因的关系。

泰坦尼克号轮船是 20 世纪初的一艘大型豪华游轮，船体结构的设计采用了双壳层和 16 个相互隔离的水密舱等安全措施，因而当时被认为是一艘"永不沉没"的巨轮。

1）泰坦尼克号轮船沉没过程解析。它的首航是在 1912 年 4 月 10 日从英国南安普顿出发前往美国纽约（图 1-5），航速为 22kn $^{\ominus}$，但在 4 月 14 日晚 11 时 40 分左右与冰山相

$\ominus$　kn（节）为船舶航行速度单位，1kn = 0.51444m/s。

撞。由于船体破裂进水后迅速沉没，造成一千多人丧生，是严重的海事事故。

a)   b)

图1-5 泰坦尼克号轮船首航

a) 出发时 b) 航行中

2) 事故调查结论。在对泰坦尼克号轮船船板备用件进行材料性能检验后，其金相组织如图1-6所示，发现存在大量的MnS夹杂物，其纵向、横向韧脆转变温度分别为32℃、56℃，而当时的水温是-2℃。可以推定，泰坦尼克号轮船与冰山相撞时的失效特征是脆性断裂（失效模式），这一点也可以从泰坦尼克号轮船船板的冲击断口看出，如图1-7a所示。船板在冰山的持续碰撞和水流的波动作用下，在夹杂物处引发了许多裂纹（失效缺陷），这些裂纹随后发生了快速疲劳扩展（失效机理），最终导致了船板的断裂。而用现代技术冶炼的钢在受到撞击时可弯成V形或断裂时有明显的延性断裂特征。现代船板的冲击断口如图1-7b所示。因此，泰坦尼克号轮船的失效是由船板和铆钉内大量的MnS夹杂物和冰山撞击力的相互作用下发生的疲劳断裂所引起的（失效起因）。

泰坦尼克号
轮船断裂

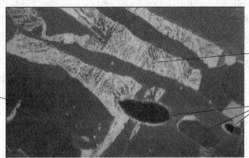

珠光体组织（白色）

铁素体组织（灰色）

MnS夹杂物（黑色）

图1-6 泰坦尼克号轮船船板的金相组织

脆断形貌

延断形貌

a)   b)

图1-7 泰坦尼克号轮船船板的冲击断口及比较

a) 泰坦尼克号轮船船板的冲击断口 b) 现代船板的冲击断口

2. 失效分析的基本特点

（1）失效分析的内在关系 从本质上讲，任何材料的失效过程都会经历从产品到构件、从构件到损伤两个不同阶段，即"六品""五件""四化"。正确理解它们的本质含义及内在关系，对开展有效的失效分析是至关重要的。

1）六品（产品），是指制品、成品、半成品、物品、次品、废品。

2）五件（构件），是指零件、部件、组件、元件、器件。

3）四化（损伤），是指劣化（微观）、退化（细观）、脆化（宏观）、老化（外观）。

（2）失效分析的复杂性 事故的发生一般不是仅由一种因素引起的，常涉及多种因素。

【案例 1-5】 2011 年 7 月 23 日发生在浙江的甬温线高速动车追尾事故，造成 40 人死亡、近 200 人受伤，这是一起由设备故障、操作不当等多种因素交互作用引起的失效事故。

（3）失效分析的综合性 产品质量管理一般实行"五要素"法或"六要素"法管理。其中，"五要素"法是指"人、机、料、法、环"（4M1E 分析法）；"六要素"法是指"人、机、料、法、环、测"（5M1E 分析法）。但产品的失效分析更复杂，分析人员不仅需要有材料、工艺、结构、力学、控制、检验等专业知识，还要懂得安装、维护、运行、环境等工程知识，同时也要熟悉生产过程涉及的标准、规范、规程，以及包括心理学等在内的一些管理知识。图 1-8 所示为与失效分析相关的学科。

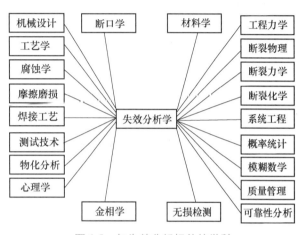

图 1-8 与失效分析相关的学科

（4）失效分析的系统性 从结构完整性考虑，一个构件失效的原因分析，从技术层面上应该涉及八个方面：设计（design）；材料（material）；制造（fabrication）；安装（installation）；检验（inspection）；操作（operation）；维护（maintenance）；环境（environment）。失效分析的鱼骨图如图 1-9 所示。失效分析一般都是事后分析，而最佳方法应是事前分析，如提前对构件可能出现的失效模式和失效影响因素进行分析，并做好防范工作。

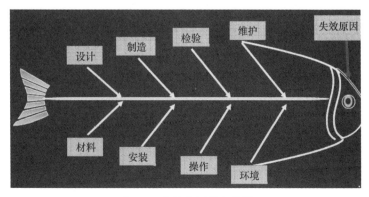

图 1-9 失效分析的鱼骨图

【案例1-6】 传动齿轮的失效分析。

模数为7mm的传动齿轮，采用20CrMnTi制造，经渗碳淬火并低温回火处理。技术要求是：渗碳层的硬度为58~63HRC，心部硬度为32~48HRC，马氏体及残余奥氏体≤4级，渗碳层深度为1.3~1.5mm。该齿轮在使用中发生断齿失效，试分析断齿原因。

分析一：按技术要求对该齿轮进行常规检查，其结果是：渗碳层硬度为62HRC，心部硬度为42HRC，马氏体及残余奥氏体为3级，均符合要求，但渗碳层深度为1.1mm，不符合技术要求。对于这个齿轮，如果在出厂前发现硬化层深度低于技术要求而判为不合格品，这是无可非议的。但是现在要找出齿轮发生断齿的原因，故而不能简单地认定是硬化层深度不足而引起的。

分析二：按失效分析的观点，在进行上述常规检查后应做进一步分析。分析表明，断口为宏观脆性断裂（掉下的齿呈凸透镜状），众多初裂纹源于表面加工缺陷处，经快速扩展后引起断裂，属于过载类型的宏观脆性断裂。根据上述分析，该齿轮断齿失效是由于齿根加工质量不良产生的严重应力集中。其改进措施应是提高齿根的加工质量、减少应力集中及防止过载。实践证明这一分析结论是正确的。

按照分析一的观点，如果增加硬化层的深度至1.3~1.5nm，虽然符合技术要求，但由于渗碳层的脆性进一步加大，不但解决不了此类断齿问题，反而会增加此类断齿的危险性。

模块二　失效分析的意义与任务

 案例引入

美国挑战者号
航天飞机
失事原因

【案例1-7】 1986年1月28日，美国挑战者号航天飞机升空后仅73s就发生爆炸，7名宇航员全部遇难。航天飞机爆炸后，在国会的压力下，美国成立了总统调查委员会，由原国务卿威廉·皮尔斯·罗杰斯（William P. Rogers）任主席，成立独立的分析专家委员会。总统调查委员会经过4个多月的调查，向国会提交了一份256页的分析报告，得出的结果确认挑战者号航天飞机爆炸是其右侧固体火箭助推器连接处的O形密封圈因设计上的缺陷和气温过低导致失效而引起的。由于橡胶制成的O形密封圈失效导致气体泄漏起火，并引燃抗压材料，从而发生灾难性的事故。

此后，美国宇航局进行了全面改组，设立了独立的安全性、可靠性和质量保证办公室，对飞行器、发动机、轨道器等部件做了600多项改进。历时2年8个多月后，航天飞机才重新恢复飞行。

一、失效分析的意义

失效分析是分析引起产品失效的原因，并提出对策，以防止其再次发生的技术活动和管理活动。及时有效的失效分析对于保护人民群众生命财产安全，推动产品提质增效，助推企业高质量发展、加快建设制造强国、质量强国具有重要意义。

1. 失效分析的社会经济效益

失效分析的巨大社会经济效益是显而易见的，它主要表现在以下几个方面。

（1）失效将造成巨大的经济损失　金属装备及其构件失效往往会产生巨大的直接经济

损失和惊人的间接经济损失。所谓间接经济损失，主要包括由于失效迫使企业停产或减产所造成的损失、引起其他企业停产或减产所造成的损失、影响企业的信誉和市场竞争力所造成的损失等。

【案例1-8】　1981年1月11日，某电厂200MW机组除氧器发生爆炸，造成直接经济损失约达500万元，而抢修损坏机组的10个月间，因停止发电引起的间接经济损失则达几亿元。

1999年10月，某化工企业试生产时阀门爆炸，导致国家级建设项目停产，造成约600万元的直接损失。

一台125MW发电机组停机一天，其综合损失就约达24万元，而这些停机往往是一根过热器或导气管开裂引起的，其成本只有几百元。

某钢厂轧机的人字齿轮轴失效，造成的直接经济损失虽然并不太大，但停产造成的间接经济损失却高达400余万元。

小型合成氨厂所用的合成氨冷凝器，每台售价仅7000元，但因失效引起的损失可达数万元甚至数十万元。

除此之外，机械产品的失效在造成本企业的损失外，往往还会引起相关企业的停产或减产，其实际损失往往比估算的损失还要大。至于失效引起的人员伤亡事故，更是难以用经济数字来表示。

（2）质量低劣、使用寿命短导致重大经济损失　一些用量大、涉及面广的机械产品，由于质量低劣，导致使用寿命大大缩短，也将造成巨大的经济损失。如齿轮、轴承、弹簧、轴、紧固件及工模具等是机械工业的基础件，它们中一个零件的失效往往并不会造成多大的经济损失，但是由于其用量大、涉及面广而且失效频繁，由此而造成的经济损失是十分巨大的。

【案例1-9】　我国某汽车制造厂因零件早期失效或其他质量问题，仅于1986年向用户支付的零件金额就达66万元。

20世纪80年代，我国钢产量仅为日本的1/3，而高速钢的消耗却为日本的3倍，其重要原因之一，就是工模具用钢不合理及工模具使用寿命短。热挤压用模具的使用寿命也有类似情况，国内不少厂家自制模具的使用寿命仅为日本进口模具的1/3。出现这种情况的原因，除了模具的正常磨损等失效，更多的是工艺原因造成的早期断裂。

当前，多数已经进入应用领域的微机电系统（Microelectro Mechanical System，MEMS）器件或者正在研制中的其他微机电系统器件在其所应用的系统中正在或将要发挥非常重要的作用，虽然MEMS器件本身价格便宜，但其失效造成的损失非常巨大，一个明显的例子就是应用于军事上的MEMS器件。

（3）提高设备运行和使用的安全性　一次重大的失效可能导致一场灾难性的事故，通过失效分析，可以避免和预防类似失效，从而提高设备安全性。设备的安全性问题是大问题，从航空航天器到电子仪表，从电站设备到旅游娱乐设施，从大型压力容器到家用液化气罐，都存在失效的可能性。通过失效分析确定失效的可能因素和环节，从而有针对性地采取防范措施，则可起到事半功倍的效果。例如对于一些高压气瓶，通过断裂力学分析知道，要保证气瓶不发生脆性断裂（突发性断裂），必须提高其断裂韧度，通常采用高安全性设计来确定构件尺寸。这样，即使发生开裂，在裂纹穿透瓶壁之前，也不发生突然断裂，不至于酿成灾难性事故。

机械产品的失效，不仅造成巨大的、直接的经济损失，而且会造成更大的、间接的经济损失及人员伤亡。重大工程构件的失效是如此，许多量大面广的、往往不被人们注意的小型零件的失效也是如此。但是，无论是哪种类型的失效，通过失效分析，明确失效模式，找出失效原因，采取改正或预防措施，使同类失效不再发生，或者把产品的失效限制在预先规定的范围内，都可避免巨额的经济损失，并可获得巨大的社会效益。

2. 失效分析有助于提高管理水平和促进产品质量得到提高

有些产品在使用中之所以会失效，常常是由于产品本身有缺陷，而这些缺陷大多数情况下在出厂前是可以通过相应的检查手段发现的。但是这些产品由于出厂时漏检或误检而进入市场，这就表明工厂的检验制度不够完善或者检验的技术水平不够高。

产品在使用中发生的早期失效，有相当大的部分是因为产品的质量有问题。通过失效分析，将其失效原因反馈到生产厂家并采取相应措施，将有助于产品质量的不断提高。这一工作是失效分析和预防技术研究的重要目的和内容。

有些产品在加工制造中留下了较大的加工刀痕或因热处理工艺控制不当形成不良组织，在以后的服役过程中，断裂源可能就在此处产生，从而导致早期断裂。

【案例 1-10】 某发电厂使用的灰浆泵，在一年内连续出现灰浆泵主轴断裂，最严重时，一根主轴使用时间不到 24h。经分析，主轴均为疲劳断裂，是表面加工刀痕过大引起的。

对用 20CrMo 制成的嘉陵摩托车连杆断裂的失效分析表明，热处理过程中在连杆表面形成粗大的马氏体针状组织是导致其断裂的主要原因。

通过失效分析，切实找出导致构件失效的原因，从而提出相应的有效措施，提高产品的质量和可靠性。

【案例 1-11】 某坦克厂生产的扭力轴，长期存在疲劳寿命不高的质量问题。该厂曾多次改进热处理工艺及滚压强化措施，均未能得到显著效果。后来利用失效分析技术，发现扭力轴疲劳寿命不高的主要原因是钢中存在过量的非金属夹杂物。将此信息反馈到冶金厂，通过提高冶金质量，使扭力轴的疲劳寿命由原来的 10 万次左右提高到 50 万次以上。

某碱厂购进的 40Cr 活塞杆在试车时发生断裂，经过对断裂的失效分析，提出了改进热处理工艺的措施。经改进的活塞杆使用近一年后没有出现任何问题。

在材料的研究过程中，由于钢材中过量氢的存在而引起的氢脆，促进了真空冶炼和真空浇注技术的发展，从而大大提高了钢材的冶金质量。不锈钢的晶间腐蚀断裂，可以通过降低钢中的含碳量或利用加钛和铌来稳定碳的办法予以解决。这些措施的提出得益于失效分析，正是通过失效分析，发现不锈钢的晶间腐蚀是由于碳化物沿晶界析出引起的。

20 世纪 60 年代初期，日本就对各国生产的汽车，特别是对其关键零部件进行分析并加以比较，为改进本国的产品提供了科学的依据，从而使其产品很快地进入世界先进行列。20 世纪 70 年代，德国拜耳轻金属厂（BLW）的精锻齿轮产量就达到了年产 1000 万件的水平，而我国在 20 世纪 60 年代就开始了精锻齿轮的研究，但至今生产水平与德国相比尚有差距，其主要原因之一是模具使用寿命短。统计表明失效的模具中，约有 80% 属于磨损、塌陷等正常失效，而另外的 20% 则属于早期断裂，甚至加工几件到十几件就开裂。通过失效分析，采取合适的材料和工艺，可以有效地延长模具使用寿命。由于失效分析是对产品在实际使用中的质量与可靠性的客观分析，因此得出的正确结论可用于指导生产和质量管理，将产生改进和革新的效果。企业和管理组织应根据实际情况设立有效的失效分析组织和质量控制体系，图 1-10 所示为美国的一种以工程为基础的可靠性组织形式。

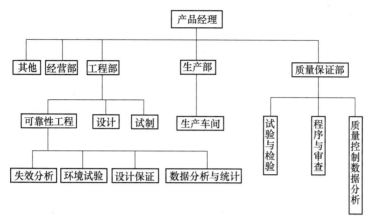

图 1-10 以工程为基础的可靠性组织形式（美国）

3. 失效分析有助于分清责任和保护用户（生产者）利益

对于重大事故必须分清责任。为了防止误判，必须依据失效分析的科学结论进行处理。

【案例 1-12】 某军工厂一重要产品在锻造时发生成批开裂事故，开始时，工厂主观地认为是操作工人有意进行破坏并处分了责任人。后经分析表明，锻件开裂是由铜脆引起的，并非人为的破坏，从而避免了误判。又如，某煤矿扒装机减速器上的行星齿轮采用 45 钢制造，齿轮在井下仅使用一个多月就因严重磨损而报废，为了更换该齿轮，须将减速器卸下送到机修厂检修，一般需停产 4~5 天，造成很大损失。经失效分析发现，该齿轮并未按要求进行热处理。

对于进口产品存在的质量问题，及时地进行失效分析，则可向外国厂商进行索赔，以维护国家的利益。

【案例 1-13】 某磷肥厂由国外引进的价值几十万美元的设备，使用不到 9 个月，主机叶片发生撕裂。将此事故通知外商后，外商很快返回了处理意见，认为是操作者违章作业引起的应力腐蚀断裂。该厂在使用中的确存在着 pH 值控制不严的问题，而叶片的外缘部位也确实有应力腐蚀现象，看起来事故的责任应在我方。但进一步分析表明，此叶片断裂的起裂点并不在应力腐蚀区，而发生在叶片的焊缝区，这是由于焊接质量不良（有虚焊点）引起的。依此分析结论与外商再次交涉，外商才承认产品质量有问题，同意赔偿我方损失。

随着我国工业化转型升级的不断推进，相信失效分析这一工作的意义会更重大，也会更加引起国内各企业和政府部门的关注和支持。

4. 失效分析是修订产品技术规范及标准的依据

随着科学技术水平的不断提高及生产的不断发展，要求对原有的技术规范及标准做出相应的修订。各种新产品的试制及新材料、新工艺、新技术的引入也必须及时制定相应的规范及标准。这些工作的正确进行，都需依据产品在使用条件下所表现的行为来确定。如果不了解产品在服役中是如何失效的，不了解为避免此种失效应采取的相应措施，原有规范和标准的修订及新标准的制定将失去科学依据，这对确保产品质量的不断提高是不利的。

【案例 1-14】 某车辆重载荷齿轮，原来采用固体渗碳处理，其渗碳层的深度、硬度及金相组织等均符合相应的技术要求。但在使用中发现，产品的主要失效形式为齿根的疲劳断裂。为了提高齿根的承载能力，改进了渗碳工艺，并加大了齿轮的模数，齿轮的使用性能得以显著提高。当对产品的性能提出更高要求时，齿轮的主要失效形式为齿面的黏着磨损及麻点剥落。为此，引入了高浓度浅层碳氮共渗表面硬化工艺，延长了齿轮的使用寿命。在老产品的改型及新工艺的引入过程中，对产品的技术规范和标准多次做了修改。由于此项工作始终是以产品在使用条件下所表现的失效行为为基础的，因此确保了产品的性能得以稳定和不断提高。相反，如果旧的规范及标准保持不变，就会对生产的发展起到阻碍作用；但在产品的技术规范和标准变更的过程中，如果不以失效分析工作为基础，也很难达到预期的结果。

5. 失效分析对材料科学与工程的促进作用

失效分析在近代材料科学与工程的发展史上占有极为重要的地位。可以毫不夸张地说，材料科学的发展史实际上是一部失效分析史。材料是用来制造各种产品的，它的技术突破往往能成为技术进步的先导，而产品的失效分析又反过来促进材料的发展。失效分析在整个材料链中的反馈作用如图 1-11 所示。

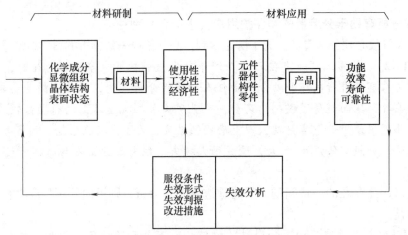

图 1-11 失效分析在整个材料链中的反馈作用

失效分析对材料科学与工程的促进作用，具体表现在以下几个方面。

（1）材料强度与断裂 强度与断裂学科的产生与发展都是与失效分析紧密相连的。近代对材料学科的发展具有里程碑意义的"疲劳与疲劳极限""氢脆与应力腐蚀""断裂力学与断裂韧度"概念的提出都是在失效分析的促进下完成的。

【案例 1-15】 在 19 世纪初叶，火车频繁断轴曾经给工程界造成巨大冲击。长期在铁路部门工作的德国人奥古斯特·威勒（1819—1914）设计了各种疲劳试验机，经过大量试验，提出了疲劳极限的概念并从中获得了 S-N 曲线。100 多年来，人们对各种材料的 S-N 曲线进行了研究，推动了由静强度到疲劳强度设计的进步。1954 年 1 月 10 日和 4 月 8 日，两架英国彗星号喷气客机在爱尔巴和那不勒斯相继失事，相关部门对此进行了详尽的调查和周密的试验，首先在一架彗星号整机上进行模拟实际飞行时的载荷试验，经过 3057 充压周次（相当于 9000 飞行小时），压力舱壁突然破坏，裂纹首先出现于应急出口门框下后角一铆钉孔处。之后，又在另一架彗星号客机上进行了实际飞行时的应力测试和所用铝材的疲劳试验。

经过与从海底打捞上来的飞机残骸的对比分析,最后得出结论,事故是由疲劳引起的。这次规模空前的失效分析揭开了疲劳研究的新篇章。

在第一次世界大战期间,随着飞机制造业的发展,高强度金属材料相继出现,并用于制造各类重要构件,然而随后发生的多起飞机坠毁事故引发了对高强度材料广泛应用的质疑。经失效分析发现,飞机坠毁的原因是构件中含有过量氢而引起的脆性断裂。含有过量氢的金属材料,其强度指标并未降低,但材料的脆性大大增加,故称为氢脆。20 世纪 50 年代美国发生多起电站设备断裂事故,也被证实是由氢脆引起的。

从许多大型化工设备中不锈钢件的断裂原因分析发现,具有一定成分和组织状态的合金,在一定的腐蚀介质和拉应力作用下,可能出现有别于单纯介质和单纯拉应力作用下引起的脆性断裂,此种断裂称为应力腐蚀断裂。此后,氢脆和应力腐蚀逐步发展成为材料断裂学科中另一重大领域而被广泛重视。

氢脆发现第一人

目前,以断裂力学(损伤力学)和材料的断裂韧度为基础的裂缝体强度理论广泛应用于大型构件的结构设计、强韧性校核、材料选择与剩余寿命估算,成为当代材料科学发展中的重要组成部分。这一学科的建立和发展也与机械失效分析工作有着密切的关系。

对蠕变、弛豫和高温持久强度等的研究也是和各种热力机械,特别是和高参数锅炉、汽轮机及燃气轮机的失效分析与防止紧密联系的。随着超临界、超超临界发电机组的投入使用,这一问题的解决将越来越得到重视。

(2)材料开发与工程应用 把失效分析所得到的信息反馈给冶金工业,就能促进现有材料的改进和新材料的研制。

【案例 1-16】 在严寒地区使用的工程机械和矿山机械,其金属构件常常会发生低温脆断,由此专门开发了一系列的耐寒钢。

海洋平台构件常在焊接热影响区发生层状撕裂,经过长期研究发现这与钢中的硫化物夹杂物有关,后来研制了一类 Z 向钢。

在化工设备中经常使用的高铬铁素体不锈钢,对晶间腐蚀很敏感,特别在焊接后尤其严重。经分析,只要把碳、氮含量控制到极低水平,就可以克服这个缺点,由此发展了一类"超低间隙(Extra Low Interstitial,ELI)元素"的铁素体不锈钢。

大量的失效分析表明,飞机起落架等构件需要超高强度钢,同时要保证其足够的韧性,于是发展了改型的 300M 钢,即在 4340 钢中加入适量的 Si 以提高抗回火性,提高了钢的韧性。

对于机械工业中最常用的齿轮零件,麻点和剥落是主要的失效形式,于是发展了一系列控制淬透性的渗碳钢,以保证齿轮合理的硬度分布。

对于矿山、煤炭等行业的破碎机械和采掘机械等,磨损是其主要的失效形式,从而发展了一系列的耐磨钢和耐磨铸铁,开发了耐磨焊条和一系列表面抗磨技术。

失效分析极大地促进了铝合金的发展。20 世纪 60 年代初期牌号为 7×××系列(Al-Zn-Mg-Cu 系列)的高强度铝合金应用很广,如 7050-T6、7079-T6 等,但在后期使用中发现其易于产生剥落腐蚀,且在板厚方向对应力腐蚀敏感,故而陆续发展了 7075-T76、7178-T76、7175-T736。这些材料既保持了较高强度水平,又有较高的耐应力腐蚀性能。

材料中的夹杂物、合金元素分布不良等经常会导致材料失效,这极大地促进了冶金技术、铸造、焊接和热处理工艺的发展。

　　腐蚀、磨损失效的研究，促进了表面工程这一学科的产生与发展。现在，表面工程技术已经广泛应用于不同的构件和材料，保证了材料的有效使用。

二、失效分析的任务

　　失效分析的任务就是不断降低产品或装备的失效率，提高可靠性，防止重大失效事故的发生，促进经济高速、持续、稳定发展。从系统工程的观点来看，失效分析的具体任务可归纳为：①失效性质的判定；②失效原因的分析；③采取措施，提高材料或产品的失效抗力。

　　近代材料科学和工程力学对断裂、腐蚀、磨损及其复合型（或混合型）的失效类型和失效机理做了相当深入的研究，积累了大量的统计资料，为失效类型的判定、失效机理及失效原因的解释奠定了基础。发展中的可靠性工程及完整性与适用性评价是猜测、预防和控制失效的技术工作和治理工作的基础。可靠性工程是运用系统工程的思想和方法，权衡经济利弊，研究将设备（系统）的失效率降到可接受程度的措施。完整性和适用性评价则是研究结构或构件中原有缺欠和使用中新产生的或扩展的缺陷对可靠性的影响，判定结构的完整性以及是否适合于继续使用，或是按猜测的剩余寿命监控使用，或是降级使用，或是返修或报废的定量评价。

　　产品或装备失效分析的目的不仅在于失效性质的判定和失效原因的明确，而更重要的还在于为积极预防重复失效找到有效的途径。通过失效分析，找到造成产品或装备失效的真正原因，从而建立结构设计、材料选择与使用、加工制造、装配调整、使用与保养方面主要的失效抗力指标与措施，特别是确定这种失效抗力指标随材料成分、组织和状态变化的规律，运用金属学、材料强度学、工程力学等方面的研究成果，提出增强失效抗力的改进措施。这样做，既能提高产品或装备承载能力，延长使用寿命，又可充分发挥产品或装备的使用潜力，使材尽其用，这也是产品或装备失效分析、猜测预防研究的重要目的与内容。

　　【案例1-17】　1998年9月1日，某航空公司的一架MD-11飞机执行上海至北京航班飞行任务时，因前起落架故障，最后迫降在上海虹桥机场。事故原因是前起落架曲柄连杆的销因制造质量问题而折断，致使操作失灵。专家经反复调查，并对同类飞机的销进行金相分析、鉴定得出结论：销内的某种金属成分含量过高，造成销产生裂纹而断裂。这是一起典型的因机械零件失效而造成飞机安全事故的实例。

　　上述飞行事故中，虽然由于迫降成功，未造成生命财产的重大损失，但是事后必须进行严格的事故调查，找到首先失效的零件，对零件进行失效分析，查明失效的原因，提出改进和预防的措施，防止同类事故的再次发生就是失效分析的任务和要达到的目的。

模块三　失效分析的思路方法和基本程序

一、失效分析的思路方法

1. 失效分析思路的内涵

　　世界上任何事物都是可以被认识的，没有不可以认识的事物，只存在尚未被认识的事物，机械失效也不例外。实际上失效总有一个或长或短的变化发展过程。机械的失效过程实质上是材料的累积损伤过程，即材料发生物理和化学的变化过程。而整个过程的演变是有条件的、有规律的，也就是说有原因的。因此，机械失效的客观规律性是整个失效分析的理论基础，也是失效分析思路的理论依据。

失效分析思路是指导失效分析全过程的思维路线，是在思想中以机械失效的规律（即宏观表象特征和微观过程机理）为理论依据，对通过调查、观察和试验获得的失效信息（失效对象、失效现象、失效环境统称为失效信息）分别加以考察，然后将其有机结合起来作为一个统一整体综合考察，以获取的客观事实为证据，全面应用推理的方法，来判断失效事件的失效模式，并推断失效原因。因此，失效分析思路在整个失效分析过程中一脉相承、前后呼应，自成思考体系，把失效分析的指导思路、推理方法、程序、步骤、技巧有机地融为一体，从而达到失效分析的根本目的。

在科学的分析思路指导下，才能制订出正确的分析程序；机械的失效往往是多种原因造成的，即一果多因，常需要正确的失效分析思路的指导；对于复杂的机械失效，涉及面广，任务艰巨，更需要正确的失效分析思路，以最小代价来获取较科学合理的分析结论。总之，掌握并运用正确的分析思路，才可能对失效事件有本质的认识，减少失效分析工作中的盲目性、片面性和主观随意性，大大提高工作效率和质量。因此，失效分析思路不仅是失效分析学科的重要组成部分，而且是失效分析的灵魂。

失效分析是从结果求原因的逆向认识失效本质的过程，结果和原因具有双重性。因此，失效分析可以从原因入手，也可以从结果入手，也可以从失效的某个过程入手。例如"顺藤摸瓜"，即以失效过程中间状态的现象为原因，推断过程进一步发展的结果，直至过程的终点，即结果；"顺藤找根"，即以失效过程中间状态的现象为结果，推断该过程退一步的原因，直至过程起始状态的直接原因；"顺瓜摸藤"，即从过程中的终点结果出发，不断由过程的结果推断其原因；"顺根摸藤"，即从过程起始状态的原因出发，不断由过程的原因推断其结果。此外，还有如"顺瓜摸藤+顺藤找根""顺根摸藤+顺藤摸瓜""顺藤摸瓜+顺藤找根"等失效分析思路。

2. 失效分析的主要思路方法

（1）"撒大网"逐个因素排除的思路 一桩失效事件不论是属于大事故还是小故障，其原因总是包括操作人员、机械设备系统、材料、制造工艺、环境和管理六个方面。根据失效现场的调查和对背景资料（规划、设计、制造说明书和蓝图）的了解，可以初步确定失效原因与其中一两个方面有密切的关系，甚至只与一个方面的原因有关。这就是5M1E［Man（人），Machine（机器设备），Material（材料），Method（工艺制作方法），Management（管理），Environment（环境条件）］的失效分析思路。如果已确定失效纯属机械问题，则以设备制造全过程为一个系统进行分析，即对机械经历的规划、设计、选材、机械加工、热处理、二次精加工、装配、调试等制作工序逐个进行分析，逐个因素排除。加工缺陷、铸造缺陷、焊接缺陷、热处理不当、再加工缺陷、装配检验中的问题、使用和维护不当、环境损伤等11个方面，含有可能引起机械失效的121个主要因素。上述"撒大网"逐个因素排除的思路，面面俱到，它怀疑一切，不放过任何一个可疑点。"撒大网"思路是早期安全工作中惯用的事故检查思路，一般不宜采用。但是当找不到任何确切线索时，"撒大网"思路是一种比较好的办法。图1-12所示为某焊接压力容器破裂事故的鱼骨图分析，从中可以看到失效分析的思路。

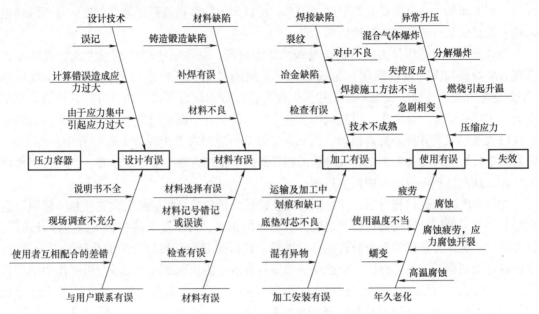

图 1-12　某焊接压力容器破裂事故的鱼骨图分析

（2）残骸分析法　残骸分析法是从物理、化学的角度对失效零件进行分析的方法。假设零件的失效是由于零件广义的"失效抗力"小于广义的"应力"引起的，则"应力"与零件的服役条件有关。因此，失效残骸分析法总是以服役条件、断口特征和失效的抗力指标为线索的。

零件的服役条件大致可以划分为静载荷、动载荷和环境载荷。以服役条件为线索就是要找到零件的服役条件与失效模式和失效原因之间的内在联系。但是，实践表明，同一服役条件下，可能产生不同的失效模式；同样，同一种失效模式，也可能在不同的服役条件下产生。因此，以服役条件为线索进行失效残骸的失效分析，只是一种初步的入门方法，它只能起到缩小分析范围的作用。

断口是断裂失效分析重要的证据，它是残骸分析中断裂信息的重要来源之一。但是在一般情况下，断口特征分析必须辅以残骸失效抗力的分析，才能对断裂的原因给出确切的结论。

以失效抗力指标为线索的失效分析思路如图 1-13 所示，其关键是在搞清楚零件服役条件的基础上，通过残骸的断口分析和其他理化分析，找到造成失效的主要失效抗力指标，并进一步研究这一主要失效抗力指标与材料成分、组织和状态的关系。通过材料工艺变革，提高这一主要的失效抗力指标，最后进行机械的台架模拟试验或直接进行使用考验，达到预防失效的目的。

很明显，以失效抗力指标为线索的失效分析思路是一种材料工作者常用的、比较综合的方法。它是工程材料开发、研究和推广使用的有效方法之一。值得指出的是，在不同的服役条件下，要求零件（或材料）具有不同的失效抗力指标的实质是要求其强度与塑性、韧性之间应有合理的配合。因此，研究零件（或材料）的强度、塑性（或韧性）等基本性能及

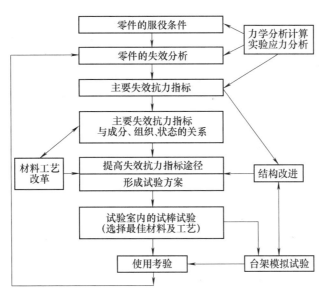

图 1-13 以失效抗力指标为线索的失效分析思路

它们之间的合理配合与具体服役条件之间的关系就是这一思路的核心。而进一步研究失效抗力指标与材料（或零件）的成分、组织、状态之间的关系（图 1-14）是提高其失效抗力的有效途径。

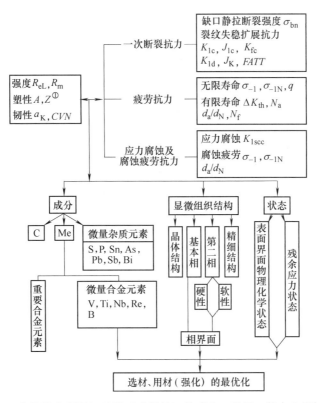

图 1-14 失效抗力指标与材料（或零件）的成分、组织、状态之间的关系

残骸分析法中应注意如下问题：

要判断系统各构件断裂的先后顺序，从而找出最先断裂（失效）的构件。可从各断裂构件断口表面形式上判断，并对最先断裂（失效）构件的断口进行分析。

例如对"压力容器爆炸"等众多碎片飞裂失效残骸分析的步骤如下：

1）在移动残片前，应绘制草图、测量并列表记录每一块残片位置。

2）要确保现场的残片都被找到，这一点实现往往较难，但非常有用。

3）要确定事故发生时，装置各控制系统是否处于正常状态，如设备控制仪表等。

（3）失效树分析法　失效树分析法是一种逻辑分析方法。逻辑分析法包括事件树分析法（简称 ETA）、管理失误和风险树分析法（简称 MORT 法）和失效树分析法（简称 FTA 法）等。这里只介绍失效树分析法。

失效树分析（Fault Tree Analysis，FTA）法早在 20 世纪 60 年代初就由美国贝尔研究所首先用于民兵导弹的控制系统设计上，为预测导弹发射的随机失效概率做出了贡献。此后许多人对失效树分析的理论和应用进行了研究。1974 年，美国原子能委员会主要采用失效树分析商用原子反应堆安全性的 Wash-1400 报告，进一步推动了对失效树的研究和应用。迄今为止，FTA 法在国外被公认为是当前对复杂性、安全性、可靠性分析的一种好方法。

失效树分析法是在系统设计过程中，通过对可能造成系统失效的各种因素包括软件、硬件、环境、人为因素等进行分析，画出逻辑框图即失效树，从而确定系统失效原因的各种可能组合方式或发生概率，计算系统失效概率，采取相应的纠正措施，以提高系统可靠性的一种设计分析方法。

FTA 法具有很大的灵活性，即不是局限于对系统可靠性做一般的分析，而且可以分析系统的各种失效状态。利用它不仅可分析某些元部件的失效对系统的影响，还可以对导致这些元部件失效的特殊原因进行分析。

FTA 法是一种图形演绎方法，是根据一定的逻辑方式把一些特殊符号连接起来的树形图。通常在失效树中出现的符号大体上可分为逻辑门符号、失效事件符号和其他符号三类，失效树常用符号见表 1-1。利用 FTA 法，可以围绕某些特定的失效状态做层层深入的分析。因此，通过清晰的失效树图形，可以充分表达系统的内在联系，并指出元部件失效与系统之间的逻辑关系，找出系统的薄弱环节。

表 1-1　失效树常用符号

名称	符号	说明
1. 逻辑门		
与门	Z 输出事件 X_1 X_2 X_3 输入事件	表示只有当所有输入事件同时发生时，输出事件才能发生

（续）

名称	符号	说明
或门	Z 输出事件 X₁ X₂ X₃ 输入事件	表示在所有输入事件中，只要有一个发生，输出事件就能发生
异-或门	Z 输出事件 NOT NOT X₁ X₂ X₁ X₂ 输出事件	该门有两个输入事件，只有这两个输入事件的状态不相同时，即一个发生，另一个不发生（NOT），输出事件才能发生；反之，当两个输入事件的状态相同时，即同时发生或同时不发生，输出事件不发生
制约逻辑门	Z 输出事件 制约条件 X₁ X₂ 输入事件	除输入事件，如还能满足制约条件时，则输出事件发生
2. 失效事件		
顶（上端）事件		表示不希望出现的或待分析的故障结果事件。双长方形表示它位于失效树的最上端
中间事件		表示各种原因事件之一，它位于上端事件与基本事件之间。它是上端事件的输入事件，又是其他中间事件或基本事件的输出事件。中间事件是可以且有必要展开的事件
底（基本）事件		表示失效（事故）的基本原因之一，不能进一步展开，用圆表示
3. 其他		
不发展事件		表示的事件类似于底事件，不同的是对于这类事件，虽然继续展开是可能的，但却没有必要。用菱形表示
正常现象		不是故障事件，但却是经常发生的。用房形表示

（续）

名称	符号	说明
子树		表示原因，事件已知，因而在树上不表示出来的"结果"
转移	输入 输出	表示与失效树其他部分的关系，即表示由其他部分转移而来，或转移到其他部分去
分析方法		上下通道间要采取的分析方法

利用 FTA 法不仅可以进行定性的逻辑推导分析，而且可以定量地计算复杂系统的失效概率及其他可靠性参数，为改善和评估系统的可靠性提供定量的数据。

FTA 法的步骤因评价对象、分析目的、精细程度等而不同，但一般可按如下的步骤进行

1）失效树的建立。

2）失效树的定性分析。

3）失效树的定量分析。

4）基本事件的重要度分析。

下面以航天器落入大洋坠毁失效为例阐述失效树的建立步骤。

1）第1行，写出顶事件（即不希望发生的失效事件）。

2）第2行，并列写出导致顶事件发生的直接原因，包括软件、硬件、环境和人为因素等。

3）在第1、2行间，用相应逻辑门符号表示出其逻辑关系，如图1-15所示。其中，第2行中还要进一步分析的失效事件称为中间事件。

4）第3行，列出导致第2行中间事件失效的直接原因。

5）同样用适当的逻辑门符号，将第2行与第3行联系起来。

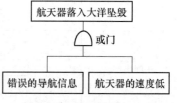

图 1-15　失效树分析示意

6）按此方法步步深入，一直到不需要（或不可能）继续分析的原因（称为底事件）为止。

为了方便记录，把上述失效树简化，这样就建成了一棵以顶事件为"根"、中间事件为"节"、底事件为"树叶"的如图1-16所示的航天器多层次失效树。

由上可见，失效树的建立是一件十分复杂和仔细的工作，要注意以下几点：

1）失效分析人员在建立失效树前必须对所分析的系统有深刻的了解。

2）失效事件的定义要明确，否则失效树中可能出现逻辑混乱乃至矛盾、错误。

3）选好顶事件，若顶事件选择不当就有可能无法分析和计算。对同一个系统，选取不同的顶事件，其结果是不同的。在一般情况下，顶事件可以通过初步的失效分析，从各种失效模式中找出该系统最可能发生的失效模式作为顶事件。

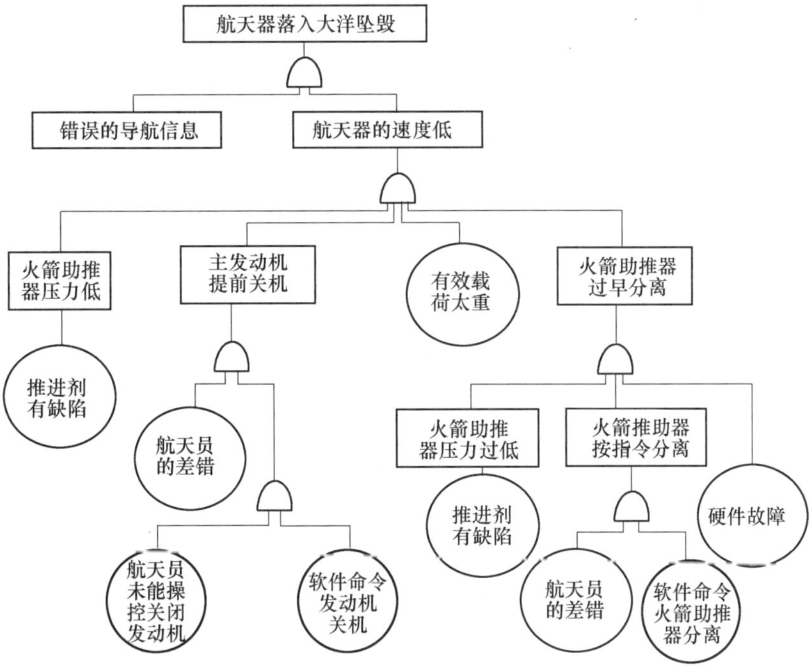

图 1-16 航天器多层次失效树

4）合理确定系统的边界条件，规定所建立的失效树的状况。有了边界条件就明确了失效树建到何处为止。边界条件一般包括确定顶事件、确定初始条件和确定不许可的事件等。

5）对系统中各事件之间的逻辑关系及条件必须分析清楚，不能有逻辑上的紊乱及条件上的矛盾。例如，低合金超高强度钢一般在低温回火或等温（马氏体等温或贝氏体等温）淬火状态下使用，在服役期间，低合金超高强度钢也常发生断裂失效（破坏）。其失效树（图 1-17）的顶事件就是构件的破坏，这种破坏可由不同的事件，如疲劳、过载、应力腐蚀开裂及具有最大可能性的氢脆等造成。这些事件，每一个都通过“或门”与顶事件相连。断口分析表明，失效残骸的断口形态不同于过载和疲劳。因此，过载和疲劳是不发展事件，并分别用菱形框表示。

当然如果断口分析不能排除这些事件，那么仍有必要进一步发展。对于氢脆来说，它是在临界应力强度和临界氢含量共同作用下发生的，因此临界应力强度（事件 M_{15}）和临界氢含量（事件 X_{14}）应采用“与门”与氢脆（事件 M_4）相连，其中临界氢含量为不发展事件。应力腐蚀开裂（事件 M_3）则是临界应力强度（事件 M_6）和造成开裂元素的临界浓度，可以是临界氢含量（事件 X_{10}），也可以是除氢以外的其他物质的临界含量（事件 X_{11}），这样事件 X_{10}和事件 X_{11}应用“或门”与事件 M_7 相连。事件 X_{10}和事件 X_{11}均为不发展事件，故均用菱形框表示。可以看出，如果认为应力腐蚀开裂与氢脆都是由于临界应力强度和临界氢含量引起的，那么在失效树的第 1 行不能区分应力腐蚀开裂和氢脆；不过，应力腐蚀开裂和氢脆应该在断裂源的起始位置上找到差别。应力腐蚀开裂的临界氢含量应在暴露表面上显示出

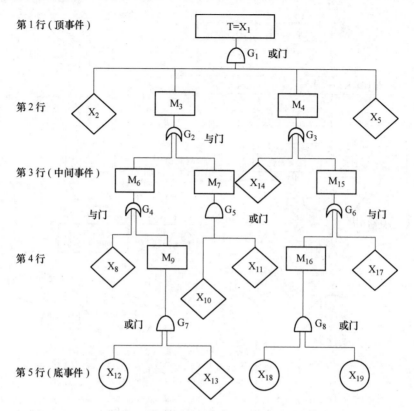

图 1-17　低合金超高强度钢断裂失效树

T=X₁—构件破坏　X₂—过载　M₃—应力腐蚀开裂　M₄—氢脆　X₅—疲劳　M₆、M₁₅—临界应力强度
M₇—造成开裂元素的临界浓度　X₈、M₁₆—构件上的载荷　M₉、X₁₇—流变应力>材料的临界门槛应力
X₁₀、X₁₄—临界氢含量　X₁₁—除氢以外的其他物质的临界含量
X₁₂—加工缺陷>材料应力腐蚀门槛应力　X₁₃—使用过程中的发展
X₁₈—施加载荷　X₁₉—残余应力

来，因此它的断裂源一般在暴露表面上，而氢脆的临界氢含量可能在电镀表面或次表面先达到，因此它的断裂源应在电镀表面上或次表面上，所以是应力腐蚀开裂还是氢脆在失效树的第2行就可以初步确定。虽然应力腐蚀开裂和氢脆的条件之一都是临界应力强度，并且它们临界应力强度都取决于构件上的载荷（事件 X₈ 和事件 M₁₆）和材料的流变应力大于材料的临界门槛应力 σ_i（应力腐蚀的门槛应力值与氢脆的门槛应力值不同），但是由于应力腐蚀开裂一般起始于暴露表面，构件的表面流变应力对构件的平均载荷不敏感，而对表面的加工缺陷等原因所造成应力集中或应变集中则十分敏感，因而在应力腐蚀系统中，加工缺陷处的流变应力大于材料的应力腐蚀门槛应力而用"或门"与事件 M₉ 相连；在氢脆系统中，由于氢脆一般起源于电镀层的次表面，构件上的载荷（事件 M₁₆）可以是施加的载荷（事件 X₁₈），也可以是构件内部的残余应力（事件 X₁₉），故事件 X₁₈ 和事件 X₁₉ 用"或门"与事件 M₁₆ 相连。材料的氢脆门槛应力受表面加工缺陷的影响较小，不需要进一步的展开分析（事件 X₁₇ 为不发展事件）。

从以上 FTA 法在构件断裂失效分析中的具体应用情况可以看出，利用 FTA 法可以对特定的失效事件做层层深入地逻辑推理分析，在清晰的失效树的帮助下，最后找到这一特定失效事件的失效原因或该构件的薄弱环节。因此，FTA 法是进行失效分析的好方法之一。

失效树建立后可以进行定性的和定量的分析。失效树的定性分析目的是寻找系统最薄弱的环节，即发现系统最容易发生失效的环节，以便集中力量解决这些薄弱环节，提高系统的可靠性。失效树的定量分析任务就是计算或估计系统顶事件发生的概率及系统的一些可靠性指标。一般来说，多部件复杂系统的失效树定量分析是十分困难的，有时无法用解析法求其精确结果，而只能用一些简化的方法进行估算。

二、失效分析的程序及步骤

1. 失效分析的程序

失效分析是一项复杂的技术工作，它不仅要求失效分析工作人员具备多方面的专业知识，而且要求多方面的工程技术人员、操作者及有关科学工作者相互配合，才能圆满地解决问题。因此，如果在分析以前没有设计出一个科学的分析程序和实施步骤，往往就会出现工作忙乱、漏取数据、工作缓慢或走弯路，甚至把分析步骤搞颠倒，某些应得的信息被另一提前的步骤毁掉。例如，在腐蚀环境条件下发生断裂的零件，其断口上的产物对于分析断裂的原因具有重要的意义，但是在对其尚未进行成分及相结构分析时就进行断口清洗，将断口上的产物去掉而无法挽回。另外，在现场调查和背景材料收集的工作中，如果没有一个调查提纲，就容易漏掉某些应取得的信息资料，以致需要多次到现场了解情况，影响工作进程。

失效分析工作又是一项关系重大的严肃工作。工作中切忌主观和片面，对问题的考虑应从多方面着手，严密而科学地进行分析工作，才能得出正确的分析结果和提出合理的预防措施。

由此可见，制订一个科学的分析程序，是保证失效分析工作顺利有效进行的前提条件。

但是，机械零件失效的情况是千变万化的，分析的目的和要求也不尽相同，因而很难规定一个统一的分析程序。一般说来，在明确了失效分析的总体要求和目标之后，失效分析程序大体上包括：调查失效事件的现场；收集背景材料，深入研究分析，综合归纳所有信息并提出初步结论；重现性试验或证明试验，确定失效原因并提出建议措施；最后写出分析报告等内容。

2. 失效分析的步骤

（1）现场调查

1）保护现场。在防止事故进一步扩展的前提下，应力求保护现场不被有意或无意地人为破坏。如果必须改变某些零件的位置，则应先采用摄影、录像、录音、绘图及文字描述等方式进行记录和做出标记。

2）查明失效部件及碎片的名称、尺寸大小、形状和散落方位。

3）收集失效部件周围散落的金属屑和粉末、氧化皮和粉末、润滑残留物及一切可疑的杂物和痕迹。

4）记录失效部件和碎片的变形、裂纹、腐蚀、磨损的外观、位置和起始点，表面的材料特征，如烧伤色泽、附着物、氧化物、腐蚀生成物等。选取进一步分析的试样，并注明位置及取样方法。

5）记录失效设备或部件的结构和制造特征。

6）了解当时的环境条件，包括失效设备的周围景物、环境温度、湿度、大气、水质。

7）听取操作人员及佐证人介绍事故发生时的情况（做录音记录）。

8）写出现场调查报告。

在观察和记录时要按照一定顺序，避免出现遗漏。例如观察和记录时按由左向右、由上向下、由表及里、由低倍到高倍等顺序进行。

断口保护注意事项如下：

断口上留下的是事故最真实的资料，在清理断口的污物时切忌用金属丝刷，也不应用棉纱，而应采用细软的毛刷。不宜用水冲洗，而应采用无腐蚀性的有机溶剂，保证它能很快挥发而且无毒性，使用最多的是丙酮，清除干净后用无水酒精清洗并吹干。清理完毕后用防锈油脂涂于断口表面加以防护，以备事故调查组启用。断口保护的重点是起裂点，可根据人字纹或放射纹的指向找到。断口保护工作做好以后要加以遮盖防护。

（2）收集背景材料

1）设备的自然情况，包括设备名称、出厂及使用日期、设计参数及功能要求等。

2）设备的运行记录，要特别注意载荷及其波动、温度变化、腐蚀介质等。

3）设备的维修历史情况。

4）设备的失效历史情况。

5）设计图样及说明书、装配程序说明书、使用维护说明书等。

6）材料的选择及其依据。

7）设备主要零部件的生产流程。

8）设备服役前的经历，包括装配、包装、运输、储存、安装和调试等阶段。

9）质量检验报告及有关的规范和标准。

在进行一项失效分析工作时，现场调查和收集背景材料至关重要。只有通过现场调查和背景材料的分析、归纳，才能正确地制订下一步的分析程序。因此，进行失效分析工作，必须重视和学会掌握与失效设备（构件）相关的各种材料。有时由于各种原因，分析人员难以到失效现场去，这样就必须明确制订需要收集材料的内容，由现场工作人员收集。收集背景材料时应遵循实用性、时效性、客观性以及尽可能丰富和完整等原则。

【案例1-18】 管式加热工业锅炉炉管爆裂失效背景材料收集

某型管式加热炉，分为对流段和辐射段两部分。辐射段共有8组炉管，合计88根炉管，炉管材质为13CrMo44、15CrMo等低碳低合金钢。

这次事故主要是发生在辐射段，有两根炉管出现爆破口，其余20多根炉管均有不同程度的变形。离爆破口附近的炉管外表面有较厚的氧化皮。对流段炉管烧损严重，有部分炉管熔化为残渣和残骸散落到炉底。

该加热炉炉管内的载热体为导生油，是由26.5%的联苯和73.5%的联苯醚组成的低熔点混合物。

该加热炉凌晨发生事故，值班人员首先发现加热炉顶部冒烟，听到巨响，接着引发火灾，明火燃烧了近3个小时才全部熄灭。

为了查明事故原因，失效分析工作人员开展了如下的背景材料收集。

第一步：观察现场。

失效分析工作人员钻到炉温尚未冷却下来的炉膛内观察现场，管式加热炉炉膛宏观形貌如图1-18所示。发现辐射段炉管B组、C组炉管损坏严重，其中B-9、C-9两根炉管出现爆破口。B-9炉管爆破口较小，C-9炉管爆破口较大。辐射段炉管局部爆破口如图1-19所示。

B组和C组炉管除了外表面有较厚的氧化皮之外，敲击检查发现B组第9~11根炉管、C组第9~11根炉管的沉闷声响最为明显。

图1-18　管式加热炉炉膛宏观形貌

注：图中所见炉管为辐射段炉管。竹杆为收集失效样品做的脚手架。图中顶部白色区域为
对流段炉管位置，因大火已经将炉管烧毁。

图1-19　辐射段炉管局部爆破口图

注：B组炉管在失效过程中形成较小的破口，图中显示出破口与
附近氧化皮的宏观形貌特征。

通过炉管外径测量和炉管变形程度观察，证实了B组和C组炉管外径增大较多和变形较严重，尤其是B-8、B-10、C-8、C-10等炉管严重变形并向炉心弯曲，离炉壁有400~440mm的距离。

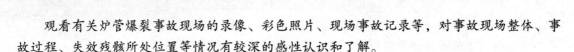

观看有关炉管爆裂事故现场的录像、彩色照片、现场事故记录等，对事故现场整体、事故过程、失效残骸所处位置等情况有较深的感性认识和了解。

第二步：走访调查。

首先，走访了发生事故时的值班人员，了解到炉管爆裂事故在凌晨4时40分左右发生，开始时炉顶部冒烟，发出响声，接着引发火灾，直到凌晨6时许才控制住火情，到7时火全部熄灭。

其次，经厂方有关人员介绍该管式加热炉共发生三次事故，此次事故最为严重。不仅辐射段炉管爆裂，而且对流段炉管由于火烧几乎全部破损，其经济损失相当可观。

最后，召开有关厂领导、车间负责人、技术人员及工人的座谈会，从中了解到了该管式加热炉炉管爆裂的时间、经过、特点、环境条件、损坏程度及经济损失等详细的情况。

第三步：查阅技术资料。

首先，查阅技术档案，知道炉管有日本进口和国产两种，从产品质量证明书可了解到炉管材质合格，符合管式加热炉炉管用材要求。

其次，查阅该厂和某研究所的炉管材质的金相检验、化学成分分析、力学性能测试报告等9份资料。

再次，查阅有关该管式加热炉火烧或事故报告、厂技术科和车间主任写的炉管外径测量和对流段炉管损坏程度的现场检查报告。

最后，查阅管式加热炉设计图样、说明书和该加热炉运行记录等资料。

第四步：检索有关文献。

首先，检索有关锅炉或压力容器设计中的热应力及其计算、管式加热炉的工作原理、构造及特征等方面的文献。

其次，检索炉管材料的蠕变或热疲劳等方面的文献。

再检索有关导生油的物理、化学性质及其事故防范的文献，以及使用导生油载热体时应注意的几个问题和导生油生产厂家或国外公司所提供数据及资料等。

最后，查阅有关炉管受热积碳，热传导，热膨胀和热力学等方面的文献资料。

（3）技术参量复验

1）材料的化学成分。

2）材料的金相组织和硬度及其分布。

3）常规力学性能。

4）主要零部件的几何参数及装配间隙。

（4）深入分析研究

1）失效产品的直观检查，如变形、损伤情况、裂纹扩展、断裂源。

2）断口的宏观分析及微观形貌分析，常用扫描电子显微镜。

3）无损检测，如X射线检测、超声波检测、磁粉检测、渗透检测、涡流检测、同位素检测等。

4）表面及界面成分分析，如俄歇电子能谱等。

5）局部或微区成分分析，如辉光光谱、能谱、电子探针等。

6）相结构分析，X射线衍射法。

7）断裂韧度检查，强度、韧性及刚度校核。

（5）综合分析归纳、推理判断、提出初步结论 根据失效现场获得的信息、背景材料及各种实测数据，运用材料学、机械学、管理学及统计学等方面的知识，进行综合归纳、推理判断，去伪存真、由表及里地分析后，初步确定失效模式，并提出失效原因的初步意见和预防措施。

（6）重现性试验或证明试验 为了验证所得结论的可靠性，对于重大事件，在条件允许的情况下，应进行重现性试验或对其中的某些关键数据进行证明试验。如果试验结果同预期的结果一致，则说明所得结论是正确的，预防措施是可行的。否则，尚需做进一步分析。

应该注意的是，在进行重现性试验时，试验条件应尽量与实际相一致。在重现性试验得出的结果与实际对比时，应进行合理的数学处理，而不应简单放大或直接应用。

（7）撰写失效分析报告 失效分析报告与研究报告相比较，除了要求条理清晰、简明扼要、合乎逻辑方面相同，两者在格式和侧重点等许多方面都有所不同。失效分析报告侧重于失效情况的调查、取证和验证，在此基础上通过综合归纳得出结论，而不着重探讨失效机理，这就有别于断裂机理的研究报告。

机械产品的失效分析报告通常应包括如下内容：

1）概述。首先介绍失效事件的自然情况，主要包括事件发生的时间、地点，失效造成的经济损失及人员伤亡情况；受何部门或单位的委托；分析的目的及要求；参加分析人员情况；起止时间等。

2）失效事件的调查结果。简明扼要地介绍失效零部件的损坏情况，当时的环境条件及工况条件；当事人和目击者对失效事件的看法；失效零部件的服役史、制造史及有关的技术要求和标准。

3）分析结果。为了寻找失效原因，采用了何种方法和手段，做了哪些分析工作，有何发现，按照认识的自然过程一步步地介绍清楚。这时重要的是证据而不是议论。对于断裂件的分析，断口的宏观分析和微观分析、材料的选择及冶金质量情况分析、力学性能及硬度的复检、制造工艺及服役条件的评价等分析内容通常是不可缺少的。

4）问题讨论。必要时，对分析工作中出现的异常情况、观点上的分歧、失效机理的看法等问题进行进一步的分析讨论。

5）结论与建议。结论意见要准确，建议要具体、切实可行。遗留的问题、尚需进一步观察和验证的问题也应当写清楚。但涉及法律程序方面的问题，如甲方对本次失效事件负责，应赔偿乙方多少经济损失等，则不属失效分析报告的内容。

三、失效分析的注意事项

（1）深入进行调查研究 调查研究既是失效分析的第一个步骤，又是贯彻失效分析各个环节和整个失效分析工作始终的一个组成部分。调查研究要尽量亲自到现场、深入进行，不漏掉蛛丝马迹。调查研究要有提纲、口问手记，应随时分析整理。总之，调查研究是失效分析的重要原则和基础。

（2）认真制订失效分析程序，避免盲目性和片面性 失效分析程序是整个失效分析工作的纲领性文件，它是整个失效分析成败的关键。失效分析程序的制订要建立在深入调查研究的基础上，要经过周密的思考，切不可草草从事；失效分析程序既要重点突出，避免盲目性，又要考虑到失效原因的各种可能性，克服片面性；失效分析程序要使整个失效分析工作有章可循和有条不紊地进行。失效分析人员既不能轻易更改失效分析程序，也不能一成不变，应根据失效分析的进展和新的情况做必要的调整。

（3）充分注意失效分析的复杂性和综合性，避免技术上的局限性　失效分析涉及多种学科的知识和多种测试技术，因此失效分析人员在专业知识和经验上的局限性往往会影响失效分析结果的正确性。为此，不仅要在失效分析小组的组成人员上考虑各有关专业人员的结合，而且每个失效分析人员则要耐心、虚心地听取不同角度的分析意见，要努力扩大自己的知识面。只有各个学科的知识、各种测试方法和技术、各类人员的结合和密切合作，才能找到合乎实际的失效原因和补救、预防措施。

失效分析
人员的基本
素质与追求

（4）尊重客观事实，坚持实事求是，排除人为干扰　失效是人们主观认识与客观事物不一致的结果，失效背后有至今尚未认识的真理，因此失效分析一定要尊重客观事实。失效分析可能会牵连到某些人或单位的利益，这些人往往会利用自己的地位和影响来改变失效分析的进程和结论，因此失效分析工作者必须要有科学的求实精神，勇于坚持真理，排除各种人为干扰，这是失效分析能否得出正确结论的关键之一。

（5）与时俱进，适应新发展要求　面对科技的迅猛发展，失效分析工作者不可因循守旧、思维僵化，应主动学习，以适应新发展要求，把握新发展机遇，拥抱变化，跟上步伐，善于利用一切先进仪器和设备捕捉失效信息和证据。

失效分析我知道

模块四　失效分析的发展历史、现状与发展趋势

一、失效分析发展历史的三个阶段

1. 第一阶段——失效分析的初级阶段

第一次世界工业革命前是失效分析的初级阶段，这个时期是简单的手工生产时期，金属制品规模小且数量少，其失效不会引起重视，失效分析基本上处于现象描述和经验阶段。

2. 第二阶段——近代失效分析阶段

以蒸汽动力和大机器生产为代表的世界工业革命开始后，生产大发展，金属制品向大型、复杂、多功能方向发展，但当时人们尚未掌握材料在各种环境中使用的性态、设计、制造及使用中可能出现的失效现象。锅炉爆炸、桥梁倒塌、车轴断裂、船舶断裂等事故的出现，给人类带来了前所未有的灾难。

失效的频繁出现引起了人们的重视，也促进了失效分析技术的发展。此阶段最可喜的是各种失效形式的发现及规律的总结，促进了研究带裂纹体力学行为的断裂力学的产生。但限于当时的分析手段主要是材料的宏观检验及倍率不高的光学金相观测，未能从微观上揭示失效的本质，断裂力学未能在工程材料断裂研究中得到很好的应用。

3. 第三阶段——现代失效分析阶段

20 世纪 50 年代末，电子显微学取得长足进步，特别是扫描电子显微镜的出现，为失效分析工作提供了微观分析手段，为失效分析技术向纵深发展创造了条件，开始进入了失效分析第三阶段，即以系统理论为指导的现代失效分析阶段。在这一阶段的初期，大型运载工具尤其是航空装备广泛应用，各种失效造成的事故越来越大，影响越来越严重，反过来又大大促进了失效分析技术的迅猛发展。现代失效分析阶段可分为两个阶段：20 世纪 60~80 年代中期，借助扫描电子显微镜（也称扫描电镜）的帮助，失效分析主要围绕断裂特征和性质分析，使得这一阶段的失效分析大多从材质冶金等方面去寻找引起断裂失效的原因，而对失效件的力学分析则认为是结构设计考虑的问题，失效分析的学术活动及其学术组织也都附属于材料学科或理化检测领域；从 20 世纪 80 年代中后期到现在，失效分析开始逐渐形成一个分支学科，而不再是材料科学技术的一个附属部分，这一阶段失效分析领域发展的主要标志是失效分析的专著大量出现，全国性的失效分析分会相继成立。

二、失效分析现状

1. 国外发展现状

国外工业发达国家高度重视包括航空装备在内的交通安全事故的调查研究工作。美国建有国家运输安全委员会，并早在 1967 年就成立了机械故障预防中心（Machinery Fault Prevention Center，MFPC），由美国海军研究办公室（Office of Naval Research）牵头，联合原子能委员会、美国国家航空航天局（NASA）等机构共同成立，长期支持开展航空和宇航材料与结构的服役失效分析工作。美国的失效分析中心遍布全国各个部门，有政府办的，也有企业及大学办的。例如，国防尖端部门、原子能及宇航故障分析集中在国家的研究机构中进行；宇航部件的故障分析在肯尼迪航天中心故障分析室进行；阿波罗航天飞机的故障在约翰逊航天中心和马歇尔太空飞行中心进行分析；民用飞机故障在波音公司及罗克韦尔自动化公司的失效分析中心进行分析。此外，福特汽车公司、通用电气公司及西屋电气公司的技术发展部门均承担着各自的失效分析任务。许多大学也承担着各自的失效分析任务，如里海大学、加里福尼亚大学、华盛顿大学承担着公路和桥梁方面的失效分析工作。有关学会，如美国金属学会、美国机械工程师协会和美国材料与试验协会均开展了大量的失效分析工作。

在德国，失效分析中心主要建在联邦及州立的材料检验中心。原西德的 11 个州共建了 523 个材料检验站，分别承担各自擅长的失效分析任务。还有一些工科大学的材料检验中心，在失效分析技术上处于领先地位。德国联邦材料测试研究院（BAM）及 GKSS 研究中心是长期从事材料及结构服役与失效综合研究的世界著名研究机构。

此外，日本的国立失效分析研究机构有金属材料技术研究所、产业安全研究所和原子力研究所等。在企业界，新日铁、日立、三井、三菱等都有研究机构，另外各工科大学也都有很强的研究力量。意大利 Bodycote 实验室也是长期从事材料及结构服役与失效综合研究的世界著名研究机构。

美国出版和再版的《金属手册》中的失效分析卷是一本影响较大的实用工具书，目前在英国有定期出版的杂志 *Engineering Failure Analysis*，在美国有杂志 *Failure Analysis & Prevention*。

2. 国内发展现状

我国失效分析研究起步较晚，早期的失效分析工作只是为生产中出现的问题提供一些咨询，并没有得到足够的重视，也没有形成统一的组织形式。从1980年，我国第一次全国机械装备失效分析学术会议的召开开始，才真正拉开了我国失效分析研究工作的序幕。1986年8月，中国机械工程学会失效分析工作委员会成立，后来曾不定期地组织召开了几次大型战略研讨会。例如，全国二十多个一级学会分别于1987年、1992年、1998年联合召开了"机电装备失效分析预测预防战略研讨会"。1993年，中国机械工程学会失效分析工作委员会正式更名为中国机械工程学会失效分析分会。1994年7月，中国科学技术协会组建了由全国24个一级学会参加的权威机构"失效分析和预防中心"。我国知名学者师昌绪院士、周惠久院士、肖纪美院士、钟群鹏院士、李鹤林院士、涂铭旌院士、徐滨士院士、柯伟院士、李依依院士、陈蕴博院士、高金吉院士、侯保荣院士等都积极参与学术交流和指导。2010年国家最高科学技术奖获得者、著名失效分析专家师昌绪院士出任名誉主任。中国机械工程学会失效分析分会和理化检验分会经协商，从2005年起联合举办了每两年一届的"全国失效分析学术会议"。每届都由专业杂志以增刊形式会前出版论文集。前六届分别是2005（广州）、2007（长沙）、2009（上海）、2011（西安）、2013（大连）、2015（北京）、2017（无锡）、2019（青岛）、2023（杭州）。

我国近几年编辑出版了多种失效分析专业书籍，如《金属断口分析》《机械零件失效分析》《机械失效分析手册》《失效分析》等。已有专门的失效分析期刊多种，如《飞行事故和失效分析》（内部资料）和《失效分析与预防》，除此之外还有许多期刊开设了失效分析栏目，如《金属热处理》《理化检验》（物理分册）等，包括清华大学、北京航空航天大学等在内的30余所大学均开设了失效分析课程。

目前，国内主要从事失效分析的专业机构有北京航空航天大学、中国航空工业失效分析中心、上海材料研究所、中国科学院金属研究所等。其中，北京航空航天大学长期致力于管道与压力容器的失效分析；中国航空工业失效分析中心是航空工业唯一从事失效分析的专业机构，主要承担航空工业产品的失效分析和相关研究工作。

总之，近年来随着质量问题逐渐受到企事业单位的重视，失效分析工作受到了人们的广泛关注，失效分析专业迎来了新的发展机遇。相信在不久的将来，失效分析工作会为国民经济的发展带来巨大的、不可或缺的推动作用。

三、失效分析工作展望

1. 加速失效学体系的形成和发展

在中国机械工程学会失效分析分会的组织下，我国机电装备失效分析猜测预防实践和学术方面的重大进展之一，是促进和带动了一门交叉综合分支新兴学科——失效学体系的形成和发展，从而使失效分析完成了从一门技术门类逐渐进步到一个分支学科的飞跃。这是当代科学技术发展的结果，是我国几代失效分析工作者毕生为之奋斗的目标，它将对我国机电装备失效分析预防工作产生深远的影响和作用。

失效学是研究机电装备（系统、设备和元器件）的失效分析诊断（简称失效诊断）、失效猜测和失效预防的理论、技术和方法及其工程应用的分支学科。它的产生是有其近代科学技术进步的深远背景的。可以认为，近代材料科学和工程、工程力学、断裂力学等学科对断裂、腐蚀、磨损及其复合型（或混合型）的失效模式和失效机理的深度研究，积累了相当丰富的创新观点、见解和物理模型，为失效学的建立奠定了理论基础；现代的检测仪器、仪表科学的迅猛发展，以及检测技术的不断进步，特别是断口、裂纹、痕迹分析技术体系的建立、发展和完善，为失效学的发展奠定了技术基础；数理统计学科的完善、模糊数学的突起、可靠性工程的发展应用和电子计算机的广泛普及，为失效学的完善奠定了方法基础。上述三者的融会贯通，使失效学逐渐建立、发展和完善成为一门相对独立的、综合的新兴学科成为可能。固然，关于失效学的"基本内容""内涵和外延"的雏形早在1985年就有人提出，但是就其体系的系统性和完整性，就其内容的深度和广度而言，近年来才有了很大的发展。

失效诊断是失效分析的主要任务之一。失效诊断的理论、技术和方法的核心是思维学、推理法则和方法论。

2. 失效分析与猜测预防一体化

近年来，国内外失效分析逐渐与适用性评价、可靠性评估、概率断裂力学、工况监测故障诊断技术、计算机技术及治理科学相结合，失效事故的分析、猜测、预防形成一个系统工程，产生了巨大的经济效益。失效分析与猜测预防的相关性如图1-20所示，失效预防处于核心部位，失效预防方案的实施（包括五个主要环节），必须通过具体工程应用专题，组织有关的设计、制造、运行、治理等部分形成有效的反馈系统，最后才能达到实现研究总目标的目的。失效预防方案的形成要依靠失效分析与失效猜测两方面的研究成果。失效模式、失效机理、失效抗力指标的研究、失效案例库（失效数据库）的建立、计算机辅助失效分析系统的开发等多项课题的研究，彼此是紧密联系的，其终极目的是促进失效分析水平的进步。属于失效猜测方面的研究课题主要有适用性评价规范、可靠性评价技术、概率断裂力学评价方法的研究及工况监测与故障诊断技术开发。这些课题都是当前国际上研究的热门课题。

3. 建立健全失效分析网及案例库

单个事故的失效分析往往具有偶然性。通过对同一类装备（或零部件）的大量事故的统计分析才能得出规律性的结论，用以有效地提高设计、制造、运行和决策、治理水平。行之有效的措施是建立失效分析网和失效案例库。

（1）失效分析网 为了把握全国各油田的钻柱失效情况，进一步提高钻具失效分析的水平、速度和正确性，1988年石油产业部下文筹建钻具失效分析网，最终于1991年建成，常设机构为石油管材研究所失效分析与猜测预防研究室，各油田设立网点，并进一步通过钻井公司、管子工具公司、工程技术大队等网点成员单位，最后延伸至井队，形成了钻柱失效分析与预防的闭环系统。钻具失效分析网的建立为失效事故的案例的及时收集、猜测预防措施的迅速反馈提供了组织保证。钻具失效分析网建立以来取得了重大成果。1990—2003年共收集失效案例3000多起。通过失效分析和反馈，使钻具失效事故率大大降低，取得了巨大经济效益。

截至目前，钻具失效分析网仅限于石油产业的上游。借鉴上游失效分析网取得的经验，成立炼油化工设备失效分析网是很有必要的。通过炼油化工设备失效事故的积累和统计分析，必将大大提高炼化设备的失效分析水平和正确性，减少炼化设备失效事故的

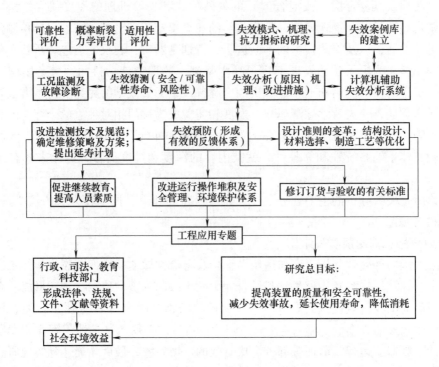

图 1-20　失效分析与猜测预防的相关性

发生，取得巨大的经济效益和社会效益。石油行业建立失效分析网的经验值得其他行业借鉴。

（2）失效案例库　通过失效分析网收集的大量失效案例，需要快速、正确、科学地加以处理。因此，必须利用现代科技的最新手段——计算机快速计算功能。石油管材研究所使用 Turbo2Prolog（T2P）语言建立了钻柱失效案例库和综合分析库，通过综合运用金属学、失效分析技术及人工智能技术，把国内外先进的钻柱失效分析知识集中起来，既能从大量案例进行综合分析，又能从个别案例的计算机辅助分析中找到失效原因，从而大大提高失效分析的水平，减少钻井事故，促进钻柱国产化。

综合训练

一、填空题

1. 按材料损伤机理分类，失效可分为_____、_____、_____。

2. 失效分析一般应包含五项内容，分别是_____、_____、_____、_____、_____。

3. 根据构件失效的外观特征，失效模式应有五种：_____、_____、_____、_____、_____。

二、名词解释

1. 失效　2. 失效分析　3. 失效树（故障树）

三、简答题

1. 零件失效通常包括哪三种情况?

2. 失效分析工作的意义是什么?

3. 简述失效分析工作的思路和基本程序。

4. 失效分析的基本特点有哪些?

5. 失效分析的注意事项有哪些?

第二单元
金属零件失效基础知识

 学习目标

　　影响机械构件失效的因素比较复杂，它不仅与材质、环境介质、受力状态等因素有关，而且还受设计水平、加工状态（包括冷、热加工）、服役条件等因素的影响。本单元主要对受力与失效、环境与失效等基础知识做介绍，并提出了一系列失效判据，同时对失效的检测方法做基础性介绍。

模块一　材料力学性能与失效分析

　　在对失效的装备构件进行的力学计算包含两种情况：第一种是根据强度理论，对均匀连续、没有宏观缺陷的构件受外力产生屈服及断裂失效所进行的分析计算；第二种是根据断裂力学理论，对有宏观裂纹缺陷的构件提供由裂纹迅速扩展引起断裂失效的分析计算。工程上许多断裂现象用强度理论未能做出解释，但用断裂力学分析与处理可以得到较满意的结果。

一、传统强度理论及其适用范围

　　从17世纪中期开始的近300年内，装备构件的设计都是按照一定的强度条件进行的。强度被定义为抵抗外力使构件失效的能力。构件的安全使用性能以构件有足够的强度为设计准则，再辅以合理的结构设计，以满足其余使用性能的要求。构件强度条件的建立依据强度理论。构件受外力作用后，构件内部存在应力、应变，且积聚了应变能。归纳构件失效的情况时，无论构件应力状态是简单或是复杂的，基本的失效形式有两种：断裂及屈服。构件失效往往是由危险点处的最大正应力、最大线应变、最大切应力或形状改变比能等因素起主导作用的，因而按构件强度失效决定性因素的不同便产生了各种假设的解释理论，称为强度理论。本书只简单介绍强度理论的工程应用，其中包括解释断裂的最大拉应力理论和最大伸长线应变理论，解释屈服的最大切应力理论和形状改变比能理论，并提出强度理论在解释带裂纹构件断裂失效所出现的问题。

1. 强度理论

（1）最大拉应力理论（第一强度理论）　脆性材料的失效大多数是由拉应力作用造成的

断裂。这一理论认为，决定构件产生断裂失效的主要因素是单元体的最大拉应力 σ_1。也就是说，不论是单向应力状态或是复杂应力状态，只要单元体的最大拉应力 σ_1 达到材料在单向拉伸作用下发生断裂失效时的极限应力值 σ_f，就将发生断裂失效。发生断裂失效时有 $\sigma_1 \geqslant \sigma_f$，在工程上近似用 $\sigma_f \approx R_m$，即有 $\sigma_1 \geqslant R_m$ 的断裂失效条件。

将抗拉强度 R_m 除以安全系数，得到许用应力 $[\sigma]$。于是按第一强度理论建立的强度条件是

$$\sigma_1 \leqslant [\sigma] \tag{2-1}$$

实验与实践证明，这一理论与铸铁、陶瓷、淬火钢等脆性材料的失效现象相符合。这一理论适用于以拉伸为主的脆性材料，但这个理论没有考虑到其他两个主应力 σ_2、σ_3 对材料断裂失效的影响，而且对于单向压缩、三向压缩等应力状态不适用。

（2）最大拉应变理论（第二强度理论）　这一理论是根据最大线应变理论经过修正而得到的。这一强度理论的根据是：当作用在构件上的外力过大时，其危险点处的材料就会沿最大伸长线应变的方向发生脆性断裂。这一理论认为，决定材料发生断裂失效的主要因素是单元体中的最大拉应变 ε_1。不论是单向应力状态还是复杂应力状态，只要单元体中的最大拉应变 ε_1 达到单向拉伸情况下发生断裂失效的拉应变的极限值 ε_f 时，材料就会发生断裂失效。因此，失效判据是 $\varepsilon_1 = \varepsilon_f$。因为 $\varepsilon_1 = \dfrac{1}{E}[\sigma_1 - \nu(\sigma_2 + \sigma_3)]$，$\varepsilon_f = \dfrac{R_m}{E}$，所以失效判据也可以是 $\sigma_1 - \nu(\sigma_2 + \sigma_3) = R_m$，强度条件是

$$\sigma_1 - \nu(\sigma_2 + \sigma_3) \leqslant [\sigma] \tag{2-2}$$

第二强度理论仅对压缩、扭转联合作用下的脆性材料适用，对塑性材料是不适用的。

（3）最大切应力理论（第三强度理论）　对于塑性好的材料，当作用在零件上的外力过大时，其危险点处的材料就会沿最大切应力所在的截面滑移而产生屈服，从而引起构件的失效。因此这一理论认为，决定材料塑性屈服而失效的主要因素是单元体的最大切应力。不论是单向应力状态还是复杂应力状态，只要单元体中的最大切应力 τ_{max} 达到单向拉伸下发生塑性屈服时的极限切应力值 τ_s，材料就将发生塑性屈服而引起零件失效。失效判据是 $\tau_{max} = \tau_s$，因为 $\tau_{max} = \dfrac{1}{2}(\sigma_1 - \sigma_3)$，$\tau_s = \dfrac{1}{2}R_{eL}$，所以判据也可以是 $\sigma_1 - \sigma_3 = R_{eL}$。强度条件是

$$\sigma_1 - \sigma_3 \leqslant [\sigma] \tag{2-3}$$

第三强度理论适用于塑性材料（低碳钢、非淬硬中碳钢、退火球墨铸铁、铜、铝等）的单向或二向应力状态，任何材料的二向或三向压缩应力状态。该理论的局限性是没有考虑 σ_2 对材料的破坏影响，计算结果偏于安全。

（4）形状改变比能理论即均方根切应力理论（第四强度理论）　这一理论认为，对于塑性材料，构件形状改变比能是引起屈服的主要因素。不论构件处于什么应力状态，只要形状改变比能达到材料在单向拉伸时发生下屈服强度 R_{eL} 相应的形状改变比能，材料就会发生屈服，从而引起构件的失效。失效判据是 $\sqrt{\dfrac{1}{2}[(\sigma_1 - \sigma_2)^2 + (\sigma_2 - \sigma_3)^2 + (\sigma_3 - \sigma_1)^2]} = [\sigma]$，强度条件是

$$\sqrt{\frac{1}{2}\left[(\sigma_1-\sigma_2)^2+(\sigma_2-\sigma_3)^2+(\sigma_3-\sigma_1)^2\right]} \leqslant [\sigma] \qquad (2-4)$$

第四强度理论适用于塑性材料（低碳钢、非淬硬中碳钢、退火球墨铸铁、铜、铝等）的单向或二向应力状态，任何材料在二向或三向压缩应力状态的屈服失效形式。其局限性是与第三强度理论相比更符合实际，但公式过于复杂。

2. 对传统强度理论的评论

传统强度理论虽然计算方法简单易行，但不够准确，因为其前提是假设材料为均匀连续、无损伤，而这与材料实际情况是有区别的。任何原材料都存在微裂纹、微孔洞以及各种损伤，只是在经典材料力学基础上形成的材料强度理论时期，未能对材料微观损伤进行观察与研究，因此往往按照传统强度理论认为机件在许用应力下工作时不会发生塑性变形或断裂。但是对于用高强度材料制造的机件，或用中低强度材料制造的大型、重型机件，即使按上述强度判据进行设计，也经常在应力远低于材料屈服强度的状态下发生脆性断裂。

为了防止这种低应力脆性断裂，过去传统的设计方法是对各种具体工作条件下的机件的塑性指标 A、Z，韧性指标 KV 或 KU 和韧脆转变温度 T_K 提出一定的要求，但是这些指标完全凭经验选定，无法进行定量计算。

因此，设计人员为了避免事故的发生，总是把塑性、韧性值取得大一点，这就导致确定材料的许用应力偏低，机件尺寸和重量增加。即使采用凭经验确定的塑性、韧性值，因为缺乏充分的根据，也不能确保机件的工作安全。例如，20 世纪 50 年代美国北极星导弹固体燃料发动机壳体采用屈服强度为 1400MPa 的高强度钢，并且经过了系列传统的韧性指标检验，却在点火后发生了脆性断裂。

由此可见，许用应力、安全系数再辅助塑性、韧性的设计选材办法，在许多情况下并不能可靠地防止脆性断，因而促使人们更深入地研究发生脆性断裂的原因。断裂力学就是在这样的背景下发展起来的。断裂力学不同于传统的材料力学，其显著的特点是把材料或机件看作是裂纹体，而不再是均匀、无缺陷的连续体。

二、断裂力学基本概念

断裂力学研究带有宏观裂纹（长度大于或等于 0.1mm）的均匀连续基体的力学行为，认为引起构件断裂失效的主要原因是构件材料存在宏观裂纹的成长及其失稳扩展。

材料或构件中存在的宏观裂纹可能由下述原因造成：

（1）冶金中产生　例如，冶炼中不慎掉入或混入大块非金属氧化物或夹杂物；浇注时混入脏物；大截面铸钢件冷却时产生气孔、疏松、偏析、夹杂物等；锻造和轧钢中产生折叠、夹层和过烧等可能引起的晶间开裂。

（2）制造中产生　例如，焊接中可能产生裂纹、夹杂物、未焊透、气孔；热处理时可能产生白点；加工中可能产生划伤、刀痕；运输中可能产生划痕。

（3）使用中产生　例如，腐蚀介质（大气、海水等）易产生应力腐蚀裂纹；交变载荷下可能产生疲劳裂纹。

因此，一般可以认为：

1）厚截面材料及构件，如大型汽轮机转子、厚壁压力容器、超厚板等，使用前就有裂纹。

2）大型焊接结构，如大型压力容器、管道、桥梁、大型吊塔、焊接的航天器等，焊缝中存在焊接裂纹。

3）在应力加高参数（高温、高压、高速）及腐蚀介质中工作的部件，如各种蒸汽机、内燃机曲轴、曲拐，工业用燃气轮机的涡轮盘及叶片，炮管，石油化工用压力容器、管道、反应塔等，在使用中易产生裂纹。

上述裂纹的失稳扩展，通常由裂纹端点开始，裂端区（裂纹尖端区域）的应力应变场强度大小与裂纹的稳定性密切相关，当裂端区表征应力应变场强度的参量达到临界值时，裂纹迅速扩展，直至构件断裂。这里提出了两个问题：一是裂纹体在裂端区应力应变场强度的表征及变化规律；二是裂纹发生失稳扩展的临界值。前者是含裂纹的构件在外力作用下裂纹失稳扩展的能力，它必然与构件受外载引起的应力应变状态及环境作用有关，也与原有裂纹的性质及尺寸有关；后者是制造该构件的材料抵抗裂纹扩展的能力，具有特定组织结构、性能和质量的材料，其抵抗裂纹扩展的能力应该是一个常数。断裂力学通过对裂纹端部应力应变场的大小和分布的研究，建立了构件裂纹尺寸、工作应力与材料抵抗裂纹扩展能力之间的定量关系，为构件的安全设计、定量或半定量地估算含裂纹构件的寿命、失效分析、选材规范乃至研制新材料提供了更切合实际的理论基础。

工程结构中常用金属材料的断裂主要有两种不同的性质：脆性断裂与韧性断裂。从观察试样的载荷-变形量关系来看，脆性材料的载荷与变形量呈线性关系，在接近承载极限时，才有很小一段非线性关系，脆断发生是突然的，裂纹开始扩展的起裂点与裂纹扩展失稳断裂点非常接近，裂纹扩展后，载荷迅速下降，断裂过程很快结束。而韧性比较好的材料，其载荷与变形量的关系开始也是线性的，随后有较长的一段非线性关系，裂纹起裂后可以缓慢地扩展一段时间才引起失稳断裂。两种材料断裂的载荷-变形量关系如图 2-1 所示。

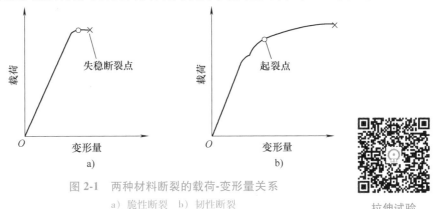

图 2-1 两种材料断裂的载荷-变形量关系
a）脆性断裂 b）韧性断裂

拉伸试验

断裂力学分为线弹性断裂力学与弹塑性断裂力学，前者解决具有如图 2-1a 所示关系的脆性断裂；后者解决具有如图 2-1b 所示关系的韧性断裂。断裂力学理论基础始于线弹性力学，主要研究线弹性体的断裂规律，经过几十年的探索发展成为研究脆性断裂的线弹性断裂力学，其在理论研究及工程应用方面都比较成熟。弹塑性断裂力学出现较晚，但也日趋成熟。

线弹性断裂力学分析脆性材料裂纹尖端应力应变场时，基于线弹性的假设模型，认为裂纹尖端虽然会出现塑性区，但因塑性区体积很小，其尺寸与裂纹尺寸相比可忽略其影响。工程构件大多数采用韧性好的塑性材料，只有在低温及较大构件截面积时可增加脆性，才可直接用线弹性断裂力学分析问题。一旦裂纹端部超越"小范围屈服",线弹性的假设则受到质疑,此时若塑性区较小,仍可用一个修正系数来考虑裂纹端部的塑性区。如果材料的性质、构件的截面尺寸、加载条件和环境条件综合起来在裂纹端部形成"大范围"的塑性区,就应该采用弹塑性断裂力学方法分析问题。

1. 线弹性断裂力学

20 世纪五六十年代,在 Griffith 断裂理论的基础上,用弹性力学研究裂纹体的断裂问题,发展成线弹性断裂力学。线弹性断裂力学的研究对象是带有裂纹的线弹性体。

根据裂纹体所受载荷与裂纹间的关系,可将裂纹分为以下三种类型:

(1) 张开型(或称拉伸型)裂纹　如图 2-2 所示,外加正应力垂直于裂纹面,在应力作用下裂纹顶端张开,扩展方向和正应力垂直。这种张开型裂纹通常简称 Ⅰ 型裂纹。Griffith 裂纹和压力筒中的轴向裂纹属此类裂纹。

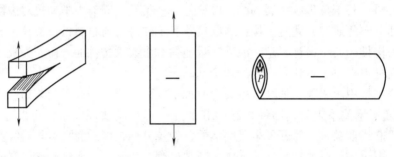

图 2-2　张开型(Ⅰ型)裂纹

(2) 滑开型(或称剪切型)裂纹　剪切应力平行于裂纹面,裂纹滑开扩展,通常简称为 Ⅱ 型裂纹。如轮齿或花键根部沿切线方向的裂纹,或者受扭转的薄壁圆筒上的环形裂纹都属此类裂纹,如图 2-3 所示。

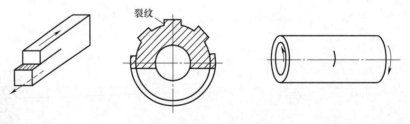

图 2-3　滑开型(Ⅱ型)裂纹

(3) 撕开型裂纹　如图 2-4 所示,在切应力作用下,一个裂纹面在另一裂纹面上滑动脱开,裂纹前缘平行于滑动方向,如同撕布一样,因此被称为撕开型裂纹,也简称 Ⅲ 型裂纹。例如,圆轴上有一环形切槽,受到扭转作用引起的断裂形式即属此类裂纹。

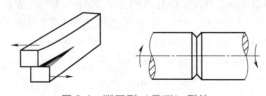

图 2-4　撕开型(Ⅲ型)裂纹

实际工程构件中裂纹形式大多属于 I 型裂纹，这也是最危险的一种裂纹，最容易引起低应力脆断，针对 I 型裂纹进行研究并提出了应力场强度因子 K_I 的概念，并建立了如下关系：

$$K_I = Y\sigma\sqrt{a} \tag{2-5}$$

式中　Y——裂纹体的几何因子函数。该函数是一个和裂纹形状、加载方式以及试样几何因素有关的量，是一个无量纲的系数。对有中心穿透裂纹的无限宽板，$Y = \sqrt{\pi}$；

σ——名义应力（MPa）；

a——裂纹尺寸，为裂纹长度（m）的 1/2。

K_I 的单位是 $MPa \cdot m^{\frac{1}{2}}$，是个能量指标，与裂纹几何形状和应力环境有关。当无限大平板有 $2a$ 的穿透裂纹，裂纹表面受到均匀拉伸应力作用（与无穷远处受均匀拉伸作用等效）时，$K_I = \sigma\sqrt{\pi a}$；当受均匀应力构件内有圆片状裂纹时，$K_I = \dfrac{2}{\pi}\sigma\sqrt{\pi a}$。

随着名义应力 σ 或裂纹尺寸 a 的增大，K_I 不断增大。当 K_I 达到某一临界值 K_{IC} 时，裂纹就失稳扩展。

K_{IC} 与 R_m、R_{eL} 一样是材料常数，反映材料的性能，表示材料对裂纹扩展的阻力，称为平面应变断裂韧度。各种材料的平面应变断裂韧度值可以通过试验测定。由此便建立了定量的脆性断裂的安全判据，即

$$K_I = Y\sigma\sqrt{a} \leqslant K_{IC} \tag{2-6}$$

通过上述断裂判据可以确切地回答裂纹在什么状态时失稳。因此，可以对结构或零件的断裂进行定量评定，可靠地把握结构的安全性。

线弹性断裂力学已成功地应用于高强度钢构件及大截面零部件等的断裂设计和失效分析中。对于中低强度材料，由于断裂过程中伴随较大的塑性变形，线弹性断裂力学的应用受到限制，因而又发展了弹塑性断裂力学。

2. 弹塑性断裂力学

目前应用最多的弹塑性断裂力学理论有裂纹张开位移理论和 J 积分理论。

裂纹张开位移理论又称 COD 理论。该理论认为，当裂纹尖端张开位移 δ 达到材料的临界值 δ_c 时，裂纹就失稳扩展发生断裂。因此，根据 COD 理论的断裂安全判据为

$$\delta \leqslant \delta_c \tag{2-7}$$

δ_c 称为起裂断裂韧度，是材料常数，与试样的几何尺寸、加载方式等无关，是材料对裂纹扩展阻力的量度，是材料弹塑性断裂韧性的指标，与温度有关。

J 积分理论认为，在临界状态时，J 积分值也应达到某一临界值 J_c，裂纹开始失稳扩展，故有失效判据为

$$J \leqslant J_c \tag{2-8}$$

J_c 为材料的性能参数，是弹塑性材料起裂时的临界值，按 GB/T 21143—2014 用厚度为 $6\sim7mm$ 的小试样可测出。

三、力学性能指标在失效分析中的应用

【案例 2-1】 一厚板零件，使用 45NiCrMo 钢制造。此钢的平面应变断裂韧度与抗拉强度的关系如图 2-5 所示。制造厂无损检测能检验的裂纹长度大于 4mm，设计工作应力 $2\sigma_d = R_m$。讨论：

1）工作应力 $\sigma_d = 750$MPa 时，检测手段能否防止脆断发生？

2）企图通过提高强度以减轻零件重量，若 R_m 提高到 1900MPa 是否合适？

3）如果 R_m 提高到 1900MPa，则零件的允许工作应力是多少？

案例分析：

设厚板内部有与 σ_d 垂直的半径为 a 的圆形裂纹，则

$$K_I = \frac{2}{\pi}\sigma\sqrt{\pi a}$$

1）选用钢材 1[$w(S) = 0.049\%$] 时，$R_m = 2\sigma_d = 1500$MPa，由图 2-5 得

$$K_{IC} \approx 66\text{MPa}\cdot\text{m}^{\frac{1}{2}} = \frac{2}{\pi}\sigma_d\sqrt{\pi a}$$

则可计算出裂纹临界长度为

$$2a \approx 12.1\text{mm} > 4\text{mm}$$

即裂纹在达到临界尺寸前就可以检测出来，因此现有检测手段可以防止发生脆断。

2）仍选用钢材 1，通过热处理提高材料强度，$R_m = 1900$MPa，则相应 $K_{IC} \approx 34.5\text{MPa}\cdot\text{m}^{\frac{1}{2}}$。又 $\sigma_d = \frac{1}{2}R_m = 950$MPa，则裂纹临界长度为

$$2a = 2.1\text{mm} < 4\text{mm}$$

即临界裂纹长度小于检测范围，因而不能保证不发生脆性断裂。

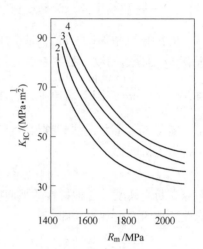

图 2-5 此钢的平面应变断裂韧度与抗拉强度的关系

1—$w(S) = 0.049\%$ 2—$w(S) = 0.025\%$
3—$w(S) = 0.016\%$ 4—$w(S) = 0.008\%$

若改用最优的钢材 4[$w(S) = 0.008\%$]，对应于 $R_m = 1900$MPa，其 $K_{IC} \approx 50\text{MPa}\cdot\text{m}^{\frac{1}{2}}$，则其裂纹临界长度 $2a \approx 4.35\text{mm} > 4\text{mm}$，则可避免发生脆断。

3）当 $R_m = 1900$MPa 时

对钢材 1，在临界裂纹 $2a = 4$mm 时，其工作应力为

$$\sigma_d \leq 685\text{MPa}$$

对钢材 4，在临界裂纹 $2a = 4$mm 时，其工作应力为

$$\sigma_d \leq 990\text{MPa}$$

由上例的分析可知，不考虑韧性而片面提高材料强度是不行的，有时还适得其反，降低了构件的断裂抗力。同时也应该注意到检测手段对防止脆断的发生是很关键的。设计、选材时，必须考虑临界裂纹尺寸一定要大于检测设备检测极限尺寸，否则，不能防止脆断发生。

【案例 2-2】 国产 45Si2Mn 高强度螺栓，在加工制造过程中，不可避免地存在着深度 $a = 0.5$mm，半宽 $c = 2.0$mm 的表面裂纹，其工作应力 $\sigma_d = 960$MPa，淬火并低温回火后材料的抗拉强度 $R_m = 2110$MPa，下屈服强度 $R_{eL} = 1920$MPa，在使用中发生脆断。试分析原因。

案例分析：

分析一——按传统强度理论校核。$n_b = R_m / \sigma_d = 2110\text{MPa}/960\text{MPa} = 2.2$，$n_s = R_{eL}/\sigma_d = 1920\text{MPa}/960\text{MPa} = 2.0$，应该是安全的。

分析二——因为是高强度材料，还需进行断裂力学方面的校核。作为近似计算，该裂纹被认为是一个张开型的表面裂纹，其应力强度因子按式（2-5）计算。在临界条件下，式（2-5）可写成

$$K_{IC} = Y\sigma_c \sqrt{\pi a} \tag{2-9}$$

式中　σ_c——垂直于裂纹所在平面的最大拉应力；

K_{IC}——平面应变断裂韧度。

由式（2-9）可得

$$\sigma_c = \frac{K_{IC}}{Y\sqrt{\pi a}} \tag{2-10}$$

根据裂纹形状和应力状态，查有关手册后可得与此有关的裂纹形状因子数据。将有关数据代入后得 $\sigma_c = 948.5\text{MPa}$。

由此可见，零件最大承载能力为948.5MPa，低于实际的工作应力960MPa，故发生断裂失效，又因其断裂时的应力小于材料的屈服强度，所以必然是脆性断裂。

若将淬火低温回火改为调质处理，则得 $R_m = 1540\text{MPa}$，$R_{eL} = 1440\text{MPa}$，$K_{IC} \approx 66.36\text{MPa} \cdot \text{m}^{\frac{1}{2}}$，其结果为 $n_b = R_m/\sigma = 1540\text{MPa}/960\text{MPa} = 1.6$，$n_s = R_{eL}/\sigma = 1440\text{MPa}/960\text{MPa} = 1.5$，也是安全的。

同样，在有裂纹存在的情况下，由断裂韧度求得 $\sigma_c = 1564.5\text{MPa} > \sigma_d$（工作应力）$= 960\text{MPa}$。

上述情况表明，降低强度的安全系数，即减小材料的 R_{eL} 和 R_m 值，构件的安全性能反而提高了。这是传统的强度理论无法解释的，也就是说，在具有脆断倾向的构件中，决定零件或构件断裂与否的关键因素是材料的韧性，而不是传统的强度指标，片面地追求高强度和较大的强度安全系数，往往导致韧性的降低，反而容易促使宏观脆性的、危险的低应力断裂。所以，在强度设计、材料选择及制订热处理工艺时，应以韧性为主，并全面考虑材料的常规力学性能指标，使强度和韧性具有良好的配合，才能确保构件的安全使用。

在上述例子中，将原来的淬火加低温回火处理改为调质处理后，允许的工作应力由原来的948.5MPa提高到1564.5MPa，且这一指标大于材料的下屈服强度 $R_{eL} = 1440\text{MPa}$。这表明，该构件如果由于其他原因而发生断裂，也将是宏观塑性的，其危险性较小。

模块二　应力集中与失效分析

一、应力集中与应力集中系数

零件截面有急剧变化处，就会引起局部地区的应力高于受力体的平均应力，这一现象称为应力集中，表示应力集中程度大小的系数称为应力集中系数。图2-6所示为应力集中示意图，表示一受力为 P、截面积为 A 的无限宽板上有椭圆孔后的应力分布情况。平均应力 $\sigma_{平均} = P/A$，在椭圆孔长轴两端出现应力集中。此时，应力集中系数为

$$K_t=\frac{\sigma_{max}}{\sigma_{平均}}=1+\frac{2a}{b} \tag{2-11}$$

椭圆孔长轴顶端的曲率半径为ρ，大多数情况下，$a\gg\rho$，由此也可将式（2-11）写为

$$K_t=\frac{\sigma_{max}}{\sigma_{平均}}=1+2\sqrt{\frac{a}{\rho}} \tag{2-12}$$

若图 2-6 所示的椭圆孔 b 趋于零，则该孔口退化为 x 方向、长度为 $2a$ 的裂隙。裂隙附近的应力集中如图 2-7 所示。当构件承受图示的应力状态时，裂隙端点附近的应力分布为

$$\left.\begin{aligned}\sigma_x&=q\sqrt{\frac{a}{2r}}\cos\frac{\theta}{2}\left(1-\sin\frac{\theta}{2}\sin\frac{3\theta}{2}\right)\\ \sigma_y&=q\sqrt{\frac{a}{2r}}\cos\frac{\theta}{2}\left(1+\sin\frac{\theta}{2}\sin\frac{3\theta}{2}\right)\\ \tau_{xy}&=q\sqrt{\frac{a}{2r}}\sin\frac{\theta}{2}\cos\frac{\theta}{2}\cos\frac{3\theta}{2}\end{aligned}\right\} \tag{2-13}$$

图 2-6　应力集中示意图

图 2-7　裂隙附近的应力集中

当薄板或长柱在裂隙方向及其垂直方向受到均布剪力 q 时，其裂隙端点（裂隙形式和图 2-8 相同）附近的应力分布为

$$\left.\begin{aligned}\sigma_x&=-q\sqrt{\frac{a}{2r}}\sin\frac{\theta}{2}\left(2+\cos\frac{\theta}{2}\cos\frac{3\theta}{2}\right)\\ \sigma_y&=q\sqrt{\frac{a}{2r}}\sin\frac{\theta}{2}\cos\frac{\theta}{2}\cos\frac{3\theta}{2}\\ \tau_{xy}&=q\sqrt{\frac{a}{2r}}\cos\frac{\theta}{2}\left(1-\sin\frac{\theta}{2}\sin\frac{3\theta}{2}\right)\end{aligned}\right\} \tag{2-14}$$

如果在式（2-13）或式（2-14）中令 r 趋于零，则各个应力分量的数值趋于无限大。这就表示，在裂隙的端点，应力是无限大的。上述应力集中现象及应力集中系数的计算是在弹性力学基础上确定的。当最大应力超过材料的屈服强度（或满足屈服条件）就要发生局部塑性变形，此时就有可能起应力松弛作用，就不会产生无限大的应力。所以上述的应力集中系数也称理论应力集中系数。虽然如此，在脆性材料以及塑性区范围很小的情况下，上述描述还是可以较为准确地表明裂隙附近的应力状态。

应力集中的程度首先与缺口的形状有关。一般来说,圆孔孔边的应力集中程度最低。因此,如果必须要在零件上挖孔或留孔,应当尽可能地用圆孔代替其他形状的孔,至少应采用椭圆孔以代替具有尖角的孔。

影响应力集中系数的因素还有很多,如零件结构,缺口位置、大小,材料种类,载荷性质等,具体情况应具体分析。表 2-1 列出了不同试样的应力集中系数。图 2-8 所示为常见典型结构的应力集中曲线,详细的数据可查阅相关应力集中系数手册。

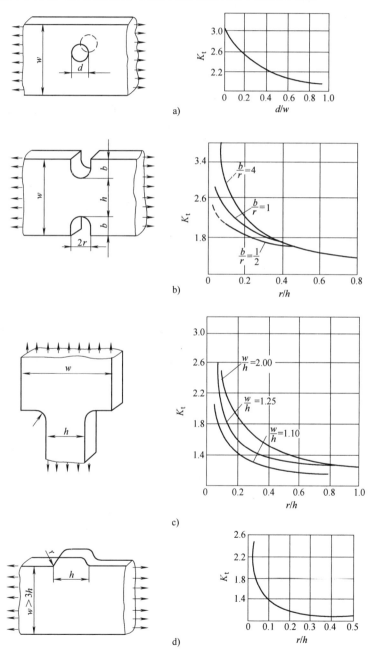

图 2-8　常见典型结构的应力集中曲线

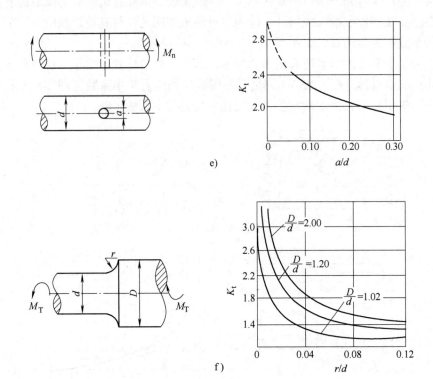

图 2-8　常见典型结构的应力集中曲线（续）

表 2-1　不同试样的应力集中系数

形状	应力集中类型	载荷类型		应力集中系数 K_t	
				集中特性 t/r_H	
				5	10
板材	细小的单边或双边切口，$r_H \leqslant 0.1\text{mm}$	拉伸或压缩		5.5	7.5
棒材	细小的环形外部切口或内部小空腔，$r_H \leqslant 0.1\text{mm}$	拉伸		3.5~4.0	4.5~5.0
		弯曲		2.7~2.8	3.5
		扭转	外部切口	3.0	4.0
			内部切口	1.6	2.0
管材	内部或外部的细小环形切口，$r_H \leqslant 0.1\text{mm}$	拉伸或弯曲		3.5~4.0	4.5~5.0
		扭转		3.0	4.0

注：t 为切口深度；r_H 为切口尖端半径。

在机械零件发生疲劳破坏时，若对一个缺口零件考虑应力集中时，则缺口零件的疲劳强度应按应力集中系数的倍率降低。但实验表明这样处理有些过于保守。因此，工程中一般采用有效应力集中系数 K_f 来进行计算，即

$$K_f = \frac{\text{光滑试样的疲劳极限}}{\text{缺口试样的疲劳极限}} = \frac{\sigma_D}{\sigma_{Dk}} \tag{2-15}$$

K_f 的大小与材料的缺口敏感程度及缺口根部情况有关。

有时在零件的一种应力集中源上又叠加了另一种形式的应力集中源，如在缺口上刻有划痕，此时的应力集中程度应用复合理论应力集中系数 $K_{f复合}$ 来表示，即

$$K_{f复合} = K_{f缺口} K_{f划痕} \qquad (2\text{-}16)$$

二、应力集中对零件失效的影响

实际的金属构件因其结构需要而具有各种孔、台阶、槽、缺口和几何尺寸变化等。同时，零件或构件在加工以及材料在冶炼过程中不可避免地会产生一些缺陷，如零件表面的加工刀痕，截面变化时的圆角过渡不光滑，螺纹根部尖角，材料中的夹杂物、裂纹等。实践证明，在这些部位都会产生应力集中现象。当应力集中区的最大应力大于材料的强度极限时，就会导致机械构件首先在应力集中部位或附近发生断裂失效。有时发生的断裂，其名义应力（平均应力）远低于材料的设计强度，这也是金属构件发生断裂失效的一个重要因素。

1. 材料的缺口敏感性

应力集中对零件失效的影响，在一定程度上与材料的缺口敏感性有关。缺口导致应力状态的变化和应力集中，有使材料变脆的趋向。不同材料的缺口敏感性是不同的，一般用缺口试样强度与光滑试样强度的比值 NSR 来表示材料的缺口敏感性，即

$$\text{NSR} = \frac{R_{Nm}}{R_m} \qquad (2\text{-}17)$$

式中 R_{Nm}——缺口试样的抗拉强度（缺口拉伸试样的几何形状应按有关标准执行）；

R_m——光滑试样的抗拉强度。

比值 NSR 越大，缺口敏感性越小。当 NSR>1 时，说明缺口处发生了塑性变形的扩展，比值越大，说明塑性变形扩展量越大，脆化倾向越小。当塑性材料的 NSR>1，材料反而具有缺口强化效应，缺口敏感性小甚至不敏感。当 NSR<1 时，说明缺口处还未明显发生塑性变形扩展就脆断，表示缺口敏感。但在实际使用时，还要考虑尺寸因素（尺寸越大，缺陷出现的概率越大，NSR 越小）及表面因素（表面越粗糙，NSR 降得越多）。

实际工作中的零件，有些不可避免地带有缺口，而且要承受偏斜载荷，如螺栓类零件。有时正向载荷的缺口敏感性并不大，但在承受斜拉伸时就表现得比较明显。例如，30CrMnSi高强度螺栓经 200℃ 回火的抗拉强度比 500℃ 回火的要高，缺口敏感性和冲击韧度也不算低，应选择 200℃ 回火以发挥材料高强度的优越性，但从 0°~8° 材料的拉伸结果来看，经 500℃ 回火的偏斜拉伸缺口敏感性均较 200℃ 回火的要小，故选用 500℃ 回火工艺可以提高零件的韧性，降低脆性断裂的概率。

2. 影响应力集中与断裂失效的因素

（1）材料力学性能的影响 通常，材料硬度越高，脆性越大，塑性和韧性越低，应力集中作用越强烈，其裂纹扩展速率也越大。

（2）零件几何形状的影响 许多零件由于结构上的需要或设计上的不合理，在结构上有尖锐的凸边、沟槽或缺口等，在加工或使用过程中，将在这些尖锐部位产生很大的应力集中而导致开裂。零件在应力集中处产生淬火裂纹和疲劳裂纹如图 2-9 和图 2-10 所示。

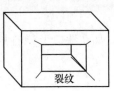 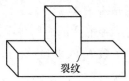 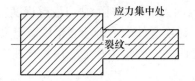

图2-9　零件在应力集中处产生淬火裂纹　　　图2-10　零件在应力集中处产生疲劳裂纹

（3）零件应力状态的影响　当材料质量合格、几何形状合理的情况下，裂纹起源的部位主要受零件应力状态的影响，此时，裂纹将在最大应力处形成。例如，在单向弯曲疲劳时，疲劳裂纹一般起源于受力一边的应力最大处；在双向弯曲疲劳时，疲劳裂纹一般起源于受力两边的应力最大处；在齿轮齿面上的裂纹，一般起源于节圆附近；具有台阶的轴，承受扭转、弯曲、切应力的联合作用时，裂纹一般起源于最大（危险）截面的台阶过渡处。在这些部位，应尽量避免人为的应力集中，如表面的加工缺陷、沟槽、台阶过渡处的不光滑等。

（4）加工缺陷的影响　由于零部件加工精度要求不高，或者没有按照图样要求加工，致使零件的实际应力集中系数比计算值高出许多，从而使实际应力加大，导致开裂失效。

由于加工刀痕等加工缺陷存在，在零件以后的服役过程中，由刀痕引起的应力集中也往往导致裂纹的产生。

对于焊接或铸造缺陷，如焊接接头的咬边、铸件的错缝等，也易引起应力集中，从而导致使用中的开裂。

（5）装配、检验产生缺陷的影响　设备和构件在安装过程中，如果不严格执行操作规范，就会产生不应有的安装缺陷，如构件表面的划伤、锤击坑等。例如，某腐蚀防护工程需要铺设不锈钢钢板，由于钢板所受应力很小，经分析不足以引起过早的应力腐蚀开裂。但是工人在操作时，穿的是带钉的皮鞋，在不锈钢钢板表面踩踏而形成小坑。在踩踏坑周边，由于应力集中的作用，其应力增大，应力腐蚀裂纹即从这些地方开始。

在设备和构件的检验、维修中，也会造成应力集中，从而导致开裂。例如，某石油机械厂生产的采油机减速器发生二级轴断裂，轴径为450mm，45钢调质处理。断裂处位于轴承与中间轴段的过渡段，中间轴段的直径为500mm，安装轴承的轴颈部分直径为410mm。经分析，断裂为疲劳断裂，疲劳裂纹扩展区与最后瞬断区的比例高于80%。经检查，材质没有问题，加工表面粗糙度值也没有问题。最后分析确认，疲劳裂纹源于表面的一串小坑。经了解，这一串小坑是检验人员在检测硬度时留下的。当时出于"认真"考虑，在检测时沿周向画了一条线，硬度坑沿这条线分布。由于七个硬度坑在一条线上且相距不远，最后形成应力集中，导致发生疲劳开裂。

【案例2-3】　在某机载雷达的可靠性鉴定试验中，连接雷达与可靠性试验工装的螺栓发生了断裂。安装螺栓时施加的预紧力过大，在振动工况下螺栓承受交变载荷，加之振动正交耦合效应的影响，导致螺栓根部圆角刀槽处形成了较大的应力集中。通过有限元仿真模拟了该雷达在可靠性试验工况下断裂螺栓的应力分布，最大应力水平接近材料的屈服应力。在该载荷下螺栓产生疲劳破坏，裂纹从螺栓根部应力集中处萌生、扩展，最后发生断裂。

反思：机械结构中，小小的螺栓平凡无奇，很容易被人忽视，但像电梯轿厢坠落、塔吊倒塌、管道泄漏甚至引发爆炸等事故的发生很多都与螺栓有关，所以小小的螺栓承载着多少人的安全，拧好每一颗螺钉也是我们义不容辞的责任。

三、减小应力集中的措施

应力集中现象是普遍存在的，它对失效的影响很大，应当加强技术监督，严格检查，消除一些不必要的应力集中因素（如加工缺陷）。同时，要采取一定的技术措施，在设计和加工中尽量减小应力集中程度。

1. 从强化材料方面降低应力集中的影响

采取局部强化以提高应力集中处的材料疲劳强度，从而减少应力集中的危害。

（1）表面热处理强化　表面热处理强化包括表面感应淬火、渗碳、渗氮和复合处理等，可得到软（高韧性）的心部、硬的表层，在表层还存在残余压应力，由此降低应力集中的影响。

（2）薄壳淬火　直径大且有截面变化的短轴类零件，如选用低淬透性钢，经强烈淬火后可形成薄的表面淬硬层，其内存在残余压应力，可降低应力集中的影响。薄壳淬火与表面感应淬火相比有其较为有利的一面，即对于类似的零件，感应淬火容易使截面变化的过渡区（如轴肩）无法淬火而存在残余拉应力，反而加大了应力集中的有害作用。

（3）喷丸强化　使金属表层强化且产生大的残余压应力，从而降低应力集中的危害。高强度材料表面粗糙度值大或有缺陷时，喷丸处理对降低应力集中的影响更明显。应力喷丸处理比一般喷丸处理效果更好。

（4）滚压强化　使零件表面形变强化并产生残余压应力，从而降低应力集中的有害作用。其效果与滚压参数及材料本身的组织性能有关。

2. 从设计方面降低应力集中系数

（1）变截面部位的过渡　应尽可能地加大过渡部分的圆角，使过渡区接近于流线型，同时也要考虑到工艺性。可以改变过渡方式，采用椭圆过渡比圆弧过渡更好，或者采用其他过渡方式。

（2）根据零件的受力方向和位置选择适当的开孔部位　孔一般应开在低应力区，如果必须开在高应力区，则应采取补强措施。椭圆形的长轴应与主应力方向平行，以减小应力集中系数。

（3）在应力集中区附近的低应力部位增开缺口和圆孔　这样可使应力的流线平缓，从而减小最大应力峰值。增开缺口（或圆孔）对应力集中的影响如图 2-11 所示，图 2-11a 所示的应力集中系数为 3，而图 2-11b 所示的应力集中系数为 2.63。同样，在应力集中区附近的低应力部位，加开卸载槽，对应力集中的影响如图 2-12 所示，也可改善应力集中情况。

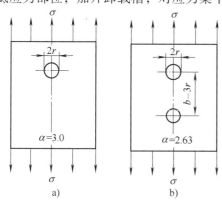
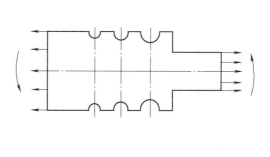

图 2-11　增开缺口（或圆孔）对应力集中的影响　　图 2-12　加开卸载槽对应力集中的影响

零件中应力集中现象几乎是不可避免的，而应力集中又往往是零件破坏尤其是断裂时裂纹源的起始点。大量的失效分析表明，加工中的刀痕、焊接时的缺陷、危险截面部位的非金属夹杂物、圆弧过渡的不光滑等，往往成为零件失效的直接促发因素，故在进行失效分析时对应力集中问题不可忽视。

模块三　残余应力与失效分析

一、残余应力

物体在无外载荷时，存在于其内部并保持平衡的一种应力称为内应力。内应力通常分为三类：

第一类内应力是指存在于整个物体或在较大尺寸范围内保持平衡的应力，尺寸在0.1mm以上。

第二类内应力是指在晶粒大小尺寸为$10^{-2} \sim 10^{-1}$mm范围内保持平衡的应力。

第三类内应力是在原子尺寸为$10^{-6} \sim 10^{-3}$mm范围内保持平衡的应力、如晶体内的不均匀残余应力、位错引起的不均匀变形应力。

第二、三类内应力统称为微观应力。第一类内应力为宏观应力，即是我们所说的残余应力。

零件在工作时，残余应力将和载荷应力叠加。残余压应力能够提高零件的疲劳强度、耐蚀性等；而残余拉应力总是有害的，会降低零件的疲劳强度、耐蚀性等。另外，残余应力的存在有可能使得零件在使用过程中因残余应力的重新分布而发生形状尺寸变化，不能正常使用，过大的残余应力甚至能够直接造成零件的开裂。由此可见，有利的残余应力可提高疲劳强度等性能，而不利的残余应力则使零件发生早期破坏，应给予足够重视。有许多失效问题是由残余应力引发的，如对18-8型不锈钢制成的催化裂化装置膨胀节的失效分析表明，80%是由应力腐蚀引起的，而不规范的安装造成的残余拉应力是导致应力腐蚀发生的主要原因。发电厂冷凝器铜管的早期应力腐蚀，经分析也是由于铜管胀接时产生的残余应力与工作应力叠加造成的。

二、残余应力的产生

1. 热处理残余应力

热处理残余应力是热应力和组织应力叠加的结果。热应力是由于不同温度处的膨胀量不同引起的，它在冷却初期和后期正好相反，热应力的分布如图2-13所示。而组织应力是由于不同组织的比容不同引起的。在淬火冷却过程中，表面发生相变与其后的心部发生相变时的组织应力也正好相反，组织应力的分布如图2-14所示，零件整体淬火后的残余应力分布比较复杂，要视具体零件结构、材料的淬透性等做具体分析。对许多钢种的残余应力的研究结果表明，热处理淬火残余应力大体可分为如图2-15所示的五种类型。当零件处于整体淬透状态时，表面先发生马氏体相变，使表层变硬；随后的冷却中，心部发生马氏体相变，使体积发生膨胀，导致表面形成残余拉应力。一般在这种情况下，零件的残余应力分布以组织应力的形式存在，锻钢轧辊淬火残余应力如图2-16所示。而对于用低淬透性材料制作的零件，淬火时由于心部不发生马氏体相变，因而零件的残余应力可以是组织应力形式，也可以是热应力形式，应视淬硬层的相对厚度而定。对于火焰淬火的零件，则形成以热应力为主的残余应力分布形式，表面为残余压应力，火焰淬火残余应力如图 2-17 所示。对于形状复杂的零件，其淬火后的残余应力分布十分复杂，应仔细分析。

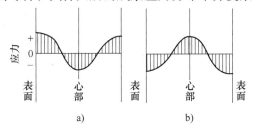

图 2-13 热应力的分布
a) 冷却初期 b) 冷却后期

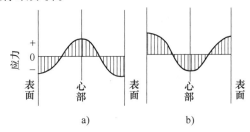

图 2-14 组织应力的分布
a) 表面发生相变时 b) 心部发生相变时

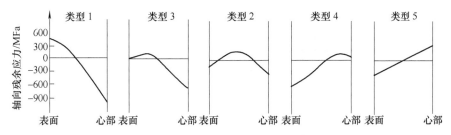

图 2-15 热处理淬火残余应力的类型

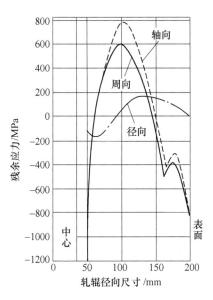

图 2-16 锻钢轧辊淬火残余应力
（辊径为 405mm，中心孔径为 75mm）

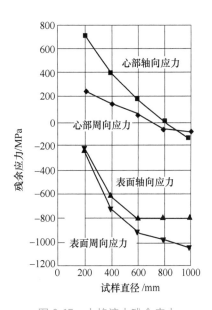

图 2-17 火焰淬火残余应力
（材料：$w(C) = 0.97\%$，硬化深度为 2.4~2.8mm）

对于含碳和其他合金元素的大多数钢而言，其过冷奥氏体的组织变化状态可由其等温转变图和连续冷却转变图求得。因此，关于淬火残余应力的产生，用等温转变图研究其产生过程是方便的。这里，材料成分的差别就表现在图中曲线位置上的差别，而试样的大小、冷却方法的不同，则会在冷却曲线上显现出各部分上的差别。即使不是一般的全断面淬火的情况，也能用其进行研究。

分析淬火残余应力对零件失效的作用时，还应充分注意加热过程中脱碳层的影响。一般钢在淬火加热时会有氧化脱碳现象。脱碳层在随后的淬火过程中将形成残余拉应力。

【案例2-4】 冷轧辊（$\phi400mm$）材料为9Cr2W2，热处理规范为900℃奥氏体化4h后，经加压力的冰水喷淋淬火，然后在140℃油槽中回火10h。在回火过程中，当回火进行到约30min时，伴随一声清脆的声响，轧辊沿与轴线呈45°的截面处爆裂成两半。

案例分析：

冷轧辊的断裂时效属淬火开裂，主要是淬火喷冰水速度过快，内外温差引起的热应力很大，喷冰水的时间过长，未能及时回火。

反思： 案例中，因采取的热处理工艺不当致使冷轧辊爆裂，造成事故。不论是在试验时还是生产中，都要尊重科学，敬畏科学，本着科学严谨的态度努力做好本职工作，不负责任与使命。

2. 表面化学热处理引起的残余应力

表面化学热处理引起的残余应力分布形式与化学热处理的种类有关。一般渗碳、渗氮后表层的残余应力为压应力状态，如图2-18和图2-19所示。

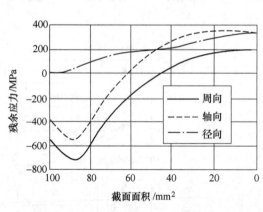

图2-18 渗碳后的残余应力分布

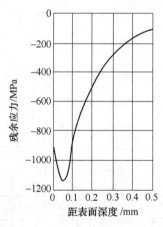

图2-19 渗氮后的残余应力分布

影响表面化学热处理残余应力的因素比较复杂，实测的结果也不很多。归纳现有研究结果，一般影响渗碳淬火试样残余应力的因素有如下几个方面：

（1）渗碳厚度影响 对应于不同渗碳层的深度，其残余应力的产生状态将有各自不同的过程。典型研究显示，随着渗碳层深度增加，外表层的残余应力有减小的倾向。

（2）试样直径大小的影响 试样直径大小对渗碳层淬火残余应力的影响比渗碳厚度还要明显，这是由于急冷时断面内冷却曲线的差别造成的。在相同渗碳厚度时，试样直径越大则表层的残余压应力越大。

（3）钢种的影响 钢种不同，材料的高温屈服强度必然不同，因此相变进行过程中所产生的应力状态也就不同，对合金钢来说其应力就越大。由于合金钢渗碳淬火时基体也会发生马氏体相变，因此对表面残余压应力有减小的作用。

因渗氮而产生残余应力时，并不伴随淬火时的那种组织转变，故其产生过程是单纯的。

3. 焊接残余应力

在一般的加工过程中，焊接是比较容易产生残余应力的加工方法。焊接时，很容易看出焊接过程的变形和残余应力。焊接残余应力是在焊缝及其附近由于焊接的热应力、组织应力和拘束应力共同作用而产生的。一般来讲，在焊缝中心平行于焊缝方向上有较大的残余拉应力（大到接近于下屈服强度 R_{eL}），而有约束应力时，垂直于焊缝方向上残余拉应力增大。焊缝在约束情况下的残余应力如图 2-20 所示。

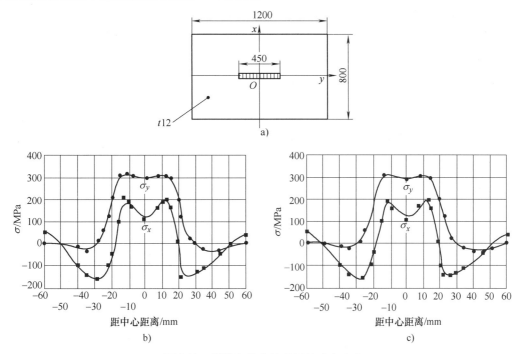

图 2-20　焊缝在约束情况下的残余应力

a）试样尺寸　b）x 轴上的应力分布　c）y 轴上的应力分布

对于焊接构件的强度而言，残余应力的影响是非常重要的，它的大小、分布状态对脆性破坏、疲劳破坏、应力腐蚀开裂及其他破坏都有很大的不良影响。

焊接残余应力的形成原因，大致可分为以下三种情况：

（1）直接应力　这是进行不均匀加热的结果，取决于加热和冷却时的温度梯度而表现出来的应力。这是形成焊接残余应力的主要原因。

（2）间接应力　这是焊前加工状况所造成的应力。构件若经过轧制或冷拔，都会形成残余应力。这种残余应力在某些情况下会叠加到焊接应力上，而在焊后的变形过程中往往也具有附加性的影响。

（3）组织应力　这是由于组织变化而产生的应力。由于焊接钢材一般都具有低的碳当量，因此这一作用的影响要比直接应力的影响小得多。但对于合金元素含量高的钢（即高淬透性钢），这一作用也是不能忽视的，在某些情况下由于焊后回火不足，也导致焊接接头的脆性开裂。同时需要注意的是，热影响区中发生相变部分的宽度与残余应力的产生状况有关时，就必须加以考虑。

【案例 2-5】　950 型轧钢机主传动轴为 45 钢，以正火状态使用，工作时间用水冷却轴颈。由于在服役过程中轴颈的锈蚀和磨损，采用 A202 焊条以堆焊方法在轴颈处焊上一层不锈钢，经加工恢复至原尺寸继续使用。在运行中，该主传动轴突然断成三截，造成轧钢机毁坏事故，损失严重。

案例分析：

这起事故主要是由于对主传动轴的表面多次反复堆焊，产生焊接缺陷和表面应力集中，从而导致其轴发生疲劳——脆性断裂。

4. 铸造残余应力

铸造残余应力的产生可归于受构件形状和铸造技术等影响的结构应力以及由于组织和成分不同而产生的组织应力。

（1）构件截面内保持平衡的残余应力（图 2-21）　由于内外温差的影响，表层冷却与内层冷却不一致时，导致的残余应力不同，这与淬火时的热应力相同。

（2）构件间相互保持平衡的残余应力（图 2-22）　具有两个或两个以上截面的构件，截面面积小的外侧两个构件冷却得要比中心构件快，最后形成与前述一样的残余应力。

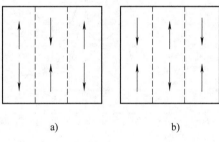

a)　　　　　　　　　　b)

图 2-21　构件截面内保持平衡的残余应力

a）冷却时　b）冷却后

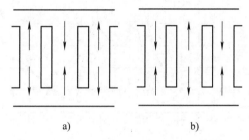

a)　　　　　　　　　b)

图 2-22　构件间相互保持平衡的残余应力

a）冷却时　b）冷却后

（3）由于型砂阻力而产生的残余应力（图 2-23）　H 形工件的各部分同样冷却时，图中的 A 部分随着温度降低而产生收缩，就会受到铸型的束缚而产生残余拉应力。关于铸型和型砂阻力对铸件残余应力的影响是复杂的，它的大小与型砂的状态及高温时的强度等有关，一般认为其与型砂强度近似成正比关系。

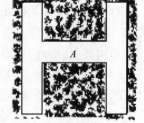

图 2-23　由于型砂阻力而产生的残余应力

（4）铸件成分的影响　实验结果显示，铸件的成分以及组织对铸件残余应力有一定的影响。含碳量比含硅量的影响更大，含碳量越多，石墨就越多，所产生的残余应力也就越小，而且铸造时对裂纹的发生也不敏感。磷对残余应力的影响最大，当磷的质量分数在 0.6%～0.8% 时导致的残余应力最大。因此，为了使铸件不产生开裂，对磷的影响也应予以充分的注意。

另外，由于铸件生产过程控制得不严格，可能在铸件冷却过程中形成马氏体类组织转变，由此而产生的残余应力与淬火残余应力的分析相同。在进行失效分析时，铸件这一残余应力的影响应引起足够的重视，严重时会形成铸件的开裂。

5. 涂镀层引起的残余应力

电镀时产生的残余应力，是指在基体金属上逐层电沉积上去的镀覆部分的残余应力。影响电镀层残余应力的因素有电镀层的特性、基体金属、电解液以及电镀时的操作工艺。电镀层残余应力不仅影响镀层与基体的结合强度，降低耐蚀性，在使用中更主要的是影响零件的疲劳强度。电镀层的残余应力测试比较困难，表 2-2 列出了各种金属镀层残余应力的平均值。

表 2-2 各种金属镀层残余应力的平均值

金属	电镀溶液	残余应力/MPa	金属	电镀溶液	残余应力/MPa
Cr	铬酸-硫酸 50℃	107	Cu	酒石酸钾钠-氰化钠	61
	铬酸-硫酸 65℃	255		酒石酸钾钠-氰化钠+硫氰酸钾	−28
	铬酸-硫酸 85℃	432	Co	硫酸盐	315~630
Ni	光亮镀镍用液（纯净）	107	Zn	酸	−56~12
	光亮镀镍用液+杂质	225	Cd	氰化物	−8
	光亮镀镍用液+糖精	19	Pb	过氯酸盐	−31

钢铁材料在激光相变强化过程中，由于表层组织的变化和相对于材料内部的温差而产生残余应力，其分布状态及大小对材料使用性能有很大的影响。残余拉应力加剧了材料内部的应力集中，促进裂纹的产生或加速已存在裂纹的扩展，造成材料的早期破坏；而残余压应力会减小材料内部的应力集中，可以提高构件的疲劳性能。W18Cr4V 高速钢经 1500W、25mm/s 及 1000W、25mm/s 工艺条件处理后，试样强化层的残余应力沿层深方向的分布情况如图 2-24 所示。激光相变强化试样表面处于压应力状态，亚表层为拉应力，残余应力-层深曲线近似呈正弦函数分布（图 2-24 中曲线 2），应力值随工艺参数的不同而改变。随着激光功率的增加，试样表面熔化，这时强化层基本处于拉应力状态，也近似呈正弦函数分布（图 2-24 中曲线 1）。

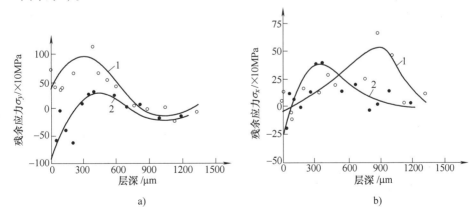

图 2-24 试样强化层的残余应力沿层深方向的分布情况
a) σ_y-层深分布曲线　b) σ_x-层深分布曲线
1—1500W、25mm/s　2—1000W、25mm/s

残余应力是热喷涂涂层固有的特性之一，其主要原因是涂层与基体有着较大的温度梯度和物理特性差异。由于残余应力对涂层的质量和使用性能有显著的影响，甚至会严重影响涂层的使用寿命，因此测试和评估热喷涂涂层残余应力是非常重要的和有价值的。但目前尚缺乏可靠的试验方法和标准，因此热喷涂涂层残余应力的测试和评估仍然是相当困难的。涂层的残余应力与喷涂方法、喷涂工艺、喷涂材料和喷涂涂层的厚度等因素有关，图 2-25 所示为喷涂工艺方法对 NiCrSi 涂层残余应力的影响，图 2-26 所示为火焰喷涂涂层残余应力与其厚度的关系。热喷涂工艺方法对涂层残余应力有着非常大的影响，对于同一材料的涂层，其残余拉应力随喷涂时颗粒温度的升高而增大，随颗粒飞行速度的增大而减小。然而颗粒温度对涂层的残余压应力影响不是很大，涂层的残余压应力主要取决于颗粒的飞行速度，颗粒的飞行速度越高，涂层的残余压应力越大。从图 2-26 中可以看出，涂层的残余应力与其厚度的关系是线性的，无论涂层残余应力是拉应力还是压应力，它都随着涂层厚度的增加而增加。

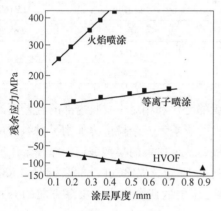

图 2-25　喷涂工艺方法对 NiCrSi
涂层残余应力的影响

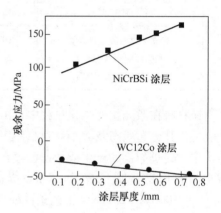

图 2-26　火焰喷涂涂层残余
应力与其厚度的关系

6. 切削加工残余应力

金属材料在进行切削（磨削）加工时，在加工过程中与工具相接触部分的附近会产生塑性变形。这种变形取决于加工方法和加工状态，是各种原因所造成变形的叠加，并要附加上材料和工具接触所产生的热影响。因此，在加工后的材料表面的薄层上，存在着相当大的残余应力。这些残余应力不仅使构件的尺寸稳定性下降，而且影响其力学性能。当外表产生残余拉应力时，构件疲劳强度下降，而且在腐蚀环境中也处于不良状态。

切削加工残余应力与切削刀具、切削工艺参数、被切削材料及冷却条件有关。切削加工时，加工表面附近有较大的残余拉（压）应力，从表面往里逐渐减小并趋于零。磨削时一般表面为残余拉应力，但对某些材料、某些工艺参数，也可能为表面残余压应力。图 2-27 和图 2-28 所示分别为磨削和铣削加工时的残余应力分布情况。

三、残余应力的影响

残余应力对构件的影响是多方面的，这里只探讨与构件失效及其失效分析有关的因素。

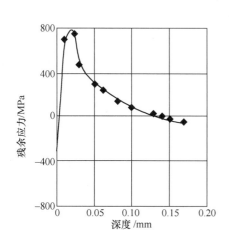

图 2-27　磨削加工时残余应力的分布情况

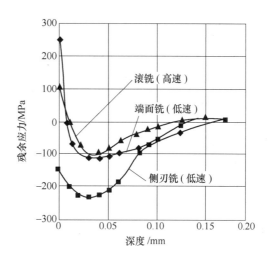

图 2-28　铣削加工时残余应力的分布情况

1. 残余应力对静强度的影响

如果对已存在残余应力的构件，由外部施加载荷时，则由于作用应力与残余应力的交互作用而使整个构件的变形受到影响，并且随着载荷应力的去除残余应力也要发生变化，外加载荷所造成的残余应力的变化和变形如图 2-29 所示。在框架状构件上施加拉力 P 时，断面 a、b、c 上存在着图 2-29a 所示的残余应力，且中间断面 a 上是拉伸残余应力。在铸造或焊接情况下，在工件之间有相互作用，或者具有约束力时，都将呈现出这种状态的应力。

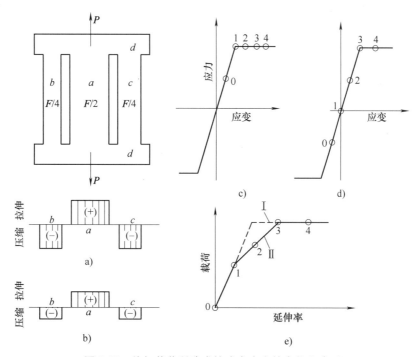

图 2-29　外加载荷所造成的残余应力的变化和变形

a）加载前的残余应力　　b）当点 2 状态去除载荷时的残余应力　　c）断面 a 处的应力-应变曲线
d）断面 b、c 处的应力-应变曲线　　e）在整体上其外部载荷与延伸率之间的关系下面研究施加拉力时各断面的变形。若把材料看成是理想弹塑性体时，则会表现出图2-29c、d所示的应力应变关系。其中，图2-29c表示断面 a 处的应力-应变曲线，图2-29d表示断面 b、c 处的应力-应变曲线。所有情况下，图中的点都表示载荷为零时各自的残余应力。图2-29e所示为在整体上其外部载荷与延伸率之间的关系，点1、2、3的状态将显示出如曲线Ⅱ所示的变形行为。若从这样的状态去除载荷，残余应力就会减少乃至释放。图2-29b所示就是当点2状态去除载荷时的残余应力。

2. 残余应力对硬度的影响

硬度可分为压入硬度和回弹硬度。无论哪种硬度的测定值都在一定程度上受到残余应力的影响，从而使测得的硬度值有所变动。在压入硬度的情况下，残余应力要影响压入部分周围塑性变形。理论分析和实验结果均表明，当有残余拉应力存在时，压头周围塑性变形开始得较早，并使塑性变形区域变大，其结果表现为硬度值下降；残余压应力的影响则较小。洛氏硬度的变化与弯曲应力的关系如图2-30所示。当残余应力是平面应力状态，且 $\sigma_1 - \sigma_2 = 0$ 时，残余应力对硬度没有影响。

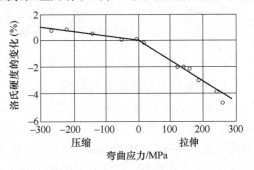

图2-30　洛氏硬度的变化与弯曲应力的关系

对于回弹硬度，残余应力要影响到回弹能量。当残余应力是拉应力时，这种效应更明显，其硬度的变化与残余应力的关系表现出与压入硬度相同的倾向。

按照上述结果，就可以在一定程度上用硬度试验来估计零件的残余应力。

3. 残余应力对疲劳强度的影响

对承受交变载荷的零件而言，残余应力对材料疲劳强度的影响更为重要。当受到交变载荷的构件存在残余压应力时，其疲劳强度就会升高；而存在残余拉应力时，其疲劳强度就会下降。然而在实际中残余应力对疲劳过程的影响是非常复杂的，它不仅影响构件疲劳强度的大小，而且影响构件发生疲劳后的断裂过程；同时，不同的残余应力对构件的疲劳断裂过程的影响是不一样的，这在失效分析工作中是值得特别注意的方面。

4. 残余应力对脆性破坏和应力腐蚀开裂的影响

对低温脆性破坏和应力腐蚀开裂等突然性的失效形式，残余应力的作用是显著的。大量的事例和分析表明，许多类似失效的应力是由残余应力提供的或残余应力起到了至关重要的作用。

四、消除和调整残余应力的方法

消除和调整残余应力的方法主要有热作用法和机械作用法，根据不同的构件和残余应力产生的过程，正确选择消除残余应力的方法，可以有效地降低残余应力的危害作用。常用的方法主要有以下几类。

1. 去应力退火

去应力退火是消除焊接残余应力、铸造残余应力、机械加工残余应力最常用和有效的方法之一。一般的退火是先把构件在较高的温度下保温一段时间，然后进行缓冷的工艺方法。典型的去除残余应力的退火温度和保温时间见表2-3。

表 2-3　典型的去除残余应力的退火温度及保温时间

金属材料种类	温度/℃	时间/h
灰铸铁	430~600	0.5~5
碳钢	600~680	1
Mo 钢[$w(C)<0.2\%$]	600~680	2
Mo 钢[$w(C)=0.2\%~0.35\%$]	680~760	2~3
CrMo 钢[$w(Cr)=0.2\%$,$w(Mo)=0.5\%$]	720~750	2
CrMo 钢[$w(Cr)=9\%$,$w(Mo)=1\%$]	750~780	3
Cr 不锈钢	780~800	2
CrNi 不锈钢(316)	820	2
CrNi 不锈钢(310)	870	2
铜合金(Cu)	150	0.5
铜合金(80Cu20Zn 或 70Cu30Zn)	260	1
铜合金(60Cu40Zn)	190	1
铜合金(64Cu18Zn18Ni)	250	1
镍和蒙乃尔合金[$w(Ni)=64\%~69\%$,$w(Cu)=26\%~32\%$,少量 Fe、Mn]	280~320	1~3

2. 回火或自然时效处理

回火是淬火后按照不同硬度要求进行的加热工艺，在回火过程中可以有效消除淬火产生的残余应力。为了避免组织变化而又能使应力去除，在 100~200℃回火，也可消除相当大的一部分残余应力。随着回火温度的升高，残余应力去除的部分显著增大，当回火温度达到450℃及以上时，可以认为残余应力已完全消除。值得注意的是有的合金钢试样在淬火后表面为残余压应力，而经过有相变的回火后反而变为残余拉应力。

对一些铸件一般可采用自然时效的方法消除残余应力，自然时效可降低 10%~30% 的残余应力。

3. 机械法（加静载或动载）

加静载使有残余应力的部位发生屈服而使残余应力松弛，有反复弯曲法、旋转扭曲法和拉伸法。加动载（振动或锤击）可消除残余应力。其中，振动处理主要用于铸件和焊接件；锤击处理主要用于焊接件，在焊接过程中进行，可部分消除残余应力。

锤击处理很早就被引入焊接件残余应力的处理中，以防止裂纹产生。锤击力、锤击的频次、锤击的温度范围等对不同材料的焊接结构残余应力的消除有较大影响。图 2-31 所示为不同锤击温度区间锤击时上表面残余应力的分布情况，在 360~840℃进行锤击效果最好，增加锤击力可以提高残余应力的消除效果，焊缝中心处产生较大残余压应力。

振动时效是 20 世纪 70 年代发展起来的一种消除残余应力的方法，具有能耗低、时间短、设备投资少、场地占用小、无环境污染等特点，在许多场合可以代替热时效，达到消除或部分消除焊接结构等零件残余应力的目的，在欧美国家已得到广泛应用。振动时效是对构件施加交变应力，如果这种交变应力与构件某点的残余应力相叠加，达到材料的屈服强度，则该点将产生局部的塑性变形；如果这种应力能够使得材料中的某些点产生晶格滑移，即便应力远没有达到材料的屈服强度，这些点也会发生塑性变形。塑性变形往往是发生在残余应力最大处，因此使这些点的残余应力得以释放。近期对 S1-1250 压力机立柱大型焊接件的实测表明，对于大型焊接件，振动时效的处理效果与热时效是一致的，在合适的处理工艺条件下，残余应力主应力的最大绝对值下降了 40.96%，残余应力值域比振动前减小了 39.9%。

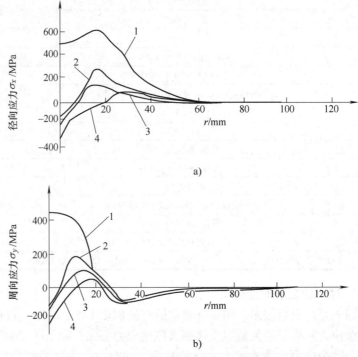

a)

b)

视野拓展：高端先进
技术解决检测难题

图 2-31 不同锤击温度区间锤击时上表面残余应力的分布情况

a）径向残余应力 b）周向残余应力

1—无锤击作用 2—600℃<T<1000℃ 3—300℃<T<650℃ 4—360℃<T<840℃

模块四 环境作用与失效分析

零件生产使用中存在一系列环境效应。也就是说，从金属零件生产到使用，即从原材料、机械加工、热处理、后处理（加工等）到零件使用等多个环节中均存在环境作用，这种作用主要是腐蚀，即化学反应和电化学反应。

制造强国，
防腐先行

一、化学反应

狭义的金属氧化指金属与氧化合成为氧化物的过程，即 $M+\dfrac{1}{2}O_2 \rightleftharpoons MO$，$P_{O_2} \geqslant P_{MO}$，（$P_{O_2}$表示气相中的 O_2 的分压，P_{MO}表示氧化物的分解压）。当 $P_{O_2} \geqslant P_{MO}$ 时，系统标准吉布斯自由能小于零，反应向生成 MO 的方向进行。可见金属的氧化能否发生，取决于热力学条件。

1. 氧化条件

金属氧化首先从金属表面吸附氧分子开始，即氧分子分解为氧原子被金属表面所吸附，并在金属晶格内扩散、吸附或溶解。而当金属和氧的亲和力较大，且当氧在晶格内溶解度达到饱和时，则在金属表面上进行氧化物的形核与长大。金属表面一旦形成了氧化膜，其氧化过程的继续进行将取决于以下两个因素：

（1）界面反应速度　这包括金属/氧化物界面及氧化物/气体界面上的反应速度。

（2）参加反应的物质通过氧化膜的扩散速度　它包括浓度梯度、化学位梯度引起的扩散，也包括电位梯度引起的迁移扩散。

这两个因素控制进一步氧化的速度。在一般情况下，当金属的表面与氧开始反应生成极薄的氧化膜时，界面反应起主导作用，即界面反应是氧化膜生长的控制因素。但随着氧化膜的生长增厚，扩散过程将逐渐起着越来越重要的作用，成为继续氧化的控制因素。

2. 氧化膜及氧化膜的保护性

金属氧化在金属表面生成的覆盖物，称为氧化膜。在金属氧化的初始阶段，氧化膜的增厚与时间一般呈线性关系。达到一定程度后，氧化膜如果有裂纹，或疏松多孔，则无保护性，金属的氧化继续进行，氧化膜的增厚曲线保持原来的直线；氧化膜如果比较致密，具有一定的保护性，氧化受到阻滞，氧化膜的增厚曲线转为抛物线；氧化膜如果非常致密，便具有良好的保护性，氧化基本停止，氧化膜的增厚曲线转为对数曲线，几种主要的氧化膜增厚曲线如图2-32所示。在温度升高的情况下，化学反应以及金属和氧通过氧化膜的扩散均将加速，氧化也就会加速。钯、银、汞等金属的氧化物由于热力学上的不稳定在高温下会分解。环境气氛中含有水蒸气或硫化物时，会导致加速氧化，尤以硫化物更为严重，常称这种情况为硫化腐蚀。

完整的氧化膜才能保护金属，因此膜的体积（V_{MO}）必须大于氧化消耗掉的金属体积（V_M），这一规律称为皮林-贝德沃斯（Pilling-Bedworth）定律，$r=V_{MO}/V_M$ 称为皮林-贝德沃斯比。$r>1$ 的金属（如 Cr、Al、Ti 等），氧化膜的增厚曲线为抛物线或对数曲线；$r<1$ 的金属（如 Ca、Mg、Na、K 等），氧化膜的增厚曲线为直线。$r>1$ 是能够形成完整且有保护性氧化膜的必要条件而非充分条件。$r\gg1$ 时，氧化膜中存在的应力会导致其开裂而失去完整性，也就不能起保护作用。

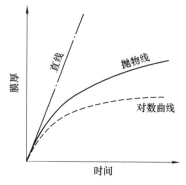

图 2-32　几种主要的氧化膜增厚曲线

绝大多数的金属氧化物是非化学计量关系的化合物。有许多是金属离子不足的（点阵中有阳离子空位，如 CuO、NiO），也有一些是金属离子过剩的（点阵中有间隙金属离子或阴离子空位，如 ZnO），前者称为 p 型，后者称为 n 型。氧化膜的点阵中存在缺陷，有利于金属和氧通过膜进行扩散，因而有利于氧化的进行。一般说来，当氧的分压增高时，p 型的电导率和氧化速度增加，而 n 型的电导率和氧化速度减小。

（1）氧化膜具有保护性的条件

1）氧化膜应致密和完整，$r=V_{MO}/V_M>1$（必要条件）。

2）氧化物稳定、难溶、不挥发，不易与介质作用而被破坏。

3）氧化膜与基体结合良好，有相近的热膨胀系数，不会自行或受外界作用而剥离脱落。

4）氧化膜有足够的强度和塑性，以承受一定的应力、应变。

（2）氧化膜的生长规律　一般有三种，即直线生长、抛物线生长和对数生长。

直线生长规律如果用公式表达，即为

$$y = Kt + C \tag{2-18}$$

式中　　y——氧化膜厚度（μm）；

　　　　t——时间（min）；

　　　　K——生长系数；

　　　　C——生长常数。

　　K、Na、Ca、Ba、Mg、W、Mo、V、Ta、Nb 等金属的氧化膜即属于直线生长规律，氧化膜对基体金属无保护作用。图 2-33 所示为纯镁在不同温度下的氧气中氧化时的增重情况。

　　抛物线生长规律如果用公式表达，即为

$$\frac{y^2}{K_D} + \frac{2y}{K_C} = 2C_0 t + C \qquad (2\text{-}19)$$

式中　　y——氧化膜厚度（μm）；

　　　　K_C——形成氧化膜的化学反应速度常数；

　　　　K_D——氧化过程与扩散有关的常数；

　　　　C_0——膜-气体界面上的 O^{2-} 离子浓度，或金属-膜界面上的金属离子浓度（mg/L）；

　　　　C——常数；

　　　　t——时间（min）。

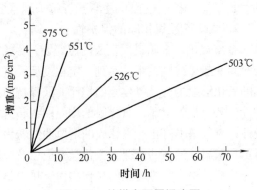

图 2-33　纯镁在不同温度下的氧气中氧化时的增重情况

　　Fe、Co、Cu、Ni、Mn、Zn、Ti 等金属氧化膜即属于抛物线生长规律，氧化膜对基体金属有一定保护性。图 2-34 所示为铁在高温空气中氧化的抛物线曲线。

　　对数规律如果用公式表达，即为

$$y = \ln(Kt) + C \qquad (2\text{-}20)$$

Cr 和 Zn 在 25～225℃，Ni 在 650℃以下，Fe 在 375℃以下，其氧化膜生长就服从对数规律，氧化膜具有保护性。图 2-35 所示为铁在温度不高的空气中的氧化曲线。

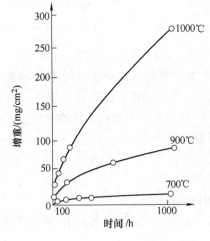

图 2-34　铁在高温空气中氧化的抛物线曲线

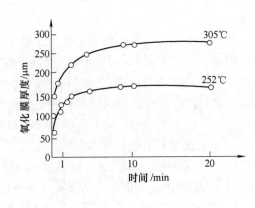

图 2-35　铁在温度不高的空气中的氧化曲线

　　以上三种生长规律，即直线生长规律、抛物线生长规律和对数生长规律在氧化膜不破裂时是最常见的。

对于合金的氧化，目前根据合金的成分还难以定量地推测它的氧化行为。但从热力学观点来看，氧化物的吉布斯自由能为负的合金元素会先氧化。如果在合金中氧的扩散比合金元素扩散快，则合金中可能生成颗粒状氧化物，这种现象称为内氧化；晶界的氧化也属于内氧化范畴。如果合金基本元素的氧化物为 p 型，加入少量原子价较低的合金元素常能阻滞氧化，而加入少量原子价较高的元素常能加速氧化；如果这种氧化物为 n 型，则效果正好相反。这一规律称为豪费（Hauffe）定律。

对于在高温和熔融的沉积物下，氧和其他腐蚀性气体同时作用，产生的氧化一般称为热腐蚀，如高温合金在高温含硫和盐的燃气中所发生的腐蚀。在这种情况下，金属腐蚀生成的硫化膜疏松多孔或有裂纹，硫化物的晶体缺陷浓度较大，有利于金属、氧和硫通过膜进行扩散，而且金属硫化物的熔点较低，容易生成熔点更低的金属-金属硫化物共晶（如 NiS 熔点为 787℃，而 Ni-NiS 共晶熔点只有 645℃）。基于上述原因，热腐蚀常比单纯的高温氧化严重得多。如果气氛中含有钒、钼等元素，由于 VO 的熔点仅为 674℃，而 MoO 在高温下易于挥发，会造成灾害性的高温腐蚀。

【**案例 2-6**】　某天然气净化厂四联合装置于 2014 年建成投产，在 2021 年装置大检修期间发现尾气处理单元中的管道存在严重的腐蚀减薄情况，腐蚀失效部位位于净化尾气与末级硫冷凝器过程气的管道汇合处上部，如图 2-36 所示。净化尾气的主要组分为 N_2，CO_2 和 H_2O，其中 H_2S 质量分数小于 0.012%，末级硫冷凝器过程气组成见表 2-4，其中 H_2S 和 SO_2 的摩尔分数分别为 0.61% 和 0.30%。管道材质信息及具体操作条件见表 2-5。

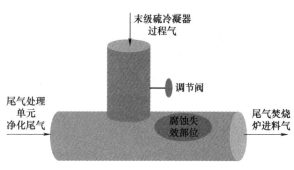

图 2-36　腐蚀失效部位

表 2-4　末级硫冷凝器过程气组成

组分	H_2	N_2	CO	CO_2	H_2S	SO_2	H_2O
摩尔分数（%）	0.52	42.00	0.91	30.20	0.61	0.30	25.46

表 2-5　管道材质信息及具体操作条件

管道	温度/℃	压力/kPa	材质	管径/mm	原始壁厚/mm	运行时间/a（年）
净化尾气管道	39.5	5.0	L245（抗硫钢）	800	12	6
过程气管道	132.0	23.5	L245	700	10	6

案例分析：

对失效管件进行分析，先对清洗前后的失效管件进行宏观形貌观察，然后采用扫描电子显微镜（SEM）对其进行微观形貌观察。对现场切割的失效管件进行超声波测厚，掌握管件的腐蚀情况；对其材质的化学成分进行分析，判断材质是否合格；并对其材质进行金相组织分析，判断管件材质在服役过程中是否发生金相组织转变。收集管道内部沉积的垢样进行扫描电子显微镜观察、能谱分析、可溶性阴离子分析和 X 射线衍射（XRD）分析，从而确定垢样的组成。试验结果显示：

1）尾气管道腐蚀主要集中在尾气与末级硫冷凝器过程气汇合处及下游管段的上部，腐蚀失效形式主要表现为均匀减薄腐蚀。

2）失效管件材质分析结果表明，材料符合标准要求；失效管件的母材和腐蚀部位的材质金相组织无明显差异。

3）失效管道内壁附着一层较厚的黑色垢物，主要由Fe，O，S和C元素组成。

4）失效管道内壁上部垢样的水溶液呈强酸性，富含SO_4^{2-}；垢样主要由$FeSO_4 \cdot H_2O$组成。

5）失效管道内壁下部垢样的水溶液呈弱酸性，主要含有SO_4^{2-}，还含有少量的CO_3^{2-}和NO_3^-；垢样主要由单质硫组成。

失效分析：正常工况下，三通部位的末级硫冷凝器过程气的支路管道关闭，尾气管道内部介质为经过脱硫吸收塔处理的尾气，主要含有N_2、CO_2和H_2O，还含有少量的H_2S（质量分数小于$120\mu g/g$），腐蚀性相对较弱。但在非正常工况下，如开停工状态或加氢反应器故障等，末级硫冷凝器过程气的支路管道处于流通状态，过程气可经三通进入尾气管道，过程气主要成分为N_2，CO_2和H_2O，且富含H_2S（摩尔分数为0.61%）和SO_2（摩尔分数为0.30%）。过程气（132℃）进入尾气管道（约40℃）降温后产生冷凝水，由于水的表面张力和过程气流速的影响，冷凝水在尾气管道侧面和顶部形成一层较薄的液膜，过程气中的SO_2，CO_2和H_2S等腐蚀性介质溶解在冷凝水中，形成腐蚀性较强的酸性溶液，对管道造成严重腐蚀。因此，尾气管道的腐蚀失效类型以硫酸、亚硫酸露点腐蚀为主。

过程气中的SO_2与H_2S发生反应生成单质硫，冷凝后沉积在三通下游的尾气管道底部。据现场调研了解，由于过程气支管的调节阀处积硫而导致其密封效果变差，部分过程气泄漏进入尾气管道，加剧了三通及下游管道的腐蚀。

反思：案例中天然气管道发生严重腐蚀现象，幸亏在大修中发现及时，否则将会造成中毒、爆炸等难以想象的后果。因此，在生产、维修及失效分析中，尽职尽责、一丝不苟的态度值得我们学习。

3. 金属氧化防止措施

（1）调整合金成分　目的是形成致密氧化膜，提高合金的抗氧化能力。加入的合金元素的皮林-贝德沃斯比值（V_{MO}/V_M）应大于1。合金元素的吉布斯自由能应较基体金属为负，能先氧化。合金元素应根据豪费定律选择。为了提高抗热腐蚀能力，常加入的合金元素通常为铬、铝、钛和稀土，其中铬和少量稀土的作用已得到公认，对于铝和钛的作用还有争议。

（2）外加保护层　采用渗铝、渗铬、渗硅或铬-铝、铝-硅等多元共渗等化学热处理工艺，使工件的表层合金化；或溅射、熔焊、包镀耐蚀合金，形成耐蚀表面。新发展起来的覆护层MCrAlY合金对表面保护尤为有效。此外，为提高抗热腐蚀能力也有采用高温陶瓷涂层的。

（3）改变环境介质条件　如采用控制气氛以防止氧化，通过燃料脱盐和脱硫等措施防止热腐蚀。

二、电化学反应

当环境介质含离子导体时，金属与介质的作用将以另一种方式进行。金属失去电子（广义也称氧化）和介质获得电子的两个过程在金属表面的不同部位同时进行，并且得失电子的数量相等。金属被氧化后成为正价离子（包括络合离子）进入介质或成为难溶化合物（一般是金属的氧化物或含水氧化物或金属盐）留在金属表面。金属失去的电子通过金属材料本身流向金属表面的另一部位，在那里由介质中被还原的物质所接受。按这种途径进行的反应称为电化学反应，或称电化学腐蚀。金属在酸、碱、盐溶液中，在土壤、潮湿的大气等多个环境中发生的腐蚀都是电化学腐蚀，电化学腐蚀是最普遍的腐蚀现象。

1. 电化学腐蚀的原因及发生的条件

（1）电化学腐蚀模型

1）腐蚀原电池模型。将金属锌浸入硫酸溶液中，可以观察到锌逐渐溶解，同时有氢气从金属锌的表面析出，如图 2-37 所示。

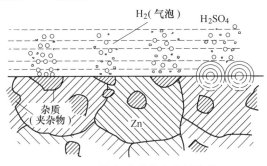

图 2-37　锌在硫酸溶液中的溶解

金属锌的溶解就是锌以离子的形式进入溶液，同时放出电子，即

$$Zn \rightarrow Zn^{2+} + 2e \tag{2-21}$$

氢气的析出是由于溶液中的氢离子夺取了金属上的多余电子，成为氢原子，进而复合为氢气，即

$$2H^+ + 2e \rightarrow H_2 \uparrow \tag{2-22}$$

式（2-21）和式（2-22）都是在金属锌上进行的反应，均称为电极反应，金属锌称为电极。式（2-21）是失去电子的反应，称为氧化反应，在电化学腐蚀中也称为阳极反应。式（2-22）是得到电子的反应，称为还原反应，在电化学腐蚀中也称为阴极反应。在式（2-22）中进行还原反应的物质是 H^+，称为氧化剂。阳极反应和阴极反应统称为电化学反应。式（2-21）和式（2-22）两个反应虽然都在金属锌表面进行，但就某一时刻来说，它们是在不同部位同时独立进行的，而不是金属锌和氢离子直接接触发生电子交换。发生阳极反应的区域称为阳极区，发生阴极反应的区域称为阴极区。

式（2-21）和式（2-22）两个反应与如图 2-34 所示的铜锌原电池本质上是一样的。锌的溶解过程也和铜锌原电池一样包含有阳极反应、阴极反应、电子流动和离子传递四个串联的基本过程。铜锌原电池的氧化反应和还原反应分别在锌电极和铜电极上进行，锌电极氧化放出的电子通过外电路的负载（图2-38）中的电流表流到铜电极，也就是电极上的电化学反应转换为外电路的电能，可以对外做功。而金属锌在硫酸溶液中溶解时，氧化反应和还原反应同时在锌电极表面的阳极区和阴极区进行，反应产生的电子流只在锌电极内部流动，不能对外做功，是短路的原电池。这种引起金属腐蚀的短路原电池称为腐蚀原电池。

2）腐蚀原电池的类型。腐蚀电极表面不同部位分别

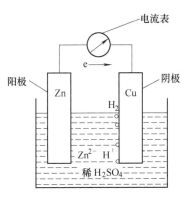

图 2-38　铜锌原电池

形成阳极区和阴极区，其原因是电极表面的电化学不均匀性。这种不均匀性来自金属材料和环境介质两个方面。金属材料存在化学成分、组织结构、表面膜完整性、受力情况等差异；而介质则有成分、浓度、温度、充气等不同情况。依照阳极区和阴极区的大小，腐蚀原电池可以分为宏观腐蚀原电池和微观腐蚀原电池两大类。宏观腐蚀原电池是肉眼可以观察到的，主要有三种类型：异种金属接触所构成的电偶电池；金属处在浓度不同的介质（包括所充气体）中所形成的浓差电池；金属处在温度不同的介质中所形成的温差电池。图 2-39 所示为几种宏观腐蚀原电池。微观腐蚀原电池是肉眼不可分辨的，可以分为四种类型：材料化学成分不均匀；微观组织不均匀；受力不均匀；表面膜不完整。微观腐蚀原电池如图 2-40 所示。

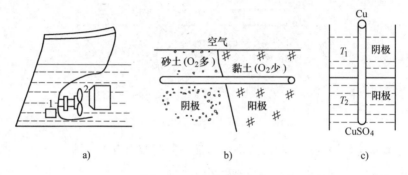

图 2-39　宏观腐蚀原电池

a）异种金属接触的电偶电池　b）土壤含氧不同的浓差电池　c）温差电池（$T_2 > T_1$）

1—船壳（钢板）　2—推进器（青铜）

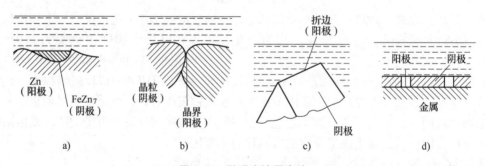

图 2-40　微观腐蚀原电池

a）杂质成分构成的微电池　b）晶粒与晶界构成的微电池

c）受力不均匀构成的微电池　d）表面膜不完整构成的微电池

　　金属材料的电化学不均匀性是腐蚀原电池产生的内因，但腐蚀原电池的形成还需要环境介质中存在氧化剂，没有氧化剂进行的电子的还原反应、金属失去电子的氧化反应就不能持续进行。对于电化学腐蚀体系，氧化反应和还原反应是一对互为依存的共轭反应。从这个角度上讲，氧化剂的存在是金属发生电化学腐蚀必需的条件。

　　（2）电化学腐蚀的氧化剂　硫酸溶液中的氢离子可以作为氧化剂消耗锌溶解所放出的电子，但当金电极放在同一溶液中，氢离子却不能夺取金的电子，即不能作为氧化剂而起作用。为什么这两个电极系统有截然不同的行为？为了解释这个问题，需要对电极电位等概念做简单介绍。

　　1）电极电位。当把电子导体的金属材料放在离子导体的电解质如水溶液中时，金属表面的金属正离子一方面受金属内部的金属离子和电子的作用，另一方面在与溶液相邻处又受极性水分子或水化离子的作用。两方面的力作用的结果会产生两种情况：当前一个力小于后一个力时，金属表面将会有部分金属离子从金属转入溶液，而把电子留在金属上，这时金属带多余的负电荷，溶液一侧则因金属离子的转入而带正电荷，如图 2-41a 所示；反之，当前一个力大于后一个力时，将有金属阳离子或其他水化阳离子从溶液侧转到金属上，使金属带多余的正电荷，溶液侧则带负电荷，如图 2-41b 所示。电极和溶液界面带等量的异种电荷的结构称为双电层，其示意如图 2-41 所示。双电层类似一个充电的电容器，其两端的电位差就是金属在该电解质中的电极电位。如果只是同一种物质的电荷在金属和溶液之间转移，经过一段时间，双向转移将会等速，即单位时间内有多少荷电物质从金属电极转入溶液，也就有等量的同种荷电物质从溶液转入金属电极，电极反应达到平衡。这种类型的电极称为平衡电极，对应的电极电位称为平衡电极电位。式（2-21）和式（2-22）表示的电极反应达到平衡时可分别表示为

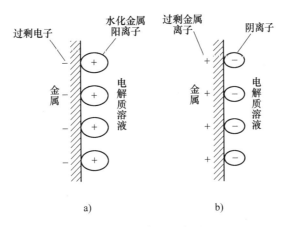

图 2-41　双电层示意图

$$Zn^{2+}+2e \Longleftrightarrow Zn \tag{2-23}$$

$$2H^{+}+2e \Longleftrightarrow H_2 \tag{2-24}$$

不同的电极反应，其平衡电极电位不同。同一反应的平衡电极电位也随温度、溶液浓度及气体溶解量的变化而变化。温度在 25℃、溶液中各物质的量浓度为 1mol/L（若为气体，逸度为 0.103MPa）时的电极电位称为该电极的标准电极电位。这里规定，式（2-24）所表示的反应在铂电极上进行时的标准电极电位为零。金属及其离子电对构成的平衡电极电位越正，氧化的倾向就越小。如果某金属的平衡电极电位比该溶液中氢离子反应的平衡电极电位正，氢离子就不可能夺取电子成为氧化剂。反之，金属的平衡电极电位越负，氧化的倾向就越大。如果某金属的平衡电极电位比该溶液中氢离子反应的平衡电极电位负，氢离子就可能成为该金属腐蚀反应的氧化剂。

2）氢离子腐蚀和氧腐蚀。除氢离子可在电极上进行反应外，在电化学腐蚀中还有两个值得注意的电极反应。

在酸性溶液中

$$O_2+4H^{+}+4e \Longleftrightarrow 2H_2O \tag{2-25}$$

在碱性溶液中

$$O_2 + 2H_2O + 4e \rightleftharpoons 4OH^- \tag{2-26}$$

这两个电极反应的标准电极电位分别为1.229V和0.401V，比氢标准电极电位正。也就是说，在标准状态下，O_2比H^+更具氧化能力。例如，铜的标准电极电位为0.3419V，在除氧的稀硫酸溶液中，H^+不能成为铜的氧化剂，铜不发生腐蚀。但当稀硫酸溶液含氧时，铜电极的某些部位有式（2-25）向右方向进行的反应，O_2消耗电子，还原成H_2O。这时O_2成为腐蚀原电池的氧化剂，使铜电极受腐蚀。

溶液中的其他物质或离子，只要具有得电子的能力，氧化态和还原态之间电极反应的平衡电位正于金属及其离子构成的平衡电极电位，都有可能成为金属腐蚀的氧化剂。但大多数腐蚀的阴极过程都是O_2和H^+的还原。

2. 电化学腐蚀的速度

按腐蚀原电池模型，电化学腐蚀的速度可由电池的工作电流确定。根据欧姆定律，用电池电动势除以内外电路的总电阻可以得到原电池的工作电流。电池电动势可由原电池阴极和阳极反应的电极电位差求出。电池电动势越大，体系的腐蚀电流也应越大。但实际测量结果与计算结果不相符：实测值比计算值往往低一两个数量级；有些电动势大的体系，腐蚀速度反而低。产生这种现象的原因是当电极上有电流流动时，电极的平衡状态被打破，阳极区的电极反应向氧化态方向进行，而阴极区的电极反应向还原态方向进行。反应的结果使双电层上电荷的分布发生变化，原电池阳极的电位变正，阴极的电位变负，电池工作电位将远低于电池电动势。电极电位在有电流时发生偏移的这种现象称为极化。极化使腐蚀电流变小。因此，电化学腐蚀的速度不能由电池电动势的大小来判断，而是需要通过实验，研究电极的极化行为才能确定。

【案例2-7】 某渔轮在海上行驶5a（年）左右，艉轴（轴系的最后端，其尾部与螺旋桨连接，用于传递转矩和承受推力）突然断裂，其材料为35钢，直径为290mm，长度为4420mm，质量为2491kg，锻造成型后经正火+回火处理。

失效分析： 为查明该船用艉轴断裂原因，对其进行了断口形貌宏观分析、化学成分分析、力学性能试验、金相检验和断口微观成分分析等，分析结果为该断裂艉轴的化学成分、力学性能均符合要求，艉轴边缘处有大量裂纹，且裂纹两侧无明显脱碳，说明裂纹是在使用过程中逐渐产生并扩展的，断裂性质为疲劳断裂；根据边缘裂纹形貌分析和腐蚀产物成分分析结果可确定，艉轴发生了电化学腐蚀；由此可推断艉轴断裂为电化学腐蚀疲劳所致。由于轴套材料为合金钢，艉轴材料为碳钢，两者具有不同的电位，当两者组合浸入海水（海水为电解质）时，会产生电池效应，发生电化学腐蚀，在两金属接触边缘区域，电位较低的35钢快速腐蚀，而电位较高的合金钢轴套则减缓腐蚀。电化学腐蚀一旦产生，各区域在一定的条件下会发生不同模式的腐蚀，有金属全面腐蚀，有点腐蚀（深入后成为微裂纹）。艉轴在服役状态下，所承受的交变应力会加速微裂纹的扩展，当艉轴剩余截面所承受的应力大于材料本身的强度时，便会发生断裂失效。

关键技术点拨： 案例中的失效原因宏观表征是疲劳断裂，但在分析时要综合考虑，既要对其原材料的成分、组织及性能进行检验分析，也要对其断口形貌及断口微观成分分析，这样才能究其本质。在腐蚀分析时，要注意区分是化学腐蚀还是电化学腐蚀。两者的本质区别：电化学腐蚀总能找到腐蚀原电池模型。

3. 钝化

钝化是指金属在某些介质中失去化学活性。钝化的原因有可能是表面形成吸附层，也有可能是氧化时金属不以离子状态进入溶液，而是生成氧化物，形成对基体金属的保护膜，使腐蚀速度下降。金属钝化有两种类型：一种是化学钝化，也称自钝化，它是在金属与钝化剂自然作用下产生的；另一种钝化称为电化学钝化，它是通过对金属施加阳极电流而形成的钝化。一般情况下，施加阳极电流会使腐蚀加速，但在某些介质中却有相反的结果。提高金属电化学钝化的方法有以下几种：

1) 阳极保护。就是通入阳极电流使金属进入钝化区，利用恒电位器保持所需要的电位。

2) 增大氧化剂浓度。当氧化剂浓度很低时，金属处于不稳定状态。随氧化剂浓度上升，氧化剂还原电位上升，当氧化剂浓度上升至一定值时，金属完全处于钝态，即金属受到保护，腐蚀速度很小。但是，当氧化剂浓度继续上升时，腐蚀速度又会急剧升高。

3) 加入能扩大钝化区和减小维钝电流的合金元素，如铬、铝、硅、镍等。

4. 控制腐蚀的方法

研究金属腐蚀机理和规律的主要目的就是避免和控制腐蚀。根据金属腐蚀原理可知，控制腐蚀的主要途径如下：

(1) 正确选材　在不同环境中，不同材料腐蚀的自发性和腐蚀速度都可能有很大差别，因此在特定环境中，要选用能满足使用要求、腐蚀自发性小且腐蚀速度慢的材料。

(2) 钝化　金属表面形成钝化膜后，扩散阻力变得很大，腐蚀基本停止。

(3) 缓蚀剂　缓蚀剂的作用就是在溶液中加入此类物质后能大大降低腐蚀速度。

(4) 阴极保护　阴极保护有两种方法，即利用外电流导入和牺牲阳极法。

(5) 涂料　涂料是应用最广泛的一种防腐手段，它通常由合成树脂、植物油、橡胶、浆液溶剂等配制而成，覆盖在金属面上，晾干后形成薄层多孔的膜。这种方法虽然不能使金属与腐蚀介质完全隔绝，但使介质通过微孔的扩散阻力和溶液电阻大大增加，腐蚀电流下降。

(6) 金属镀层

1) 贵金属镀层。镀一层或多层较耐腐蚀的金属（如 Cr、Ni 等），可以保护底层的铁，但镀层一定要致密，否则将形成大阴极小阳极的腐蚀电池，反而会加速铁的腐蚀。

2) 贱金属保护层。在金属外镀上电位较低的金属（如电镀或热浸镀 Zn 等），其保护机理是牺牲阳极，因此镀层偶有微孔也无妨。

(7) 非金属衬里　如化工设备广泛采用的橡胶、塑料、瓷砖等衬里。

(8) 控制腐蚀环境　消除环境中直接或间接引起腐蚀的因素，腐蚀就会停止，但其前提是改变环境对于产品、工艺等不能造成有害影响。

模块五　失效分析常用的检测技术

本模块主要讨论失效分析常用的检测技术及其选择。首先介绍失效分析中常用的试验检测技术的种类及其选用原则，然后介绍各类分析方法的应用特点、优点和缺点、应用范围等方面。这一模块的内容对一名失效分析工作者而言至关重要，能帮助他们掌握合理组织和正确选用各种试验检测技术和方法。

失效分析方法大体上包括两个方面，即失效分析的逻辑思维方法和失效分析的试验检测技术。前者在本书的第一单元中已做讨论，在这一模块将主要介绍后者。由于失效分析的试验检测能够提供有关失效的数据，而这些数据是判断失效原因的基本依据，因此，试验检测技术和方法在失效分析中占有非常重要的地位，它是失效分析一个不可缺少的组成部分。

一、失效分析常用试验检测技术的种类和选用原则

失效分析试验检测技术和方法涉及面很广，种类繁多。按用途划分可分为：设计分析法，材质分析法，工艺分析法，环境分析法和残骸分析法等；按分析的对象或项目划分可分为：缺陷检验法，组织分析法，结构分析法，成分分析法，性能分析法，应力（应变）分析法，断口、裂纹、表面、碎屑分析法等。同一种检验，根据其用途或目的不同可以采取不同的检验项目，或者说同一种检验项目可用于不同的目的，因此在选用失效分析试验检测技术时，应遵循如下原则：

（1）可信性 通常要选用成熟或标准的试验方法。

（2）有效性 要选用有价值的检测技术，这些技术能够提供足以说明失效原因的信息。

（3）可能性 选用可能实现的检测技术。

（4）经济性 尽可能选用那些费用低的常规检测技术，要以解决问题为标准，不要贪精求全。

下面就以检验用途为背景、检验项目为主线对常用的失效分析试验检测技术和方法——成分分析法、金相检验、力学性能分析、结构分析法和应力分析法、无损检测技术、腐蚀和磨损分析法等逐一进行概括性介绍。

关于断口分析法、裂纹分析法将在本书第三单元中讨论，而组织分析法（低倍、高倍）及性能分析法将在其他课程中涉及，这里就不再赘述。

二、成分分析法

材料的性能首先取决于其化学成分。在失效分析中，常常需要对失效金属的成分、表面沉积物、氧化物、腐蚀物、夹杂物、第二相等进行定性或定量的化学分析，以便为失效分析结论提出依据。

化学成分分析按其任务可分为定性分析和定量分析，按其原理和使用的仪器设备又可分为化学分析和仪器分析。化学分析是以化学反应为基础的分析方法。仪器分析则是以被测物的物理性质或物理化学性质为基础的分析方法，由于分析时常需要用到比较复杂的分析仪器，因此又称仪器分析法。金属化学分析常用的仪器分析法有光学分析法和电化学分析法两种。光学分析法是根据物质与电磁波（包括从 γ 射线至无线电波的整个波谱范围）的相互关系，或者利用物质的光学性质来进行分析的方法，也称光谱分析法。

（1）化学分析法 化学分析法多采用各种溶液及各种液态化学试剂，又称湿式化学分析。常用的化学分析法有重量分析法、滴定分析法、比色法和电导法。其中，重量分析法分析速度较慢，现已较少采用，但其准确度高，目前在某些测定中仍用作标准方法；滴定分析法操作简单快捷，测定结果准确，有较大的使用价值。

（2）光谱分析法　光谱化学分析是根据物质的光谱测定物质的组成成分的仪器分析方法，通常简称光谱分析。其优点是分析速度快，可同时分析多个元素，即使质量分数在0.01%以下的微量元素也可以分析，整个分析过程比化学分析方法简单得多，因此光谱分析已得到广泛应用。常用的方法有原子发射光谱法（AES）、原子吸收光谱法（AAS）和X射线荧光光谱法（XFS），这三种光谱分析方法的应用及特点见表2-6。

表2-6　三种光谱分析方法的应用及特点

分析方法（缩写）	样品	基本分析项目与应用	应用特点
原子发射光谱法（AES）	固体与液体样品，分析时被蒸发，转变为气态原子	元素定性分析、半定量分析与定量分析（可测所有金属和谱线处于真空紫外区的C、S、P等非金属共七八十种元素，对于无机物分析是最好的定性、半定量分析方法）	灵敏度高，准确度较高；样品用量少（只需几毫克到几十毫克）；可对样品做全元素分析，分析速度快（光电直读光谱仪只需1~2min可测20多种元素）
原子吸收光谱法（AAS）	液体（固体样品配制溶液），分析时为原子蒸汽	元素定量分析（可测几乎所有金属和B、Si、Se、Te等半金属元素约70种）	灵敏度很高（特别适用于元素的微量和超微量分析），准确度较高；不能做定性分析，不便于做单元素测定；仪器设备简单。操作方便，分析速度快
X射线荧光光谱法（XFS）	固体	元素定性分析、半定量分析、定量分析（适用于原子序数5以上的元素）	无损检测（样品不受形状大小限制且过程中不被破坏），X射线荧光光谱分析仪实现了过程自动化与分析程序化；灵敏度不够高，只能分析含量在10^{-4}数量级以上的元素

（3）微区化学成分分析　金属材料中合金元素和杂质元素的浓度及其分布，及第二相或夹杂物的测定是金属失效分析要研究的重要内容。通常的化学分析方法只能给出被分析试样的平均成分，而微区化学成分却能提供在微观尺度上元素分布不均匀的数据。

在表面的成分分析技术中，应用最普遍的有三种：俄歇电子能谱（XPS）分析、X射线光电子能谱（XPS）分析和二次离子质谱（SIMS）分析。表面分析技术性能比较见表2-7。可以看出，俄歇电子能谱的横向分辨本领最高，还可用来显示某元素在表面的分析情况；X射线光电子能谱，由于X射线不能聚焦，因而它是大面积（毫米量级）的表面分析技术；二次离子质谱分析则是表面分析技术中灵敏度最高的一种方法，但是它属于"破坏性"的分析方法，不能在同一部位进行重复分析。

三、金相检验

金相检验是借助光学显微镜或电子显微镜，观察与识别金属材料的组成相、组织组成物及微观缺陷的数量、大小、形态及分布，从而判断和评定金属材料质量的一种检验方法。金相检验包括试样制备、组织显示、显微镜观察和拍照四个步骤。首先制备试样。然后用适当的方法显示组织。再将不同组织的形貌、大小和分布等特征在显微镜下进行观察和分析。最后进行金相拍照，记录下有用的数据资料。

金属材料失效分析基础与应用 第2版

表 2-7 表面分析技术性能比较

技术名称	EPMA	AES	EELS	SIMS	ISS	XPS	LRS	RBS	PIXE
激发源	电子	电子	电子	离子	离子	光子(X射线)	光子(激光)	离子	质子
分析信息	X 射线	俄歇电子	损失电子	二次离子	散射离子	光电子	拉曼散射光子	散射离子	X 射线
特长	重元素分析	氢元素分析	极微区(5~10Å)中元素分析	全元素分析 同位素分析	最小原子层 元素分析	化学状态分析	分子结构分析	在轻基体中重元素分析	表面原子密度和成分分析
分析元素范围	$Z \geq 11$(EDS) Na~U $Z \geq 5$(WDS)B~U	Li(3)~U(92)	Li(3)~U(92)	H(1)~U(92)	Li(3)~U(92)	Be(4)~U(92)	—	—	$Z > 12$
选区尺寸	1μm	0.1~1μm	5~20Å	1μm	①	②	1μm	1000μm	几微米
深度分辨力	1μm	10Å	6~20Å	1eÅ	一个原子层	5~100Å	1μm	5μm	—
检测极限	750×10^{-6}(EDS) 100×10^{-6}(WDS)	0.1%	0.3%~0.5%	1×10^{-6}	100×10^{-6}~0.1%	—	1%	—	$1 \sim 10 \times 10^{-6}$
定量分析方法	ZAF	灵敏度因子	灵敏度因子	灵敏度因子	工作曲线法	—	正在发现	独立定量	ZAF
相对误差	1%~5%	10%	20%	20%	20%	—	—	—	10%~30%

注: EPMA——电子探针显微分析; AES——俄歇电子能谱; EELS——电子能量损失谱; SIMS——二次离子质谱; ISS——离子散射谱; XPS——X 射线光电子能谱; LRS——激光拉曼分析技术; RBS——卢瑟福背散射谱; PIXE——粒子(质子)激发 X 射线发射谱。

① 宏观表面分析技术, 分析区域为 100μm。
② 宏观表面分析技术, 分析区域为 1~3mm。

（1）试样制备　金相检验是在经过仔细研磨、抛光，并通常经过浸蚀后的金相试样上进行的。金相试样是从构件上截取的试样（或在构件选定部位现场定位），试样表面一般比较粗糙并有其他物质覆盖物，要进行清理、研磨、抛光，得到一个光亮的、表面组织未发生任何变化的镜面试样。金相试样的制备是金相检验中一个极其重要的工序，包括取样和镶样、研磨（粗磨、细磨）、抛光和金相组织显示（浸蚀）等。

（2）组织显示　经一般抛光的试样，若直接置于显微镜下观察，则只能看到一片亮光（具有特殊颜色的非金属夹杂物和石墨除外），其显微组织并未显露，因此需要进行金相组织显示（浸蚀）。金相组织显示，就是将金属的晶界、相界或组织显示出来，以便于在显微镜下观察。显示组织的方法可分为化学和物理两大类。化学浸蚀法是最常用的方法，它是利用化学浸蚀剂，通过化学或电化学作用显示金属的组织。物理法比较重要的有热染、高温挥发、阴极真空电子发射及磁场法等。

（3）显微镜观察　金属材料试样经研磨、抛光、浸蚀后在光学显微镜下检查，可看到各种形态的显微组织。就相组织的多少来说，有单相、双相及多相组织。对单相组织，要观察晶粒界，晶粒形状、大小以及晶粒内出现的亚结构；对双相及多相组织，要观察相的相对量、形状、大小及分布等。

在观察构件金属材料显微组织时，一定要事先做好准备工作。要清楚金属材料的成分及构件的工艺成形条件；尽可能找到相关的金属或合金相图，作为判断组织时的参考。在通过显微镜实际观察时，先用低倍观察组织的全貌，再用高倍对某相或某些细节进行仔细的观察。还可根据需要，选用特殊的方法，如暗场、偏振光、干涉、显微硬度等，或用特殊的组织显示方法，做进一步观察研究。先做相鉴定，然后做定量测量。对于光学金相还不能确定的合金相，可用衍射方法和电子探针做进一步分析。

（4）现场金相检查　大工件金相检查仪是供现场使用的仪器。金相组织检查是分析失效原因的重要手段。传统的方法是先切取样品，并在实验室磨制成金相试片，然后在金相显微镜下观察。但是，要从某些特大型的构件上切取试样有很大的困难，而有些构件需进行金相检查，但不允许将其破坏。为了解决这些问题，出现了大工件金相检查仪。

大工件金相检查仪，实际上是一个小型金相实验室。在一个手提箱中备有从磨样、抛光、电解腐蚀、金相观察用的全部工具和器材，包括手提式金相显微镜，机械磨光机，电解抛光机，由蓄电池供电的交直流电源，必要的器材（包括机械磨光用的砂轮和毡轮、电解抛光和浸蚀用的玻璃纤维纸、电解液、丙酮等）。

图 2-42 所示是大工件金相检查仪在构件表面进行金相检查工作过程。

金相试样直接在构件上面制备，而无须破坏构件。在准备做金相检查的部位先用机械磨光机进行粗磨和机械抛光，如图 2-42a 所示。在机械磨光后进行电解抛光，其原理如图 2-42b所示。不同的金属需使用不同的电解液和不同的规范。组织的显示可使用电解浸蚀，也可用化学浸蚀。

经过金相制样的构件表面，使用手提式金相显微镜观察，如图 2-42c 所示。为此，利用显微镜底座上的磁性吸盘将其固定在构件表面，并使物镜对准待观察表面，可以用照相附件对所观察的组织拍照。

经过金相制样的构件表面，除在现场观察外，还可以进行复型和萃取，以便在实验室做进一步观察和分析。复型和萃取的方法如图 2-43 所示。先取一小块 AC 纸，将其一面蘸上少许丙酮，表面即变软，然后将软面贴在待复型的表面上，经 20～30min 定型，随后轻轻将 AC 纸揭下，则复型的形貌即为原构件的组织形貌。萃取下的质点可以是材料表面组织中的夹杂或析出相。这些萃取复型可以长期保存，也可以利用电子显微镜进行深入的观察，并分析质点的成分和结构。

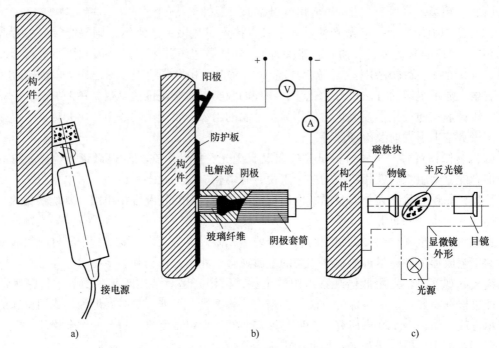

图 2-42　大工件金相检查仪在构件表面进行金相检查工作过程

a）粗磨和机械抛光　b）电解抛光原理　c）使用手提式金相显微镜观察

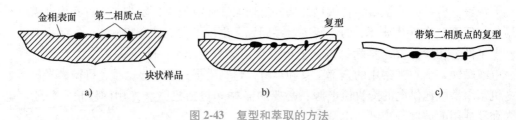

图 2-43　复型和萃取的方法

a）块状样品　b）块状样品加复膜　c）复膜带萃取的第二相质点

四、力学性能分析

材料力学性能不合格也是材料失效的主要原因之一，因此力学性能检测也是材料失效分析的重要手段之一。材料的力学性能检测主要研究材料变形、断裂规律和力学性能指标的本质、意义及受内外因素影响时的变化规律，为失效分析提供材料力学性能方面的依据。材料常规力学性能试验包括拉伸试验、硬度试验、冲击试验、弯曲试验、疲劳试验等，这里只简单介绍拉伸试验和硬度试验。

（1）拉伸试验　拉伸试验是金属材料中最广泛使用的力学性能试验方法之一，试验时对装卡在试验机上的试样两端缓慢地施加载荷，使试样的工作部分受轴向拉伸载荷沿轴向伸长至拉断为止。测定试样对外加载荷的抗力，可以求出材料的强度判据；测定试样在拉断后的塑性变形，可以求出材料的塑性判据。

利用拉伸试验得到的数据可以确定材料的基本力学性能指标，强度指标如弹性极限、屈服强度和抗拉强度；塑性指标如断后伸长率和断面收缩率。另外，通过高温拉伸试验还可以了解材料在高温下的失效情况。而低温拉伸试验不但可以测定材料在低温下的强度和塑性指标，而且还可以用于评定材料在低温下的脆性。

为保证拉伸试验结果的可重复性及可比性，现行国家标准规定了金属材料拉伸试验方法的原理、定义、符号和说明、试样及尺寸测量、试验设备、试验要求、性能测定、测定结果数值修约和试验报告。金属材料室温拉伸试验遵照 GB/T 228.1—2021《金属材料　拉伸试验　第 1 部分：室温试验方法》执行。

（2）硬度试验　硬度试验是应用最广泛的力学性能试验之一，可反映出材料在不同化学成分、组织结构及热处理工艺条件下的性能差别。硬度试验设备较为简单，操作方便，检测效率高。经过硬度试验的工件一般不会被破坏，留在工件上的检测痕迹较小，在大多数情况下对工件的使用无影响，而且对重要的产品可以逐个进行检测。因此，硬度试验得到广泛应用。

按照试验力作用方向不同，硬度试验可分为压入式硬度试验和划痕式硬度试验。按照试验力施加速度不同，硬度试验可分为静力试验法和动力试验法。静力试验法施加试验力时缓慢而无冲击，硬度的测定主要取决于被测试样表面压痕的状况，即压痕的深度、压痕投影面积或压痕凹印面积的大小。它包括所有的静力压入法，如布氏、洛氏、维氏、努氏硬度试验方法等。动力试验法施加试验力的特点是动态和具有冲击性，包括肖氏、里氏、锤击和弹簧加力试验法等。不同的硬度试验方法具有不同的适用范围。表 2-8 列出了不同硬度试验方法的适用范围。

表 2-8　不同硬度试验方法的适用范围

硬度试验方法	适用范围
布氏硬度试验	采用碳化钨硬质合金球压头。不仅适用于测量退火、正火、调质态钢的铸件和锻件，还适用于铸铁、非铁金属及其合金，尤其适用于测量较软金属和晶粒粗大且组织不均匀的零件。对成品件不宜采用。小负荷布氏硬度试验的试验力可低至 9.807N（1kgf）
锤击式布氏硬度试验	适用于正火、退火或调质处理的大件及原材料的现场检测
洛氏硬度试验	适用于批量、成品件及半成品件的检验。对晶粒粗大且组织不均匀的零件不宜采用。A 标尺适用于淬火后硬度较高的较小件和较薄件，以及具有中等厚度硬化层零件的表面硬度。B 标尺适用于测量硬度较低的退火件、正火件、调质件。C 标尺适用于测量经淬火、回火等处理的高硬度零件，以及具有较厚硬化层零件的表面硬度
表面洛氏硬度试验	适用于测量薄件、小件及具有薄或中等厚度硬化层零件的表面硬度
维氏硬度试验	在钢铁件的硬度检测中，试验力一般不超过 294.2N（30kgf）。主要用于测量小件、薄件的硬度，以及具有薄或中等厚度硬化层零件的表面硬度。大负荷维氏硬度试验的试验力可高达 2.45kN（250kgf），适用于高硬度零件

（续）

硬度试验方法	适用范围
小负荷维氏硬度试验	适用于测量小件、薄件的硬度，以及具有薄或中等厚度硬化层零件的表面硬度，也可测定表面硬化零件的表层硬度梯度或硬化层深度
显微维氏硬度试验	适用于测量微小件、极薄件或显微组织的硬度，以及具有极端或极硬硬化层零件的表面硬度
肖氏硬度试验	主要用于轧辊、机床轨道、重型构件等大件的现场硬度检验，可检测的硬度范围为5～105HS
钢的锉刀硬度试验	适用于被检面硬度不低于40HRC的形状复杂的零件、大件等的现场硬度检验和批量零件的100%硬度检验
努氏硬度试验	实际检验中一般试验力不超过 9.807N（1kgf），主要用于测量微小件、极薄件或显微组织的硬度，以及具有极端或极硬硬化层零件的表面硬度
里氏硬度实验	适用于大件、组装件、形状较复杂零件等的现场硬度检测。便携式里氏硬度检测便于现场检验
超声硬度试验	适用于大件、组装件、形状较复杂零件、薄件、渗氮件等的现场硬度检测
纳米硬度试验	有压痕硬度和划痕硬度两种工作模式，适用于纳米级的电子薄膜、各类涂层、材料表面等的硬度检测

目前的日常生产和实验室硬度试验中，最常用的有布氏、洛氏、维氏、里氏、肖氏和努氏硬度试验，对应的现行国家标准分别是 GB/T 231.1—2018《金属材料　布氏硬度试验　第1部分：试验方法》、GB/T 230.1—2018《金属材料　洛氏硬度试验　第1部分：试验方法》、GB/T 4340.1—2009《金属材料　维氏硬度试验　第1部分：试验方法》、GB/T 17394.1—2014《金属材料　里氏硬度试验　第1部分：试验方法》、GB/T 4341.1—2014《金属材料　肖氏硬度试验　第1部分：试验方法》、GB/T 18449.1—2009《金属材料　努氏硬度试验　第1部分：试验方法》等。

五、结构分析法和应力分析法

在失效分析特别是失效机理的研究中，有时需要对基体、第二相、杂质相或腐蚀产物的相结构进行定性和定量的分析，因此，在失效分析中相结构分析是一项重要的分析技术。晶体的位向分析也属于相结构分析中一个重要内容和分枝。此外，由于微区的应力分析方法，一般都采用 X 射线方法，在分析原理上与相结构分析方法有类似之处，因此，在这里一并对这些方法进行介绍。

表2-9列出了常用的相结构分析法、晶体位向分析法和应力分析法的特点及其应用。在对工作应力和残余应力进行分析时，其方法基本相同。只是对工作应力进行分析时，覆盖涂料、贴应变片是在应力检测之前，但对残余应力而言，切割、切槽、钻孔和剥层等工序是在两次测量之间，采取对比法来计算其残余应力值。

表 2-9 常用的相结构分析法、晶体位向分析法和应力分析法的特点及其应用

项目	相结构分析法	晶体位向分析法	应力分析法	
			宏观（Ⅰ类）	微观（Ⅱ、Ⅲ类）
方法及特点	X 射线法（定量）可测相的成分和结构 电子衍射法（定性） 穆斯堡尔谱仪	蚀坑法（定性） 二面角法 电子通道花样（定量） 表面痕迹法	脆性涂料法（定性）： ① 找最大应力区 ② 找主应力方向 ③ 测应力应变近似值 应变片法（定量）： ① 适用于弹性范围 ② 其中钻孔法、切槽法和切取法可用于残余应力的分析 光弹法和光弹涂料法（定量）： ① 有模拟件或片 ② 弹性范围内估算应力应变值 密图云纹法： ① 可在实物上测量 ② 弹性范围内能定量 ③ 塑性范围只能定性 磁致收缩法	X 射线法：用于晶体材料 微区范围：4～6mm（对残余应力分析可采用逐层剥除后，再用 X 射线分析法）
应用	用于仅靠化学成分分析不能确定的异相、氧化物、腐蚀产物、第二相 一般用于断裂机理的研究和磨损过程中的相转变	用于断裂面的晶面指数和裂纹晶向的分析	① 应力状态的分析 ② 主应力、主应变方向的测定 ③ 用于应力、应变值的初步估算	用于第Ⅱ类残余应力和工作应力的测定

六、无损检测技术

无损检测是利用声、光、电、磁和射线等与被检物质的相互作用，在不破坏被检验物（材料、零件、结构件等）的前提下，掌握和了解其内部及近表面缺陷状况的现代检测技术。无损检测不但可以探明金属材料有无缺陷，而且还可以给出材质的定量评价，同时也可测量材料的力学性能和某些物化性能。

无损检测方法很多，最常用的有射线检测、超声检测、磁粉检测、渗透检测、涡流检测和声发射检测六种常规方法。其中，超声检测和射线检测主要用于探测被检物的内部缺陷；磁粉检测和涡流检测主要用于探测表面和近表面缺陷；渗透检测仅用于探测被检物表面开口处的缺陷；而声发射检测主要用于动态无损检测。下面对射线检测、超声检测、磁粉检测、涡流检测及渗透检测做简单介绍。

射线检测
铸件动画

1. 射线检测

应用 X 射线或 γ 射线透照或透视的方法来检验材料的内部宏观缺陷，统称为射线检测。采用这种方法检验金属中的内部缺陷，主要是利用射线通过金属后，不同的缺陷对射线强度将有不同程度的削弱，根据削弱的情况，可以判断缺陷的部位、形状、大

小和严重性等。

射线检测法能检测厚度小于 500mm 的钢铁件。对厚的被检件，可以使用高能射线和 γ 射线检查，对于薄的被检件可以使用软 X 射线。

对于气孔、夹渣、缩孔等体积性缺陷，在 X 射线透照方向有较明显的厚度差，即使很小的缺陷也较容易检查出来。而对于裂纹这样的面状缺陷，只有用与裂纹方向平行的 X 射线照射时，才能够检查出来，而用同裂纹面几乎垂直的射线照射时，就很难查出。射线检测不能检查复杂形状的构件。

2. 超声检测

超声波是一种超出人的听觉范围的高频率弹性波。人耳能听到的声音频率为 16Hz ~ 20kHz，而超声检测装置所发出和接收的频率要比 20kHz 高得多，一般为 0.5 ~ 25MHz，常用频率范围为 0.5 ~ 10MHz。在此频率范围内的超声波具有直线性和束射性，像一束光一样向着一定方向传播，即具有强烈的方向性。若向被检材料发射超声波，在传播途中遇到障碍（缺陷或其他异质界面），其方向和强度就会受到影响，于是超声波发生反射、折射、散射，或被吸收等，根据这种影响的大小就可确定缺陷部位的尺寸、物理性质、方向性、分布方式及分布位置等。

超声检测对于平面状缺陷，不管其厚度多少，只要超声波是垂直射向它，就可以取得很高的缺陷回波。但对于球状缺陷，如果缺陷不是相当大，或者不是较密集的话，就不能得到足够的缺陷回波。因此，超声检测对钢板的分层及焊缝中的裂纹、未焊透等缺陷的检出率较高，而对于单个气孔则检出率较低。

脉冲反射法超声检测（UT）焊缝操作步骤

在超声检测中，如果被检件金属组织晶粒细的话，超声波可以传到相当远的距离，因此对直径为几米的大型锻件也能进行内部检查，这是别的无损检测方法不能比拟的。

超声检测应用范围很广，不但应用于原材料板、管材的检测，也应用于加工产品锻件、铸件、焊接件的检测，主要用于检测被检件的内部和表面的各种潜在缺陷。根据被检件加工情况，一般可以估计出缺陷方向和大致部位。

3. 磁粉检测

磁粉检测是利用被检件材料的铁磁性能以检验其表层中的微小缺陷（如裂纹、夹杂物、折叠等）的一种无损检测方法。这种方法主要用来检验铁磁性材料（铁、镍、钴及其合金）的表面或近表面的裂纹及其缺陷。利用磁粉检测，能检测出缺陷的位置和表面长度，但不能确定缺陷的深度。采用磁粉检测法检测磁性材料的表面缺陷，比采用超声波或射线检测的灵敏度高，而且操作方便、结果可靠、价格便宜。

进行磁粉检测时，首先要将被检件磁化。通常无缺陷的构件，其磁性分布是均匀的，任何部位的磁导率都相同，因此各个部位的磁通量也很均匀，磁力线通过的方向不会发生变化。如果材料的均匀度受到某些缺陷（如裂纹、孔洞、非磁性夹杂物或其他不均匀组织）的破坏，该处材料的磁导率降低，通过该处的磁力线就会产生歪曲而偏离原来方向，力求绕过这种磁导率很低的缺陷，这样就会形成局部"漏磁磁场"，而这些漏磁部位便产生弱小极。缺陷处漏磁场的分布如图 2-44 所示。如果将磁粉喷撒在构件表面上，则有缺陷的漏磁处就会聚集磁粉，且磁粉的堆集与缺陷的大小和形状近似。一般来说，表面缺陷引起的磁漏较强，容易显示出来，而表面下的缺陷所引起的磁漏则较弱，其痕迹也较模糊。为了使磁粉图便于观察，可以采用与被检构件表面有较大反衬颜色的磁粉，常用的磁粉有黑色、棕色和白色。为了提高检测灵敏度，还可以采用荧光磁粉，在紫外线照射下使之更容易观察到工件中缺陷的存在。

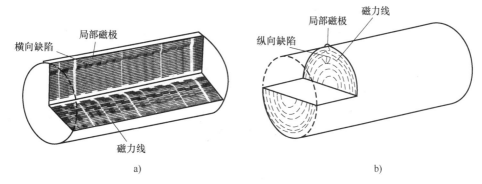

图 2-44　缺陷处漏磁场的分布

a）横向缺陷对纵向磁力线的影响　b）纵向缺陷对周向磁力线的影响

磁粉检测的优点如下：

1）能直观显示缺陷的形状、位置和大小，并可大致确定其性质。

2）具有高的灵敏度，可检出的缺陷最小宽度约为 $1\mu m$。

3）几乎不受试件大小和形状的限制。

4）检测速度快，工艺简单，费用低廉。

磁粉检测的缺点如下：

1）只能用于铁磁性材料。

2）只能发现表面和近表面缺陷，可探测的深度一般为 $1 \sim 2mm$。

3）磁化场的方向应与缺陷的主平面相交，夹角应为 $45° \sim 90°$，有时还需从不同方向进行多向磁化。

4）不能确定缺陷的埋深和自身高度。

5）宽而浅的缺陷难以被检出。

6）检测后常需退磁和清洗。

7）试件表面不得有油脂或其他能黏附磁粉的物质。

采用磁粉检测法检测磁性材料的表面缺陷，比采用超声波或射线检测的灵敏度高，而且操作方便、结果可靠、价格便宜，因此应用广泛。

4. 涡流检测

用电磁感应原理，通过测定被检工件内感生涡流的变化来无损地评定导电材料及其工件的某些性能，或发现缺陷的方法称为涡流检测。

如图 2-45 所示，由于电磁感应，当导电体处于交变磁场中或相对于磁场运动时，因导体内部构成闭合回路，穿过回路的磁通发生变化，所以在导体中产生感应电流，电流在导体内自行闭合呈涡旋状，因此称

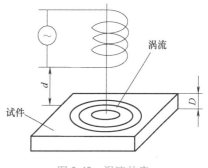

图 2-45　涡流效应

为涡电流，简称涡流，这种现象称为涡流效应。

将通有交流电的线圈置于金属板试件上，这时线圈内及其附近将产生交变磁场，使试件中产生涡流。涡流的分布和大小除与线圈的形状和尺寸、交流电流的大小和频率等有关外，还取决于试件的电导率、磁导率、形状和尺寸、与线圈的距离以及表面有无裂纹缺陷等。因而，在保持其他因素相对不变的条件下，用一根探测线圈测量涡流所引起的磁场变化，可推知试件中涡流的大小和相位变化，进而获得有关电导率、缺陷大小、材质状况和其他物理量（如形状、尺寸等）的变化或缺陷位置等信息。

当直流电流通过导线时，横截面上的电流密度是均匀的。但当交变电流通过导线时，导体周围变化的磁场就会在导体中产生感应电流，从而使导体截面的电流分布不均匀，表面的电流密度较大，越往中心处越小，尤其当频率 f 较高时，电流几乎是在导体表面附近的薄层中流动的，这种电流主要集中于导体表面附近的现象，称为趋肤效应。

涡流透入导体的距离称为透入深度，定义涡流密度衰减到其表面值的 $1/e$（约为 36.8%）时的深度为标准透入深度（渗透深度），也称趋肤深度 δ，计算式为

$$\delta = \frac{503}{\sqrt{f\mu\sigma}} \tag{2-27}$$

式中　σ——电导率；

　　　μ——磁导率；

　　　f——频率。

由于被检工件表面以下 3δ 处的涡流密度仅为其表面密度的 5%，因此通常将 3δ 作为实际涡流检测能够达到的极限深度。

涡流检测的优点如下：

1）检测时，线圈不需要接触工件，也无须耦合介质，因此检测速度快，易于实现自动化检测和在线检测。

2）对工件表面或近表面缺陷具有很高的检测灵敏度，且在一定范围内具有良好的线性指示，可对缺陷大小及深度做出评价。

3）由于检测时既不接触工件又不用耦合介质，因此可在高温状态下进行检测。由于探头可伸入远处作业，因此可以对工件狭窄部位、深孔壁、零件内孔表面等其他检测方法不适合的场合实施检测。

4）适用范围广，除能对导电金属材料进行检测外，还可以检测能感生涡流的非金属材料，甚至检测金属覆盖层或非金属覆盖层的厚度。

5）检测信号为电信号，便于对结果进行数字化处理和存储。

涡流检测的缺点如下：

1）只适合于导电材料的检测。

2）只适合于表面或近表面缺陷的检测，而不适合材料内部埋藏较深的缺陷的检测。

3）检测深度和灵敏度相矛盾。f 增大，表面涡流密度增大，则检测灵敏度提高，但检测深度减小；反之，f 减小，检测深度增大，但表面涡流密度减小，检测灵敏度降低。

4）对形状复杂的工件全面检测时效率低。

5）缺陷的定位、定量及定性存在问题。若采用外通过式线圈，线圈覆盖的是管棒、线

材上一段长度的圆周，则获得的信息是整个圆环上影响因素的综合，对缺陷在圆周上的具体位置无法判定；若采用探头式线圈，则可准确定位，但检测区狭小，如果进行全面扫查，则检测效率低。

5. 渗透检测

渗透检测（PT）又称渗透探伤或着色探伤，是一种利用毛细现象原理检查非疏松性固体表面开口缺陷的无损检测方法，是五种常规无损检测方法中的一种。

（1）渗透检测原理及分类　将含有荧光染料或着色染料的渗透液施加于被检工件表面，由于毛细现象的作用，渗透液渗入各类表面开口的细小缺陷中，去除附着于被检工件表面上多余的渗透液，经干燥后再施加显像剂，缺陷中的渗透液在毛细现象的作用下重新被吸附到工件表面上，形成放大的缺陷显示，在黑光下（荧光检验法）或白光下（着色检测法）观察，缺陷处可相应地发出黄绿色的荧光或呈现红色显示，从而检测出缺陷的形貌和分布状态。

根据渗透剂所含染料成分，渗透检测可分为荧光渗透检测法、着色渗透检测法和荧光着色渗透检测法三类。根据渗透剂去除方法，渗透检测可分为水洗型、后乳化型和溶剂去除型三类。根据显像剂类型，渗透检测可分为干式显像法、湿式显像法两类。

（2）渗透检测特点　渗透检测特点如下：

1）检测效率高，检测结果显示直观。一次检测操作可同时检测不同方向的表面开口缺陷，并可直观观察和记录缺陷的形貌和分布。

2）适合野外或者无水源、电源设施的场所或高空作业现场。一般不需要大型的设备，可不用水、电，因此，使用携带式喷罐着色渗透检测法较为便捷。

3）试件表面粗糙度影响大，检测结果往往容易受操作人员水平的影响。工件表面粗糙度值高会导致本底值很高，影响缺陷识别，易造成缺陷漏检。

4）仅可检测表面开口缺陷。由渗透检测原理可知，渗透液渗入缺陷并在清洗后能保留下来，才能产生缺陷显示，缺陷空间越大、保留的渗透液越多，检出率越高。对于闭合型的缺陷，渗透液无法渗入，因此无法检出。

5）检测工序多，效率低。渗透检测至少包括预清洗、渗透、去除、干燥、显像、观察等步骤。

6）具有较低的检测灵敏度。从实际应用的效果评价，渗透检测的灵敏度比磁粉检测低。

7）材料较贵、成本较高。最常用的携带式喷罐着色渗透检测剂，每套可探测的焊缝长度仅约为十多米。而且检测工序多、速度慢，人工成本也高。

8）渗透检测所用的检测剂大多易燃、有毒，必须采取工作场所通风、对眼睛和皮肤进行防护等有效措施，以确保操作安全和人员健康。

（3）渗透检测应用　渗透检测的应用场景如下：

1）可应用于金属材料（钢、耐热合金、铝合金、镁合金、铜合金等）和非金属材料（陶瓷、塑料等）工件的表面开口缺陷检测。

2）可应用于铁磁性材料和非铁磁性材料的检出，如碳素钢、低合金耐热钢等铁磁性材料及奥氏体不锈钢等非铁磁性材料。

3）渗透检测不受被检工件结构和加工方法限制，可检查锻件、铸件和焊接件如火力发电机组的管道及其焊接接头、阀门的阀芯和阀体、汽轮机大型铸件、轴类设备等。形状复杂的部件也可用渗透检测，并且一次操作就可大致做到全面检测。工件几何形状对磁粉检测影响较大，但对渗透检测的影响很小。对因结构、形状、尺寸而不利于实施磁化的工件，可考虑用渗透检测代替磁粉检测。

采用溶剂去除型非荧光着色渗透检测法对锅炉屏式过热器出口集箱三通对接接头进行检测，发现焊接接头处存在横向裂纹缺陷，如图 2-46 所示。横向裂纹的形貌显示清晰、直观，如图 2-47 所示。

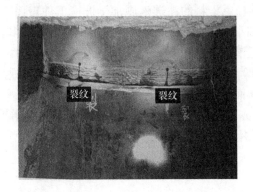

图 2-46　焊接接头处存在横向裂纹缺陷

图 2-47　横向裂纹形貌

（4）渗透检测的能力范围及局限性

渗透检测能够检测多种表面开口缺陷，如裂纹、疏松、气孔、夹渣、折叠等，特别是细微的表面开口缺陷，一般情况下，直接目视检查难以发现。

渗透检测的局限性为较难检测多孔材料及其制品，如粉末冶金工件等。也不适于检测表面开口被堵塞的缺陷，如表面经喷丸处理或喷砂处理的工件，其表面开口缺陷可能被堵塞，检测质量难以控制，易发生缺陷漏检。

七、腐蚀和磨损分析法

1. 腐蚀分析法

有许多技术都可以进行腐蚀监测和腐蚀失效分析，但是每一种技术都有所长，也有其局限性，没有一种技术对所有的情况都适合，关键在于如何选择最合适的技术。因此，重要的是要为选择特定的应用技术提供一般性的指导。就腐蚀监测和腐蚀失效分析而言，其技术方法可分为电阻法、极化阻力法、电位测定法、零电阻电流表法、腐蚀挂片法、超声波法及警戒孔法等。表 2-10 列出了腐蚀监测方法的检测原理和应用情况。表 2-11 列出了腐蚀监测技术的特点。

表 2-10　腐蚀监测方法的检测原理和应用情况

方法	检测原理	应用情况
线性极化（极化阻力）法	用两电极或三电极探头，通过电化学极化阻力法测定腐蚀速度	在有适当电导的工艺物料中对大多数工程金属和合金适用；经常使用
电阻法	通过正在腐蚀的金属元件的电阻变化对金属损失进行积累测量，可以计算出腐蚀速度	适用于液相和蒸汽相中的大多数工程金属和合金。其测量与工艺物料的导电性无关；经常使用

（续）

方法	检测原理	应用情况
电位测定法	测量被监测的金属或合金（最后是生产装置本身）相对于参比电极的电位变化	根据特性电位区的特征说明生产装置的腐蚀状态（例如，是活态、钝态、孔蚀还是应力腐蚀破裂），可直接测定生产装置的行为，用途适中
腐蚀挂片试验法	经过已知的暴露期后，根据试样失重或增重测量平均腐蚀速度	当腐蚀是以稳定的速度进行时非常满意。在禁用电气仪表的危险地带有用处，是一种费用中等的腐蚀监测方法。可说明腐蚀的类型，使用非常频繁
超声波法	通过对超声波的反射变化，检测金属厚度和是否存在裂纹、空洞等	普遍用作金属厚度或裂纹显示的检查工具，已广泛应用
零电阻电流表法	在适当的电解液中测定两不同金属电极之间的电偶电流	显示双金属腐蚀的极性和腐蚀电流值，对发起腐蚀指示露点条件。可作为衬里等开裂而有腐蚀剂通过的灵敏显示器，不常使用
警戒孔法	当腐蚀裕度已经消耗完的时候给出指示	用在特殊的设备特别是腐蚀缝造成无规律减薄的管道弯头处，可以防止灾难性破坏，不经常应用

表 2-11　腐蚀监测技术的特点

技术方法	单个测量所用时间	所得信息类型	对变化的响应速度	与生产装置的联系	可能应用的环境	适用的腐蚀类型	对结果解释的难易	所需技术素养
电阻法	瞬时	累积腐蚀	中等	探头	任意	全面腐蚀	通常容易	比较简单
极化阻力法	瞬时	腐蚀速度	快	探头	电解液	全面腐蚀	通常容易	比较简单
电位测定法	瞬时	腐蚀状态，间接表面速度	快	探头或一般的生产装置	电解液	全面腐蚀或局部腐蚀	通常较易，但需有腐蚀知识，可能需要专家帮助	比较简单
零电阻电流表法	瞬时	腐蚀速度并表明原电池效应	快	探头，间或一般的生产装置	电解液	全面腐蚀，在最合适的条件下可测局部腐蚀	通常较易，但需有腐蚀知识	比较简单
腐蚀挂片法	长时间暴露	平均腐蚀速度和腐蚀形态	差	探头	任意	全面腐蚀或局部腐蚀	容易	简单
超声波法	较快	剩余厚度或存在的裂纹	相当差	在生产装置的局部	任意	全面腐蚀或局部腐蚀	容易，检查裂纹或蚀坑需要有经验的操作者	简单
警戒孔法	慢	是否存在剩余厚度	差	在生产装置的局部	任意,气体或宁可是蒸汽	全面腐蚀	容易	比较简单

2. 磨损分析法

对磨损构件进行失效分析的内容主要有三个方面，即磨损表面、磨损亚表面和磨屑。

磨损分析的第一步是宏观形貌的观察和测定，包括肉眼观察和用低倍放大镜、金相及实体显微镜的观察。一般情况下，宏观检查能够初步看出磨损的基本特征（如划伤条痕、点蚀坑、严重塑性变形等）。在此基础上进行微观分析和其他分析。微观形貌分析主要是借助扫描电镜，观察表面犁沟、小凹坑、微裂纹及磨屑的特征。由于磨损往往发生在材料表层或次表层区域，因此常把磨损试样切成有微小角度的倾斜剖面，设法将磨损表面部分保护后，剖面按金相方法抛光制样，这样在扫描电镜下就可同时观察到磨损条痕及表层以下组织结构的变化。借助 X 射线衍射仪和穆斯堡尔谱可以查明各相及外来物的大致成分。此外，还可测定磨损表面及次表层深度范围内的微观硬度的变化，并由此判断金属材料在磨损过程中的加工硬化能力及次表层结构组织的变化。

磨屑是磨损过程的最终结果。它综合反映了金属材料在磨损全过程中的物理和化学作用的影响，在某种意义上说，它比磨损表面更直接地反映磨损失效的原因和机理，所以对磨屑的分析很重要。对磨屑分析的各种方法各有其特点和适用性，目前常用的是铁谱分析技术。

工匠说

材料失效分析的目的是查明事故的根本原因、明确主体责任、防止类似事故的发生、保障人员财产安全等。这就要求失效分析工作者除具备扎实的理论分析能力和熟练的检测技能外，还应具备不畏权威、求真务实的科学精神和精益求精的工匠精神。战机发动机叶片在超高温、超高速的使用环境下极易产生疲劳裂纹。战机飞行过程中，裂纹一旦扩展断裂，极有可能造成严重的事故。窦树军是一名普通的战机探伤技师，他的工作是利用无损检测技术检测飞机发动机、起落架以及各个重要部位机件的缺陷。每次进行探伤作业时，窦树军都会认真细致地把每个部位反复检查，确保没有问题才行。窦树军凭着一股认真细致的劲头，练就了一双火眼金睛。窦树军在执行某飞行保障任务时，经过反复检查，觉察到发动机叶片状态异常，需要立即停飞，但这就需要改变整个部队的飞行计划。驻部队的工厂专家检测认为可以飞行。在紧张的飞行任务前，窦树军依然强烈要求停飞，为了验证自己的想法，窦树军用煤油将发动机叶片进行了彻底的清洗。经过几天的检测，窦树军发现发动机叶片确实存在故障隐患。窦树军的坚持和高超的技艺，避免了一场可能的事故，因此也被战友们亲切地称为"战机神医"。窦树军探索总结出"先涡流、后渗透、再探伤"三步定位探伤法，使探伤精准率达到100%。窦树军认为，战机探伤标准没有最高，只有更高，多细心一点，战友的安全就多一点保障。正是凭借这股认真负责、精益求精的工匠精神，窦树军从一名初中毕业的普通机务战士，成长为无损检测的专家，在战机探伤岗位创下卓著业绩，先后荣立一等功1次、二等功3次、三等功6次，获得全军爱军精武标兵、全军优秀士官人才一等奖等多项荣誉。

综合训练

一、填空题

1. 脆性材料的失效大多数是由_____作用造成的断裂。

2. 在具有脆断倾向的构件中，决定零件或构件断裂与否的关键因素是材料的_____。

3. 影响应力集中系数的因素有_____、_____、_____、_____等。

4. 残余应力对构件的影响包括_____、_____、_____和_____。

5. 金属氧化防止措施主要有_____、_____和_____。

二、名词解释

1. 应力集中　2. 钝化　3. 射线检测

三、简答题

1. 强度理论有几种？分别适用于哪些情况？

2. 材料或构件中存在的宏观裂纹是怎么造成的？

3. 影响应力集中与断裂失效的因素有哪些？

4. 选用失效分析试验检测技术时，应遵循哪些原则？

第三单元
断裂失效分析

 学习目标

　　金属断裂是材料在外力作用下，破断成为两部分的现象。它是工程构件严重而又常见的一种失效形式。特别是近代随着宇航、原子能、海洋开发、石油化工等工程的发展，工程中各种金属构件在运行中的条件（如载荷、环境、温度等）越来越差，断裂的概率也在增加。因此，构件的可靠性及构件运行的寿命已成为工程中重点关注的问题。

　　本单元主要介绍金属材料断裂类型、断裂机制及各种断裂失效分析，从分析断口特征入手，确定断裂失效模式，揭示断裂失效机理、原因与规律，进而采取改进措施与预防对策。

　　磨损、腐蚀和断裂是构件的三种主要失效形式。机器零件断裂后，不仅完全丧失了服役能力，而且还会造成经济损失，甚至会引发人身伤亡事故，因此断裂是最危险的失效形式。对于金属的断裂，长期以来人们进行了大量的研究工作，断裂科学已发展成为一门独立的边缘学科，在实际工作中发挥着重大的作用。

模块一　金属断裂的分类

　　实践证明，大多数金属材料的断裂过程都包括裂纹形成和扩展两个阶段。对于不同的断裂类型，这两个阶段的机理和特征并不相同。为了便于讨论，本模块先介绍断裂的类型，并根据不同的特征对断裂进行分类。

1. 按断裂前塑性变形程度分类

　　（1）韧性断裂　韧性断裂又称延性断裂或塑性断裂，其特征是断裂前发生明显的宏观塑性变形，断裂过程中吸收了较多的能量，一般是在高于材料屈服强度条件下的高能断裂，如杆件的过量伸长或弯曲、容器的过量鼓胀。韧性断裂如图3-1a所示。

　　（2）脆性断裂　脆性断裂是指构件未经明显的变形而发生的断裂。断裂时材料几乎没有发生过塑性变形。如杆件脆断时没有明显的伸长或弯曲，更无缩颈，容器破裂时没有直径的增大及壁厚的减薄。由于脆性断裂大都没有事先预兆，具有突发性，对工程构件与设备以及人身安全常常造成极其严重的后果。脆性断裂如图 3-1b 所示。

a)　　　　　　　　　　　b)

图 3-1　韧性断裂与脆性断裂
a）韧性断裂　b）脆性断裂

完全脆性断裂和完全韧性断裂是极少见的。通常，脆性断裂前也会产生微量塑性变形。一般规定光滑拉伸试样的断面收缩率小于 5%，反映微量的均匀塑性变形，因为脆性断裂没有缩颈形成，直接为脆性断裂；反之，大于 5% 者为韧性断裂。

由此可见，金属材料的韧性断裂和脆性断裂是根据一定条件下的塑性变形量来规定的。

2. 按断裂过程中裂纹扩展的途径分类

（1）穿晶断裂　穿晶断裂的特点是裂纹扩展时穿过晶粒内部（图 3-2a）。穿晶断裂可以是韧性断裂，也可以是脆性断裂。

穿晶断裂是大多数金属材料在常温下断裂时的形态，根据断裂方式又可分为解理断裂和剪切断裂。解理断裂面是沿一定的晶面（即解理面）严格分离的，通常是脆性断裂，但脆性断裂却不一定是解理断裂。剪切断裂是切应力作用下发生的，有纯剪切断裂和微孔聚集型断裂之分。

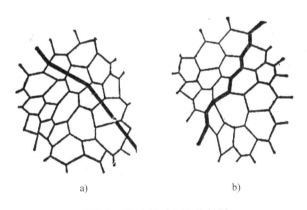

a)　　　　　　　　　　　b)

图 3-2　穿晶断裂和沿晶断裂
a）穿晶断裂　b）沿晶断裂

（2）沿晶断裂　沿晶断裂的特点是裂纹沿晶界扩展（图 3-2b），大多数是脆性断裂。沿晶断裂是由晶界上的一薄层连续脆性的第二相、夹杂物破坏了晶界的连续性而造成的，也可能是杂质元素向晶界偏聚引起的。应力腐蚀、氢脆、回火脆性、淬火裂纹、磨削裂纹等大都是沿晶断裂。

3. 按断裂面取向分类

根据断裂面取向，可将金属断裂分为正断和切断两种。

正断与切断如图 3-3 所示。若断裂面取向垂直于最大正应力，即为正断；若断裂面取向与最大切应力方向相一致，而与最大正应力方向成 45°角，即为切断，拉伸时断口上的剪切唇就是这种断裂。正断大多属于脆性断裂，也可以有明显的塑性变形。切断是韧性断裂，但反过来韧性断裂却不一定是切断。

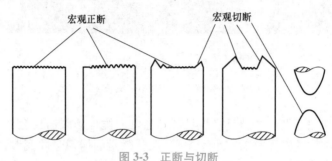

图 3-3　正断与切断

4. 按载荷的性质及应力产生的原因分类

（1）疲劳断裂　疲劳断裂是材料在交变载荷下发生的断裂。

（2）环境断裂　材料在环境作用下引起的低应力断裂称为环境断裂，主要包括应力腐蚀断裂和氢脆断裂。

5. 按微观机制分类

（1）解理断裂　解理断裂是金属材料在一定条件下，当外加正应力达到一定数值后，以极快速率沿一定晶面产生的穿晶断裂。因与大理石断裂类似，故称这种断裂为解理断裂。

深圳湾大桥钢缆
断裂分析

（2）微坑断裂　在外力作用下因微孔聚合相互连通而造成的断裂。

（3）疲劳断裂　在交变应力作用下以疲劳辉纹为标志的断裂。

（4）蠕变断裂　材料在一定温度下恒载，经过一定时间后产生累进式形变而导致的断裂。原则上在整个固态温度范围内都可能发生蠕变，但只有在 $(0.5 \sim 1)\ T_M$（T_M 为熔点，单位为℃）的温度区间里才发生有现实意义的蠕变断裂。

（5）结合力弱化断裂　裂纹沿着由于各种原因而引起的结合力弱化所造成的脆弱区域扩展而形成的断裂。

常用的断裂分类方法及其特征见表 3-1。

表 3-1　常用的断裂分类方法及其特征

分类方法	名称	断裂示意图	特征
根据断裂前塑性变形程度分类	脆性断裂		断裂前没有明显的塑性变形，断口形貌是光亮的结晶状，主要指解理断口、准解理断口和冰糖状沿晶断口
	韧性断裂		断裂前产生明显的塑性变形，断口形貌是暗灰色纤维状

（续）

分类方法	名称	断裂示意图	特征
根据断裂面取向分类	正断	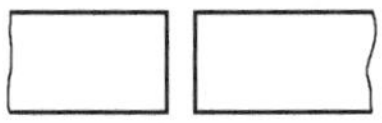	断裂的宏观表面垂直于最大正应力方向
	切断		断裂的宏观表面平行于最大切应力方向，与最大正应力方向成45°角
根据断裂过程中裂纹扩展的途径分类	穿晶断裂		裂纹穿过晶粒内部，主要有韧窝断口、解理断口、准解理断口、撕裂断口及大多数疲劳断口等
	沿晶断裂	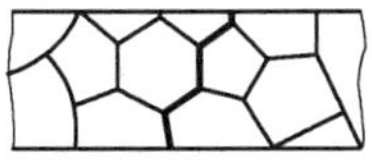	裂纹沿晶界扩展，冰糖状断口

模块二　断口分析

由于在大多数的情况下，断裂失效具有突发性，特别是在产品的结构及工矿条件比较复杂的情况下，很难直接观察到断裂的实际过程，其断裂机制也不完全清楚。但是，任何断裂在断后的断面上总要留下一些反映断裂过程及断裂机制的痕迹。这些痕迹有时能够非常清楚、详细而完整地记录下构件在断裂前及断裂过程中的许多具体细节，从而有助于断裂原因的确定及预防措施的提出。因此，断裂件的断口分析是断裂失效分析的主要内容。

断口分析，是用肉眼、低倍放大镜、实体显微镜、电子显微镜、电子探针、俄歇电子能谱仪、离子探针质谱仪等仪器设备，对断口表面进行观察及分析，以便找出断裂的形貌特征、成分特点及相结构等与致断因素的内在联系。

一、断口的处理方法及断口分析的任务

1. 断口的处理方法

对断口进行分析以前，必须妥善地保护好断口并进行必要的处理。对于不同情况下获得的断口，应采取不同的处理方法，通常有以下几种措施：

1）在干燥大气中断裂的新鲜断口，应立即放到干燥或真空室内保存，以防止锈蚀，并应注意防止手指污染断口及损伤断口表面；对于在现场一时不能取样的零部件尤其是断口，应采取有效的保护，防止零件或断口的二次污染或锈蚀，尽可能地将断裂件转移到安全的地方，必要时可采用油脂封涂的办法保护断口。

2）对于断后被油污染的断口，要进行仔细清洗。

3）在潮湿大气中锈蚀的断口，可先用稀盐酸水溶液去除锈蚀氧化物，然后用清水冲洗，再用无水酒精冲洗并吹干。

4）在腐蚀环境中断裂的断口，在断口表面通常覆盖一层腐蚀产物，这层腐蚀产物对分析致断原因往往是非常重要的，因而不能轻易地将其去掉。但是，为了观察断口的形貌特征而必须去除时，应先对产物的形貌、成分及相结构进行仔细的分析，然后予以去除。

5）一般断口进行宏观分析后，还要进行微观分析等工作，这就需要对断口进行"解

剖"（取样）。

2. 断口分析的任务

断口分析包括宏观分析和微观分析两个方面。宏观分析主要是分析断口形貌；微观分析既包括微观形貌分析，又包括断口产物分析（如产物的化学成分、相结构及其分布等）。

断口分析的具体任务包括以下几个方面：

1）确定断裂的宏观性质、构件所承受的应力类型，判断断裂的类型。

2）确定断裂的宏观形貌，是纤维状断口还是结晶状断口，有无放射线花样及有无剪切唇等。

3）查找裂纹源区的位置及数量。裂纹源区的所在位置是在表面、次表面还是在内部；裂纹源区是单个还是多个；在存在多个裂纹源区的情况下，它们产生的先后顺序如何等。

4）确定断口的形成过程，包括裂纹是从何处产生的，裂纹向何处扩展，扩展的速度如何等。

5）确定断裂的微观机制，是解理、准解理还是微孔型，是沿晶还是穿晶型等。

6）确定断口表面产物的性质，断口上有无腐蚀产物或其他产物，为何种产物，该产物是否参与了断裂过程等。

通过断口分析，在许多情况下可以直接确定断裂原因，并为预防断裂再次发生提供可靠的依据。因此，目前的断口分析已不仅仅是一项专门分析技术，而且已发展成为一门重要的实用学科，如断口金相学及电子断口学等。

二、断口的宏观分析

断口的宏观分析是指用肉眼或放大倍数一般不超过30倍的放大镜及实物显微镜，对断口表面进行直接观察和分析的方法。断口的宏观分析法是一种对断裂件进行直观分析的简便方法，目前在工程实践及科学实验中，该方法被广泛地用于生产现场产品质量检查及断裂事故现场的快速分析。例如，利用断口检查铸铁件的白口情况，用于确定铸件的浇注工艺；用断口法检查渗碳件渗碳层的厚度，以便确定渗碳件的出炉时间；用断口法检查高频感应加热淬火件的淬硬层厚度，以便确定合理的感应器设计及淬火工艺；用断口法确定高速钢的淬火质量；用断口法检查铸件及铸锭的冶金质量（如有无疏松、夹杂、气孔、折叠、分层、白点及氧化膜等）。

在失效现场进行的断口宏观分析，具有简便、迅速和观察范围大等优点。

断口的宏观分析有助于了解断裂的全过程，因而有助于确定断裂过程和构件几何结构间的关系，并有助于确定断裂过程和断裂应力（正应力及切应力）间的关系。通过断口的宏观分析，可以直接确定断裂的宏观表现及其性质，是宏观脆性断裂还是韧性断裂，并可确定断裂源区的位置、数量及裂纹扩展方向等。

因此，断口的宏观分析是断裂件失效分析的基础。破断零件的断口表面，其总的宏观显微组织结构通常与加载条件有关。组织结构与载荷之间的关系可能是复杂的且难以推断的，但即使如此，在很多场合下可以从断口表面组织结构弄清重大的信息。通常，按造成断裂的应力类型及断裂的宏观取向与应力的相对位置可以有不同分类，不同类型载荷下的断裂形式见表3-2。

表 3-2 不同类型载荷下的断裂形式

载荷类型	变形方向		断裂形式	
	σ_{max}	τ_{max}	正断	切断
拉伸 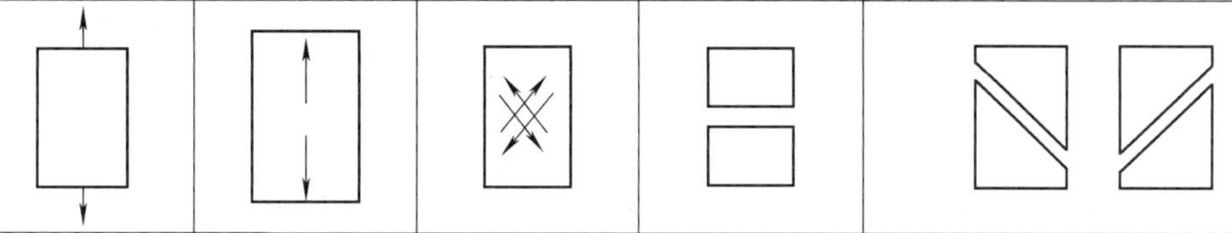				
压缩 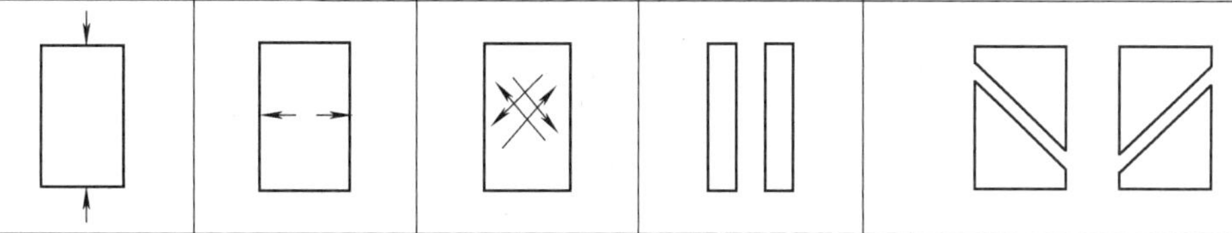				
剪切 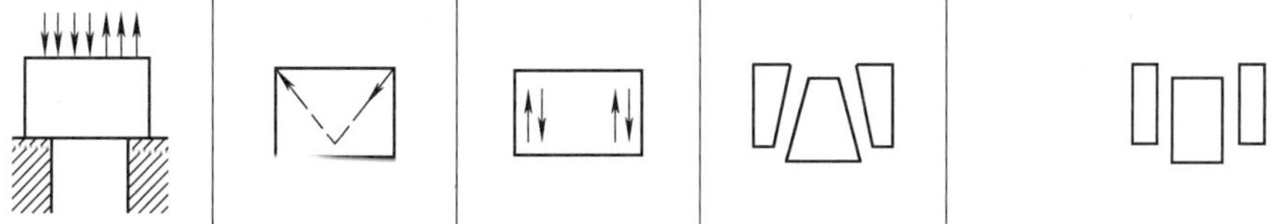				
扭转 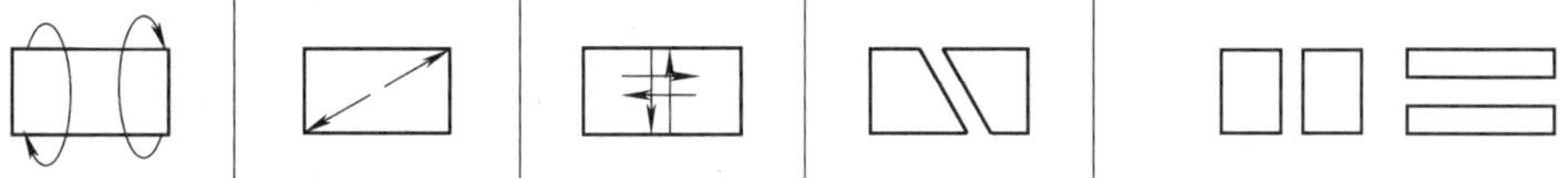				
纯弯曲 				
切弯曲 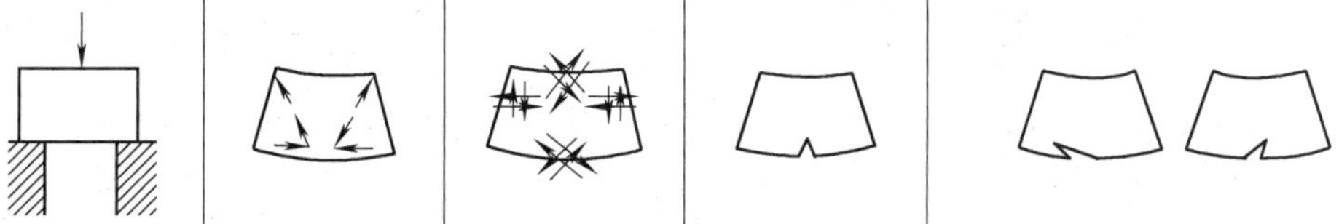				
压入 				

对于圆柱体试样，在拉伸载荷的作用下，如果材料是脆性的，就会横跨垂直于轴的平面而发生断裂；如果材料是韧性的，那就会发生大范围的塑性变形，也就难以见到断裂平面的方位，但应能涉及在最大切应力面上流动，也就是在加载方向 45° 平面上流动；对于扭转载荷，脆性材料断口表面的途径是螺旋形的并对圆柱轴有 45° 的倾斜，韧性材料的断口垂直于轴的平面而发生；对于弯曲载荷，如果材料是脆性的，就会在垂直于圆柱轴的平面上发生断裂；如果材料是韧性的，就会产生一种类似于韧性材料拉升断裂的形貌，如图 3-4 所示。粉

笔受轴向拉力及扭转应力断裂如图 3-5 所示。

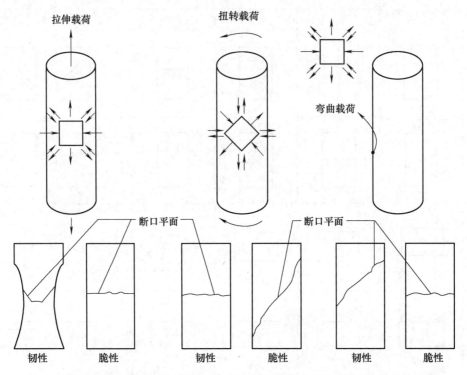

图 3-4　当圆柱体承受拉伸、扭转及弯曲载荷时，韧、脆性材料的断口方位示意

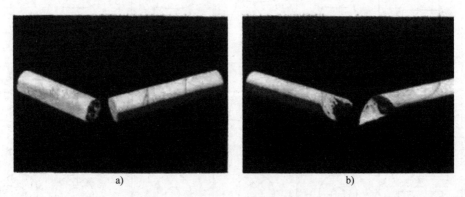

图 3-5　粉笔受轴向拉力及扭转应力断裂

a）受轴向拉力断裂　b）受扭转应力断裂

1. 最初断裂件的宏观判断

如果分析的对象不是一个具体的零件，而是一个复杂的大型机组或是一组同类零件中的多个发生断裂，在对断口进行具体分析以前，需要首先确定最初断裂件是哪个件，然后做进一步分析，才能找出断裂的真正原因。下列三种情况均属此类问题：

（1）整机残骸的失效分析　无论何种机械装备的失效，都不可能是全部零件的同时损坏，相反，往往是由个别零件的损坏导致的整机损坏。这就需要从一大堆残骸中找出最初损坏的那个零件。在对如飞机失事、船舶或桥梁的失效分析等工作中均会碰到这类问题。整机残骸的分析通常称为残骸的顺序分析，即根据残骸上的碰伤、划痕及其破坏的先后顺序，由大部件到小部件，再到单个零件，进而对最初断裂件的断口做具体分析。

【案例3-1】 飞机失事的残骸分析，首先需要确定的是座舱、机翼、机身及尾翼哪个大部件先发生损坏。比如，如果发现机翼的残骸有打破或划伤机身的痕迹，则说明当机翼损坏时机身还是完整的，则机翼是最先损坏的大部件。机翼是由主梁、前梁、桁条等小部件组成的，进一步分析表明机翼的损坏是由主梁的损坏造成的。下一步分析就要集中分析引起主梁破坏的具体零件是上橼条、下橼条还是腹板的问题。按此顺序最后找出导致整机失效的最初损坏件。

（2）多个同类零件损坏的失效分析 一组同类零件的几个或全部发生损坏时，要判明事故原因，需要确定哪一个零件先断，这类分析也应采用顺序分析法。例如，压气机或涡轮盘的叶片断裂事故，往往有许多叶片损坏。很显然，叶片的损坏有先有后，导致机械失效的是最初损坏的叶片。最初断裂件不论有无更多的材料缺陷或结构缺陷等导致断裂的因素，通常的表现是塑性变形较小，机械损伤较轻。因此，在多个同类零件损坏的情况下，要根据损坏件的变形和损坏的严重程度来确定最初断裂件。

【案例3-2】 一台引进的钻探设备，机头由24根规格相同的高强度螺栓与杆身相连接，在使用中24根螺栓全部断裂，使机头掉在地上。对此事故分析时，同样必须找出最先损坏的螺栓。在正常工作状态下，机头的重量和工作载荷是由24根螺栓共同承担的，所受的应力较小且较为均匀。随着断裂螺栓数量的增多，剩余螺栓所承受的载荷逐渐加大，而且载荷的不对称性也逐渐加大，因而后期螺栓的变形、损坏程度必然加大。

（3）同一个零件上相同部位的多处发生断裂时的分析 失效分析中，有时会碰到在同一个零件上几何结构及受力情况完全相同的几个部位都出现断裂的情况。此时，要找出零件失效的原因，同样必须首先搞清楚哪个部位先断裂，否则也会导致误判。通常是先断裂的断口上往往有疲劳断裂的痕迹，而后来因冲击载荷突然增大，断口特征多为典型的过载断裂特征。另一种情况是整个零件发生变形断裂，此时可根据不同的变形情况来判断先断部位，通常是变形大的先损坏。

【案例3-3】 齿轮的齿根断裂失效分析。齿轮在工作中发生断齿时，大多数情况下不是掉下一个齿，而是连续掉下几个齿。在分析断齿原因时，要首先确定最先发生断齿的是哪个轮齿，然后再做进一步分析。判断最初损坏的轮齿，也应当根据先断和后断轮齿的断口特征加以确定。图3-6所示为失效齿轮的宏观形貌。图3-6a所示为断齿情况，三个轮齿断裂情况不同，按照断裂的表观特征判断，中间齿首先断裂，为疲劳断裂性质，与其相邻的两齿是在中间齿断裂后产生冲击断裂的；图3-6b所示为整圈轮齿发生变形断裂，但齿形的变形情况不同，图中右侧轮齿的变形明显大于左侧轮齿，其断裂顺序应是右侧轮齿在前，左侧轮齿在后。由此再对首先断裂的轮齿进行分析，就可以得出齿轮断裂的真正原因。

2. 主断面（主裂纹）的宏观判断

最初断裂件找到后，紧接着的任务就是确定该断裂件的主断面或主裂纹。所谓主断面就是最先开裂的断裂面。主断面上的变形程度、形貌特点，特别是断裂源区的分析，是整个断裂失效分析中最重要的环节。在最初断裂件上，如果存在数条裂纹或破坏成几个碎片，寻找主断面的方法通常有以下几种：

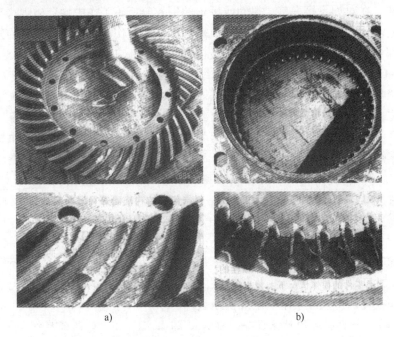

a) b)

图 3-6 失效齿轮的宏观形貌

a）断齿情况　b）整圈轮齿发生变形断裂

（1）利用碎片拼凑法确定主断面　金属零件如果已破坏成几个碎片，则应将这些碎片按零件原来的形状拼合起来，然后观察其密合程度。密合程度好的为后断的，密合程度最差的断面为最先开裂的断面，即主断面。

【**案例 3-4**】　图 3-7 所示为台钳底部垫块开裂的断口拼合情况，拼合后形成 A、B、C 三个断裂面。从拼合后的密合程度来看，A 断面最差，为主断面。

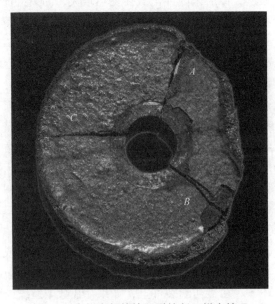

图 3-7 台钳底部垫块开裂的断口拼合情况

（2）按照"T"形汇合法确定主断面或主裂纹　如果在最初断裂件上分成几块或是存在两条以上的相互连接的裂纹，此时可以按照"T"形汇合法的原则加以判断。两条裂纹构成"T"形如图 3-8 所示，"T"形的横向裂纹 A 为先于 B 的主裂纹，B 为二次裂纹。这时可认为 A 裂纹阻止了 B 裂纹的发展，或者说 B 裂纹的扩展受到 A 裂纹的阻止。因为在同一个零件上，后产生的裂纹不可能穿过原有裂纹而扩展，故 A 裂纹在 B 裂纹之前形成，为主裂纹。

（3）按照裂纹的河流花样（分叉）确定主裂纹　将断裂的残片拼凑起来会出现若干分叉或分支裂纹，或者在一个破坏的零件上有多条相互连接的裂纹。尤其是在载荷较大，裂纹快速扩展的情况下，裂纹往往有许多分叉。主裂纹（A）与支裂纹（B、C）构成的河流花样如图 3-9 所示，可根据裂纹形成的河流花样确定主裂纹。通常的情况是，主裂纹较宽、较深、较长，即为河流花样的主流。在图 3-9 中，A 为主裂纹，B 和 C 等为支裂纹。并且裂纹源区的位置在支裂纹扩展方向的反方向。实际的裂纹状态如图 3-10 所示，这是一个实际断裂的齿轮，在上面可以观察到清晰的裂纹汇合以及分叉现象。A 为开裂的主裂纹，主裂纹扩展过程中形成次裂纹 B；C 裂纹则是与主断齿相邻的轮齿齿根开裂，在主裂纹处形成"T"形交叉；沿裂纹扩展方向，裂纹宽度变窄。

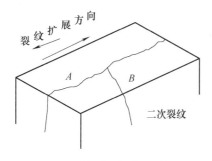

图 3-8　两条裂纹构成"T"形

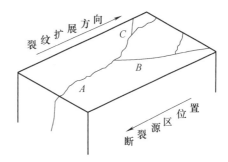

图 3-9　主裂纹（A）与支裂纹（B、C）构成的河流花样

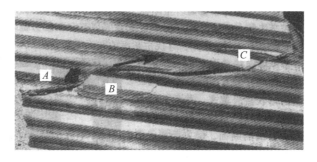

图 3-10　实际的裂纹状态（断裂的齿轮）

3. 断裂（裂纹）源区的宏观判断

主断面（主裂纹）确定后，断裂分析的下一步工作是寻找裂纹源区。由于观察、分析手段和目的不同，断裂源区的含义不同。工程上，一般所说的裂纹源区是断裂破坏的宏观开始部位。寻找裂纹源区不仅是断裂宏观分析中最核心的任务，而且是光学显微分析和电子显微分析的基础。

1）根据不同的断裂特征确定裂纹源区。不同的断裂都有相应的特征，按照这些特征来确定断裂源区是断口分析中最直接、可靠的方法。例如，如果在断裂件的主断面上观察到纤维区、放射区及剪切唇三种断裂特征，则裂纹源区应在纤维区中。并且可以断定此种断裂为静载断裂（或过载断裂）。板状试样或矩形截面的零件发生静载断裂，在断口上通常可以看到撕裂棱线呈"人"字纹的分布特征，对于光滑试样来说，一组"人"字纹指向的末端即为裂纹源区。圆形试样、缺口冲击试样的静载断裂、应力腐蚀断裂及氢脆断裂的断口上，其撕裂棱线通常呈放射线状，一组放射线的放射中心则是裂纹源区。疲劳断裂的断口上通常可以看到贝纹花样的特征线条，贝纹线形似一组同心圆，该圆心即为裂纹源区。

总之，不同的断裂类型，在断口上都可以观察到典型的特征形貌。正确的断口分析不仅能够确定断裂的性质，同时能够确定断裂源区，为进一步的分析奠定基础。

2）将断开的零件两部分相匹配，则裂缝的最宽处为裂纹源区。按照断口拼合后的张口大小确定断裂源区如图3-11所示，将实际开裂的管件两段拼合后，先开裂的部分张开很大，而后开裂的部分（管子的下部）则拼合得很好。此管的开裂是由于轧制时产生折叠所致，断裂始于折叠处。

3）根据断口上的色彩程度确定裂纹源区。按照断口的颜色及其深浅程度来确定裂纹源区的方法，主要是观察断口上有无有别于金属本色的氧化色、锈蚀及其他腐蚀色彩等特征，并依次确定裂纹源区的宏观位置。这也是断口分析中经常采用的方法。

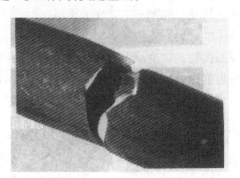

图3-11　按照断口拼合后的张口大小确定断裂源区

在易氧化和锈蚀的环境中发生断裂的零件，其断口上有不同程度的氧化及锈蚀色彩。显然，有色彩处（或为不同程度的氧化及锈蚀色彩）为先断，无色彩处（或为金属本色）为后断。色彩深的部位为先断，浅处为后断。

在高温下工作的零件，其断口上通常可见深黄色和蓝色，前者表示先断，后者表示后断。

水淬开裂的零件可以根据断口上的锈蚀情况判断开裂点。油淬时，可以根据淬火油的渗入情况判断起裂点。若断口发黑，则说明在淬火前零件上就有裂纹（黑色是高温氧化的结果）。

4）观察断口的边缘情况。观察断口的边缘有无台阶、毛刺、剪切唇和宏观塑性变形等，将有助于分析裂纹源区的位置、裂纹扩展方向及断裂的性质等问题。因为随着裂纹的扩展，零件的有效面积不断减小，使实际载荷不断增加。对于塑性材料来说，随着裂纹的扩展，裂纹两侧的塑性变形不断加大，依次即可确定裂纹的扩展方向。在断口表面没有其他特殊花样存在的情况下，利用断口边缘的情况往往是判断裂纹源区及裂纹扩展方向的唯一和可靠的方法。

【案例3-5】　在高温下开裂的蒸汽管道，其断口往往由于高温氧化而难以判断开裂的方向。开裂是从管壁外表面开始的，还是从管壁内表面开始的，这是正确分析蒸汽管道开裂的基本条件。在这种情况下，断裂表面的剪切唇或毛刺则是唯一的判定依据。图3-12所示为按照爆口开裂管壁的剪切唇和毛刺判断管壁开裂的顺序，两个爆裂管道的爆口形状基本相同，爆口边缘无明显塑性变形，都属于脆性爆裂。图 3-12a 中爆裂管管壁内侧和图 3-12b 中爆裂管管壁外侧均有可见的剪切唇和毛刺，因此可以断定图 3-12a 中为管外壁起裂，而图 3-12b 中为管内壁起裂。据此取样进一步分析爆管原因可知，图 3-12a 所示是由于外表面氧化引起的爆裂，而图 3-12b 所示是由于长期过热导致管材质老化引起的爆裂。

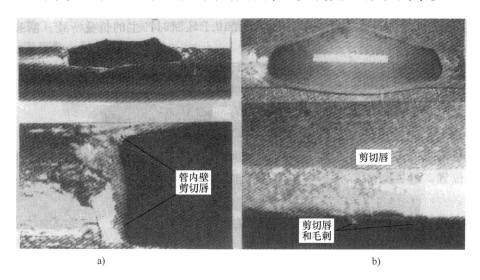

图 3-12　按照爆口开裂管壁的剪切唇和毛刺判断管壁开裂的顺序

当然，并不是在所有的断口上都能找到裂纹源区，如整体金属零件出现的脆性断裂其断口为瓷状，过热及过烧件的断裂为结晶状断口，以及晶间腐蚀与均匀腐蚀断口在宏观上均无可见的断裂源区。

4. 宏观断口的表象观察与致断原因初判

（1）断裂源区和零件几何结构的关系　断裂源区可能发生在零件的表面、次表面或内部。

对于塑性材料的光滑试样（零件），在单向拉伸状态下，断裂源区在截面的中心部位属于正常情况。为防止零件出现此种断裂，应提高材料的强度或加大零件的几何尺寸。

表面硬化件发生断裂时，断裂源区可能在次表面，为防止此类零件的断裂，应加大硬化层的深度或提高零件的心部硬度。

除上述两种情况外，断裂源区可能在零件的表面，特别是零件的尖角、凸台、缺口、刮伤及较深的加工刀痕等应力集中处。为防止此类破坏，显然应从减小应力集中方面入手。

（2）断裂源区与零件最大应力截面位置的关系　断裂源区的位置一般应与最大应力所在的平面相对应。如果不一致，则表明零件的几何结构存在某种缺陷或工作载荷发生了变化，但更为严重的情况是材料的组织状态不正常（如材料的各向异性现象严重）或存在着较严重的缺陷（如铸造缺陷、焊接裂纹、锻造折叠）等情况。

（3）判断断裂是从一个部位产生的还是从几个部位产生的，是从局部部位产生的还是从很大范围内产生的　通常的情况是，应力值较小或应力状态较柔时易从一处产生，应力值较大或应力状态较硬时易从多处产生；由材料中的缺陷及局部应力集中引起的断裂，裂纹多从局部产生；存在大尺寸的几何结构缺陷引起的应力集中时，裂纹易从大范围内产生。

（4）断口的表面粗糙度　断口的表面粗糙度在很大程度上可以反映断裂的微观机制，并有助于断裂性质及致断原因的判断。例如，粗糙的纤维状多为微孔聚集型的断裂机制，且孔坑粗大，塑性变形现象严重；瓷状断口多为准解理或脆性的微孔断裂，塑性变形极小，孔坑小、浅，数量极多；粗、细晶粒状为沿晶断裂；镜面反光现象明显的结晶状断口为解理断裂；表面较平整多为穿晶断裂，凹凸不平多为沿晶断裂等。

（5）断口上的冶金缺陷　注意观察断口上有无夹杂物、分层、粗大晶粒、疏松、缩孔等缺陷。有时依此可以直接确定断裂原因。

三、断口的微观分析

断口的微观分析目的是确定断口的微观形貌、断裂机制和确定引起断裂的微观原因。断口的微观分析方法有透射电子显微镜分析方法、扫描电子显微镜分析方法、断口的成分分析方法等。

1. 断口的透射电子显微镜分析方法

用透射电子显微镜来研究断口主要采用复型法，可根据需要分别在裂纹源区、裂纹稳定扩展区或快速扩展区制取复型，在电子显微镜下进行观察和分析。它的优点是分辨力高，成像质量好，不必破坏断口，故可进行多次观察。它的缺点是不能直接观察断口表面而需制备复型，因此在分析时可能出现假象。另外，它的放大倍数太大，不适宜做低倍观察。

2. 断口的扫描电子显微镜分析方法

用扫描电子显微镜观察断口的微观形貌主要是利用二次电子成像。扫描电子显微镜具有很大的景深，可直接观察粗糙的表面，而且可从低倍（10 倍）到高倍（几万倍）连续变化以观察断口的表面，配上适当的附件，扫描电子显微镜还可进行动态断裂观察、微区成分分析等。其缺点是对于较大的断口，因要将观察的部位从断口上切割下来而破坏断口。试样在观察前一般要在超声波清洗槽中用酒精或丙酮清洗灰尘、油污等。

现在，扫描电子显微镜分析在失效分析中已获得广泛的应用。

3. 断口的成分分析方法

断口产物的分析又可分为成分分析和相结构分析两个方面。成分的缺点分析可采用化学分析、光谱分析、带有能谱的扫描电镜、电子探针及俄歇电子能谱等手段进行。产物的相结构分析常用 X 射线衍射、德拜粉末相机 X 射线衍射、透射式电子显微镜选区衍射及高分辨衍射等方法进行。

螺母失效分析

【案例 3-6】　某公司生产一批不锈钢螺母，在使用过程中出现断裂失效的情况。通过对失效螺母的表面及断面进行失效分析发现其内部存在大量氧元素及氯元素，分析出与应力腐蚀有关。通过对其组织成分、金相组织进行分析，发现铬含量偏低，内部存在碳化物。断裂源区及断面处均从碳化物晶界处断裂，得出失效螺母因为晶界处存在大量导致晶界弱化的碳化物，降低了晶界强度，在载荷的作用下发生了失效断裂的现象。（分析过程可扫二维码进行观看）

模块三　韧性断裂失效分析

一、韧性断裂概述

在工程结构中，韧性断裂一般表现为过载断裂，即零件危险截面处所承受的实际应力超过了材料的屈服强度或强度极限而发生的断裂。在正常情况下，设计机械零件时都将零件危险截面处的实际应力控制在材料的屈服强度以下，一般不会出现韧性断裂失效。但是，由于机械产品在经历设计、选材、加工制造、装配直至使用维修的全过程中，存在着众多环节和各种复杂因素，因而机械零件的韧性断裂失效至今仍难完全避免。

二、韧性断裂的宏观和微观形态特征

1. 韧性断裂的宏观形态特征

韧性断裂是一个缓慢的撕裂过程，在裂纹扩展过程中不断消耗能量，断裂面一般平行于最大切应力并与主应力成45°角，用肉眼或低倍显微镜观察时其断口呈暗灰色、纤维状，如低碳钢拉伸试样的杯状断口。纤维状是塑性变形过程中微裂纹不断扩展和相互连接造成的，而暗灰色则是纤维断口表面对光反射能力很弱所致。

中、低强度钢的光滑圆柱试样在室温下的静拉伸断口是典型的韧性断裂，其宏观断口呈杯锥状，由纤维区、放射区和剪切唇区三个区域组成。

（1）纤维区　纤维区是韧性断裂的断口最突出的特征，常位于断裂的起始处，在光滑圆柱试样拉伸断口中，它位于中心部位，并与主应力相垂直，是在三向应力作用下裂纹缓慢扩展所形成的。一般情况下，纤维区呈现凸凹不平的宏观形貌。

（2）放射区　放射区是裂纹快速发展的结果，通常呈放射状，当构件为板状时也呈"人"字状。

（3）剪切唇区　剪切唇区是断裂最后阶段形成的，这时构件的断面处在平面应力状态下，撕裂面与主应力（拉伸轴）成45°角，断面平滑呈灰色。剪切唇区往往在断口边缘出现。

这三个区域实际上是裂纹形成区、裂纹扩展区和剪切断裂区，通常称它们为断口三要素。韧性断裂宏观断口如图3-13所示。

对于同一种材料，韧性断裂断口三个区域的形态、大小和相对位置，因试样的形状、尺寸，金属材料的性能，及试验温度、加载速率和受力状态的不同而变化。一般来说，材料强度提高、塑性降低，则放射区增大明显，而纤维区变化不大。因此，试样塑性的好坏，根据这三个区域的比例就可以确定。如果放射区较大，则材料的塑性低，因为这个区域的裂纹快速扩展部分，伴随的塑性变形也较小。反之塑性好的材料，必然表现为纤维区和剪切唇区占很大比例，甚至中间的放射区可能消失。

金属材料的韧性断裂虽不及脆性断裂危险，在生产实践中也较少出现（因为许多零件在材料产生较大的塑性变形前就已经失效了），但是研究韧性断裂对于正确制定金属压力加工工艺（如挤压、拉深等）规范还是重要的，因为在这些加工工艺中材料要产生较大的变形，并且不允许产生断裂。

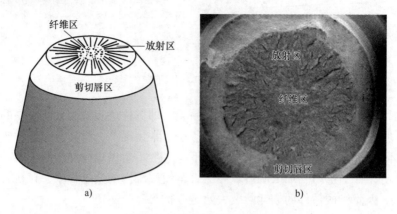

a)　　　　　　　　　　　　　　b)

图 3-13　韧性断裂宏观断口

a）断口三要素示意图　b）韧性断裂断口实际形貌

2. 韧性断裂机理及微观形态特征

韧窝是金属韧性断裂的主要特征。韧窝又称孔坑、微孔或微坑等。韧窝是材料在微区范围内因塑性变形产生的显微空洞，经形核、长大、聚集，最后相互连接导致断裂后在断口表面留下的痕迹。图 3-14 所示为典型的韧窝形貌。

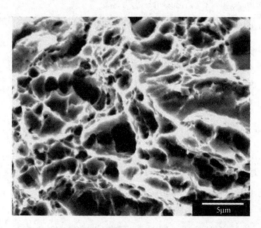

5μm

图 3-14　典型的韧窝形貌

（1）韧窝的形成　韧窝形成的机理比较复杂，大致可分为显微空洞的形核、长大和聚集三个阶段，如图 3-15 所示。在扫描电子显微镜下，这种类型断裂的形貌特征是一个个大小不等的圆形或椭圆形韧窝（即凹坑）。韧窝是显微空洞长大的结果，是显微空洞形核长大和聚集在断口上留下的痕迹，在多数情况下与宏观上的韧性断裂相对应，属于一种高能吸收过程的韧性断裂。

（2）韧窝的形状　韧窝的形状同破坏时的应力状态有关，理论分析表明，韧窝的形状最低限度有 14 种，其中 8 种已从试验观察到。常见韧窝有等轴韧窝、剪切韧窝和撕裂韧窝3 种，其形貌如图 3-16 所示。在电子显微镜下的韧窝形貌如图 3-17 所示。

等轴韧窝中的微孔在垂直于正应力的平面上各方向长大倾向相同，如拉伸时缩颈试样的中心部。剪切韧窝是由于在扭转载荷或双向不等拉伸条件下，因切应力作用而形成的，端口上韧窝方向相反，为异向伸长型韧窝，伸长方向平行于断裂方向，如拉伸试样剪切唇部分。撕裂韧窝是由于最大正应力沿截面分布不均、在边缘部分很大时形成的，断口上韧窝方向相同，为同向伸长型韧窝，伸长方向平行于断裂方向，如表面有缺口或裂纹的试样断口。

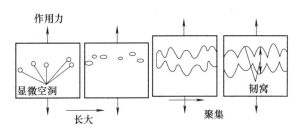

图 3-15　韧窝的形成机理

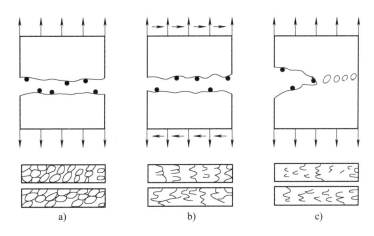

图 3-16　3 种常见韧窝形貌

a）等轴韧窝　b）剪切韧窝　c）撕裂韧窝

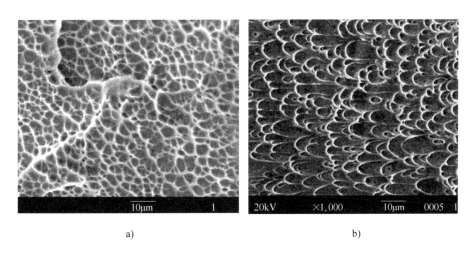

图 3-17　在电子显微镜下的韧窝形貌

a）等轴韧窝　b）拉长的韧窝

（3）韧窝的大小　韧窝的形状取决于应力状态，而韧窝的大小和深浅取决于第二相的数量、分布，以及基体的塑性变形能力。如第二相较少、均匀分布，以及基体的塑性变形能力强，则韧窝大而深；如基体的形变强化能力很强，则得到大而浅的韧窝。

虽然韧窝是韧性断裂的微观特征，但不能仅仅据此就做出韧性断裂的结论，因为韧性断裂与脆性断裂的主要区别在于断裂前是否发生可察觉的塑性变形。即使在脆性断裂的断口上，个别区域也可能由于微区塑性变形而形成韧窝。

三、韧性断裂的失效分析及预防

1. 韧性断裂失效分析的判据

根据上述韧性断裂的宏观与微观形态特征，在实际的失效分析中，判断金属零件是否发生韧性断裂的主要判据如下：

（1）韧性断裂的宏观特征　断口附近有明显的宏观塑性变形；宏观形貌粗糙，色泽灰暗，呈纤维状，杯底垂直于主应力，锥面平行于最大切应力，与主应力成45°角；或断口为平行于最大切应力，与主应力成45°的剪切断口。

（2）韧性断裂的微观特征　韧性断裂的微观特征主要是在断口上存在大量的韧窝。不同加载方式造成的韧性断裂，其断口上的韧窝形状是不同的，如图3-16所示。然而，只有通过电子显微镜（主要是扫描电子显微镜）观察才能做出准确的判断。需要指出的有以下两点：

1）在断口上的个别区域存在韧窝，不能简单地认为是韧性断裂。这是因为，即使在脆性断裂的断口上，个别区域也可能产生塑性变形而存在韧窝。

2）沿晶韧窝不是韧性断裂的特征。沿晶韧窝主要是显微空洞优先在沿晶析出的第二相处聚集长大而成的。

2. 引起零件韧性断裂失效的载荷性质分析

由于不同类型载荷所造成的韧性断裂的断口特征不同，因此反过来可根据零件断口宏观、微观形态特征来分析、判定该零件所受载荷的类别。

（1）拉伸载荷引起的韧性断裂　宏观断口往往呈杯锥状或呈45°切断外形，断裂处一般可见缩颈，断口上具有大面积的韧窝，且大都为等轴韧窝或轻微伸长韧窝。

（2）扭转载荷引起的韧性断裂　宏观断口大都呈切断型，微观上是伸长韧窝，匹配面上的韧窝伸长方向相反。

（3）冲击载荷引起的韧性断裂　在宏观上有冲击载荷作用留下的痕迹，断口周边有不完整的45°剪切唇口，微观上呈撕裂伸长韧窝，匹配面上的韧窝伸长方向相同。

3. 韧性断裂原因分析与预防

金属零件韧性断裂的本质是零件危险截面处的实际应力超过材料的屈服强度所致。因此，下列因素之一均有可能引起金属零件韧性断裂失效：

1）零件所用材料强度不够。

2）零件所承受的实际载荷超过原设计要求。

3）零件在使用中出现了非正常载荷。

4）零件存在偶然的材质或加工缺陷而引起应力集中，使其不能承受正常载荷而导致韧性断裂失效。

5）零件存在不符合技术要求的铸造、锻造、焊接和热处理等热加工缺陷。

为了准确地找出引起零件韧性断裂失效的确切原因，需要对失效零件的设计、材质、工艺和实际使用条件进行分析，针对分析结果采取有针对性的改进与预防措施，防止同类断裂失效再次出现。

【案例 3-7】 某输油管分油活门杆工作时承受拉应力，用 25 号无缝钢管经焊接、机械加工、杆部镀铬、螺纹部镀锌和装配过程最终出厂，仅使用 6h 后就在活门杆端螺纹部位的销孔处产生断裂。经分析发现，螺纹部位沿主应力方向变形明显，断口附近的螺距由原来的 0.8mm 伸长到 1.6mm，断口微观形貌为等轴韧窝，杆的材质合格，机加工质量良好。

上述结果表明，该活门杆属韧性断裂失效。其原因是销孔处设计安全系数过小，从而导致过载韧性断裂失效。

模块四 脆性断裂失效分析

一、脆性断裂概述

脆性断裂的特征是断裂前基本上不发生明显的塑性变形，没有明显征兆，断裂过程中材料吸收的能量很小，一般是低于材料屈服强度的低能断裂，因而危害性很大。脆性断裂是人们力图予以避免的一种断裂失效模式。尽管各国工程界对脆性断裂的分析与预防研究极为重视，从工程构件的设计、用材、制造到使用维护的全过程中采取了种种措施，然而由于脆性断裂的复杂性，至今由脆性断裂失效导致的灾难性事故仍时有发生。

金属构件脆性断裂失效的表现形式主要有如下几种：

1）由材料性质改变而引起的脆性断裂，如蓝脆、回火脆、过热与过烧致脆等。

2）由环境温度与介质引起的脆性断裂，如冷脆、氢脆、应力腐蚀致脆、液体金属致脆以及辐照致脆等。

3）由加载速率与缺口效应引起的脆性断裂，如高速致脆、应力集中与三应力状态致脆等。

二、脆性断裂的宏观和微观形态特征

1. 脆性断裂的宏观形态特征

金属构件脆性断裂的宏观形态特征虽因原因不同会有差异，但基本特征是共同的。

1）断裂处很少或没有宏观塑性变形，碎块断口可以拼合复原。

2）脆性断裂的断口平齐且光亮，常呈结晶状或放射状，且与正应力方向垂直。这些放射状条纹汇聚于一个中心，这个中心区域就是裂纹源区。断口表面越光滑，放射条纹越细，这是典型的脆断形貌。光滑圆柱试样（圆形截面）脆性断裂断口形貌如图 3-18 所示，其放射区一般都是从某边缘处起始而遍布整个断面的。如果是无缺口的板状矩形截面拉伸试样，则其放射区呈"人"字形花样，"人"字的尖端指向裂纹源区，其脆性断裂断口形貌如图 3-19 所示。

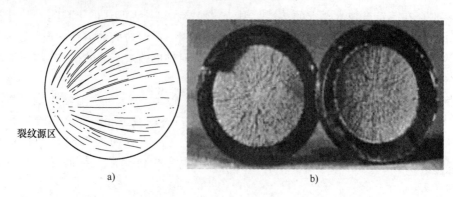

裂纹源区

a)

b)

图 3-18　光滑圆柱试样脆性断裂断口形貌

a）示意　b）实物

"人"字形花样

裂纹
源区

a)

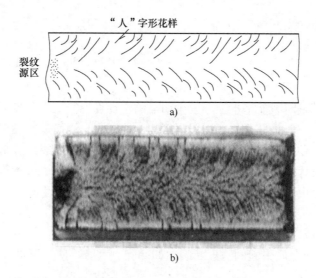

b)

图 3-19　无缺口的板状矩形截面拉伸试样脆性断裂断口形貌

a）示意　b）实物

3）断裂起源于截面突变、表面缺陷和内部缺陷等应力集中部位。

4）脆性断裂的扩展速率极高，断裂过程在瞬间完成，有时伴有大的响声。

2. 脆性断裂机理及微观形态特征

金属构件脆性断裂主要有穿晶脆断（解理断裂与准解理断裂）和沿晶脆断两大类。

（1）穿晶脆断　穿晶脆断包括解理断裂和准解理断裂。

1）解理断裂常见于体心立方金属和密排六方金属中，而面心立方金属通常不发生解理断裂。

根据金属原子键结合力的强度分析，对于一定晶格类型的金属，均有一组原子键结合力最弱、在正应力下容易开裂的晶面，这种晶面就是解理面。解理面一般是表面能最小的晶面，且往往是低指数的晶面。例如，立方晶系的体心立方金属，其解理面为 ｛100｝ 晶面；六方晶系的金属，其解理面为 ｛0001｝。

通常，解理断裂是宏观脆性断裂，它的裂纹发展十分迅速，常常造成零件或构件灾难性的崩溃。但有时在解理断裂前也显示一定的塑性变形，所以解理断裂与脆性断裂不是同义词，前者指断裂机制，后者则是断裂的宏观形态。

解理裂纹的微观形貌特征如下：

① 河流花样。解理断裂断口的轮廓垂直于最大拉应力方向，宏观断口十分平坦，新鲜的断口都是晶粒状的，对着阳光转动会闪闪发光。解理断裂是沿特定晶面发生的脆性穿晶断裂，其微观特征应该是极平坦的镜面。但是，实际的解理断裂断口是由许多大致相当于晶粒大小的解理面集合而成的，这种大致以晶粒大小为单位的解理面称为解理刻面（Facet），这些刻面与晶粒一一对应。实际上，在解理刻面内部只从一个解理面发生解理破坏是很少的。在多数情况下，裂纹要跨越若干相互平行的、位于不同高度的解理面，从而在同一解理面上可以看到一些十分接近于裂纹扩展方向的阶梯，通常称为解理台阶，众多台阶的汇合便形成河流花样。解理台阶、河流花样是解理断裂的微观形貌，如图 3-20 所示。

河流花样中的每条支流都对应着一个不同高度的、相互平行的解理面之间的台阶。在河流的"上游"，许多较小的台阶汇合成较大的台阶；到"下游"，较大的台阶又汇合成更大的台阶。河流花样示意图（SEI 2000×）如图 3-21 所示，河流的流向恰好与裂纹扩展方向一致，由此可判断解理裂纹在微观区域内的扩展方向。

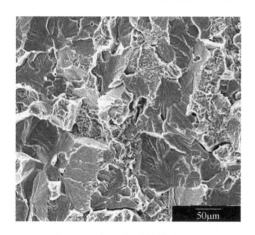

图 3-20　解理断裂的微观形貌

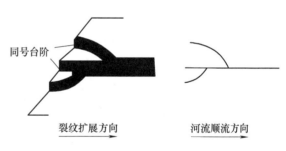

图 3-21　河流花样示意图（SEI 2000×）

② 舌状花样。解理断裂的另一微观特征是存在舌状花样，它是由于解理裂纹沿孪晶界扩展留下的舌头状凹坑或凸台，因在电子显微镜下的形貌类似人舌而得名，如图 3-22 所示。

③ 其他花样。其他花样有羽毛状花样及青鱼骨状花样。在脆性解理断口上有时还可以见到羽毛状花样（或称为解理扇形花样）以及青鱼骨状花样，如图 3-23 和图 3-24 所示。

2）准解理断裂常出现在淬火回火的高强度钢中，有时也出现在贝氏体组织的钢中。在这些钢中，其回火产物中有弥散细小的碳化物

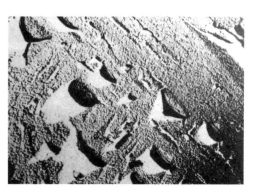

图 3-22　解理断裂中的
舌状花样（TEI 4000×）

质点，它们影响裂纹的形成与扩展。当裂纹在晶粒内扩展时，由于断裂面上存在较大程度的

塑性变形，难以严格地沿一定晶体学平面扩展，断裂路径不再与晶粒位向有关，而主要与细小碳化物质点有关。其微观形貌特征似解理河流花样但又非真正解理，故称为准解理。

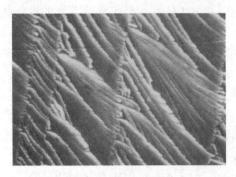 

图 3-23　羽毛状花样　　　　　　　　　　　图 3-24　青鱼骨状花样

在准解理断裂的微观形貌中，每个小断裂面的微观形貌颇似晶体的解理断裂，也存在一些类似的河流花样，有时也有舌状花样。0Cr17Ni4Cu4Nb 钢准解理断口如图 3-25 所示。但在小断裂面间的连接方式上又具有某些不同于解理断裂的特征，如存在由隐蔽裂纹扩展产生接近塑性变形的撕裂棱。撕裂棱是准解理断裂的一种最基本的断口形貌特征。因此，准解理裂纹具有解理断口的形貌特征（韧窝、撕裂棱）。

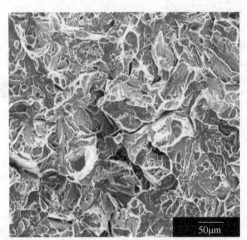

图 3-25　0Cr17Ni4Cu4Nb 钢准解理断口

解理断裂和准解理断裂的共同点是有解理刻面，有台阶或舌状及河流花样；其区别见表 3-3。

表 3-3　解理断裂和准解理断裂的区别

名称	解理断裂	准解理断裂
形核位置	晶界或其他界面	晶内硬质点
扩展面	标准解理面	非标准解理面（不连续、局部扩展、碳化物及质点影响路径）
断口形态尺寸	以晶粒为大小，解理平面	原奥氏体晶粒大小，呈凹盆状
断口微观形貌	河流花样、舌状花样	近似解理断口，但河流花样短，有撕裂棱或韧窝

（2）沿晶脆断　沿晶脆断断口形貌特征呈现冰糖状，如图 3-26 所示。晶粒很细小，肉眼无法辨认冰糖状形貌，此时断口一般呈结晶状，颜色较纤维状断口明亮，但比纯脆性断口要灰暗些，因为它们没有反光能力很强的小平面。

图 3-26　冰糖状断口

三、脆性断裂的失效分析及预防

1. 脆性断裂起源走向及载荷性质的判断

在了解和掌握上述脆性断裂宏观与微观形态特征的基础上，只要对实际断裂失效件进行深入细微的观察，并加以综合分析，就可以得出失效件是否属于脆性断裂。但在失效分析中，准确地说明失效性质（模式）只是第一步，重要的是要分析引起失效的原因。

为此，应先对零件断裂的起源和扩展走向及载荷性质进行分析和判断。

（1）断裂起源和扩展走向　脆性断裂的宏观断口大都呈放射状条纹或呈"人"字形花样。根据宏观断口的特征即能判断裂纹源区和裂纹扩展方向。

（2）载荷性质的判断　由拉伸载荷导致的脆断，其断口平齐，并与拉应力垂直，一般呈无定型粗糙表面，或呈现出晶粒外形；由扭转载荷导致的脆断，其断口呈麻花状，也呈无定型粗糙表面，或呈现晶粒外形；由冲击载荷导致的脆断，断面有放射条纹或"人"字形花样；由压缩载荷造成的脆断，断口一般呈粉碎性条状，有时呈 45°切断形状，且无塑性变形。

2. 引起脆性断裂失效的原因分析

（1）应力状态与缺口效应　应力状态是指零件实际承载载荷的类型（拉应力、切应力）、数量、大小和方向。最大拉应力 σ_{max} 和最大切应力 τ_{max} 对形变和断裂分别起不同的作用。最大切应力促进塑性滑移的发展，是位错移动的推动力，它对形变和断裂的发生和发展过程都产生影响；而最大拉应力只促进脆性裂纹的扩展。因此，最大拉应力与最大切应力的比值——$\dfrac{\sigma_{max}}{\tau_{max}}$ 对构件的失效过程有很大的影响。各种应力状态下的最大拉应力与最大切应力比值列于表 3-4 中。

从表3-4可以看出，在三向拉伸的应力状态下，最大拉应力与最大切应力的比值最大，因此极易导致脆性断裂。在实际金属构件中，单纯受三向拉伸的情况很少，大都是由于应力分布不均匀而造成三向应力状态。例如构件的截面突然变化，小的圆角半径，预存裂纹，刀痕、尖锐缺口、裂纹尖端，缺口尖端处往往因应力集中而引起应力区域约束作用，即造成三向拉伸的应力状态。因此，应力集中是造成金属构件在静态低载荷下产生脆性断裂的重要原因。

表3-4　各种应力状态下的 $\dfrac{\sigma_{\max}}{\tau_{\max}}$ 比值

应力状态		$\sigma_{\max}$	$\tau_{\max}$	$\dfrac{\sigma_{\max}}{\tau_{\max}}$
三向压缩	三向应力相等	$-\sigma_1$	0	$-\infty$
	三向应力不等	$-\dfrac{1}{2}\sigma_1$	$\dfrac{1}{4}\sigma_1$	-2
单向压缩		0	$\dfrac{1}{2}\sigma_1$	0
扭转		τ_1	τ_1	1
单向拉伸		$\dfrac{1}{2}\sigma_1$	$\dfrac{1}{2}\sigma_1$	1
三向拉伸	三向应力相等	σ_1	0	∞
	三向应力不等	σ_1	$\dfrac{1}{4}\sigma_1$	4

（2）温度　温度是造成金属材料和工程构件脆性断裂的重要因素之一。对许多脆性断裂事故进行分析的结果表明，不少断裂事故发生在低温条件下，而且脆性断裂源产生于缺陷附近区域。

低温下造成构件的脆性断裂原因是温度的改变引起材质本身的性能变化。随着温度的降低，钢的屈服强度增大，韧性下降，解理应力也随着下降。

（3）尺寸效应　近年来随着工程结构的大型化，所使用的钢板厚度有增加的趋势，如厚壁容器、厚钢板制造的大型桥梁等结构。随着钢板厚度的增加，脆性转变温度升高，钢材的缺口脆性增加。关于板厚的脆性原因，一般认为有以下几个方面：

1）冶金质量。一般情况下，厚钢板的冶金质量比薄钢板差，因为用同一种坯料轧制成厚钢板时，变形量小，影响了晶粒的大小，晶粒中产生偏析的概率增加。同时，在冶炼过程中存在冶炼质量不均匀以及热处理时因厚板截面内层冷却速度比外层缓慢而导致金相组织的不均匀性。这些因素均会影响钢的韧性，使脆化倾向提高。

2）应力状态。钢板（或构件）的厚度（或截面）增加，将使约束应力增加，因而钢板越厚，越容易使应力在整个厚度方向发展成为平面应变状态。高强度或超高强度钢，即使是较薄钢板也能达到平面应变状态。对这类钢的厚板结构的脆性断裂问题应特别予以注意，在设计和制造重型厚板结构时更需要引起足够的重视。

（4）焊接质量　焊接构件的脆性断裂主要取决于工作温度、缺陷尺寸、应力状态、材料本身的韧性以及焊接影响因素（如焊接残余应力、角变形、焊接错边等）。焊接缺陷一般有气孔、夹渣、未焊透和焊接裂纹等，而其中焊接裂纹的存在对焊接构件的断裂有严重影响。焊接接头处常见的裂纹有热裂纹，冷裂纹，以及焊接后热处理所引起的再生热裂纹。焊接时，由于加热和冷却引起焊接接头区显微组织的变化，在焊接后冷却过程中所形成的高碳马氏体、贝氏体和粗大晶粒等金相组织将使焊接接头区韧性降低；另外，焊接接头区微量有害元素的偏聚以及氢含量的增加也使其脆性降低。因此，焊接接头在焊接过程中通常引起两种脆化即焊接接头区组织变化引起的韧性降低，导致脆化；焊接热循环过程中发生的塑性应变所引起的热应变脆化。这两种脆化必将影响到焊接构件的脆性断裂行为。

（5）工作介质　金属构件在腐蚀介质中受拉应力作用，同时又有电化学腐蚀时，极易导致早期脆性断裂。零件在加工或成形过程中，如铸造、锻造、轧制、挤压、机械加工、焊接、热处理等工序中产生的残余应力，若其中有较大的拉应力，则都可能在适当的腐蚀环境中引起腐蚀断裂，特别是在碱性介质下工作的金属构件极易产生应力腐蚀而导致脆性断裂。

（6）材料和组织因素　脆性材料、劣等冶金质量材料、有氢脆倾向的材料以及缺口敏感性大的钢种都能促使发生脆性断裂；不良热处理产生脆性组织状态，如组织偏析、脆性相析出、晶间脆性析出物、淬火裂纹、淬火后消除应力处理不及时或不充分等也能促进脆性断裂的发生。

3. 预防脆性断裂失效的措施

（1）设计上的措施　应保证工程构件的工作温度高于所用材料的脆性转变温度，避免出现低温脆断；结构设计应尽量避免三向应力的工作条件，减少应力集中。

（2）制造工艺的措施　应正确制订和严格执行工艺规程，避免过热、过烧、回火脆性、焊接裂纹及淬火裂纹；热加工后应及时回火，消除内应力，对电镀件应及时而严格地进行除氢处理。

（3）使用上的措施　应严格遵守设计规定的使用条件，如使用环境温度不得低于规定温度；使用操作应平稳，尽量避免冲击载荷。

【案例3-8】　在20余台重载履带车共6000多个端联器螺栓中有3个螺栓断裂，失效率约为0.044%。失效螺栓均是在使用初期断裂。图3-27所示的失效螺栓是一条新履带装车行驶1km后停车维护时，出现突然断裂。螺栓头部一段从端联器中间的光孔中掉落，有螺纹的另一段残留在端联器上的螺纹孔中。螺栓的服役条件在静止时受预紧静拉力，运动时受预紧静拉力加交变切向力。图3-28所示为失效螺栓断面形貌。

图3-27　失效螺栓

图3-28　失效螺栓断面形貌

从螺栓断裂面看出，断口呈起伏状，无塑性变形，个别区域有面积大小不等的小平面，整个断面上无冶金缺陷。断裂源只有一个，起始于断面外侧的螺纹根部应力集中处，断裂源区宽约为1mm，在半径为2mm内的区域内较平坦，断裂源区两侧10mm外的其余断面外圆处有1mm左右的拉边，断面主要由沿晶、冰糖状、大量的晶间微裂纹组成，整个断裂面上各个小平面之间没有显著的分界线，也没有疲劳断裂中的贝纹线，呈现出典型的无塑性脆性断裂形态。

理化检测的化学成分、非金属夹杂物、晶粒度及热处理质量的结果表明，原材料、螺栓制造质量均满足技术要求。查找生产作业，发现当初螺栓拧紧装配时，实际拧紧力矩远大于设计规定的力矩。为对比分析，取9枚螺栓实物（8枚已使用过无问题的螺栓，1枚未使用过的螺栓）进行强断拉伸试验。螺栓拉伸试验断口的断裂源也同样位于一侧螺纹根部应力集中处，属于线断裂源，断口形貌平齐。

失效分析：装配拧紧力矩大于设计力矩的端联器螺栓在腐蚀环境下产生应力腐蚀后导致螺栓脆性断裂失效。

改进措施：

1) 加强装配规范，确保螺栓拧紧力在装配规范要求范围内（为增加可靠性，螺栓拧紧力矩上限值比原设计减少了20%，安全系数由原来的1.2倍提升到1.6倍）。

2) 调整热处理工艺，螺栓强度由12.9级降低到10.9级，在强度指标得到保证的前提下，增加了螺栓的韧性，降低它产生应力腐蚀的敏感性。

3) 在履带连接螺栓表面增加了保护层，降低环境对螺栓断裂的应力腐蚀影响程度。

模块五 疲劳断裂失效分析

金属疲劳

工程中许多零件和构件都是在变动载荷下工作的，如曲轴、连杆、齿轮、弹簧及桥梁等，其失效的形式主要是疲劳断裂。金属疲劳是十分普遍的现象，如火车的车轴承受的是弯曲疲劳，汽车的传动轴主要是承受扭转疲劳等。据统计，金属零部件中有80%以上的断裂是由于疲劳引起的，极易造成人身事故和经济损失。因此，认识疲劳现象，研究疲劳破坏规律，提高疲劳抗力，防止疲劳失效是非常重要的。

【案例3-9】 1998年3月5日，国内某液化石油气站两个400m³球罐发生特大爆炸事故。当天下午4:50发现11号球罐下部排污口管道法兰泄漏，虽经消防战士和职工奋力抢救，但由于没有先进的堵漏技术，泄漏持续约3h，整个厂区充满了石油气，配电间电火花引爆，厂区燃起大火，使球罐温度急剧升高，最终发生爆炸。事后失效分析发现法兰泄漏与一只紧固螺栓的疲劳断裂有关。

经验教训：螺栓是保证密封的关键零件，但是在长期运行过程中螺栓会发生应力松弛现象，进而导致其压紧力降低，就有可能造成法兰结合面漏气。因此，对螺栓的质量及运行中的状态进行检验与对设备的技术检验同等重要。另外，经分析推断，实际泄漏时间比发现泄漏时间要早0.5h，如果巡回检查制度落实得好，能及早发现泄漏，对于堵漏将是十分有益的。

一、金属疲劳概述

1. 变动载荷和循环应力

（1）变动载荷　变动载荷是引起疲劳破坏的外力，它是指大小甚至方向均随时间变化的载荷，其在单位面积上的平均值为变动应力。变动应力可分为规则周期变动应力（也称循环应力）和无规则随机变动应力两种。这些应力可用应力-时间曲线表示，如图 3-29 所示。

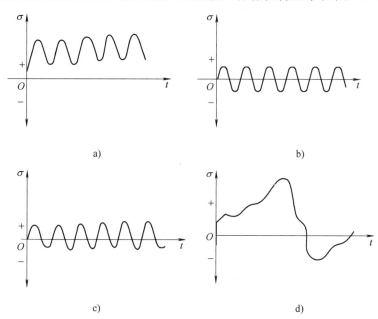

图 3-29　应力-时间曲线

a）应力大小变化　b）、c）应力大小和方向都变化　d）应力大小和方向无规则变化

（2）循环应力　生产中零部件正常工作时其变动应力多为循环应力，且实验室模拟也比较方便，所以研究较多。循环应力的波形有正弦波、矩形波和三角形波等，其中常见的为正弦波。循环应力中大小和方向都随时间发生周期性变化的应力称为交变应力，只有大小变化而方向不变的循环应力称为重复循环应力，其示意如图 3-30 所示。

循环应力可用最大应力 σ_{max}、最小应力 σ_{min}、平均应力 σ_m、应力幅 σ_a、应力比 R、循环周期 T 这几个几何参数来表示，见表 3-5。

表 3-5　循环应力的几何参数

参数名称	符号	定义	表述公式
平均应力	σ_m	最大应力与最小应力代数平均值	$\frac{1}{2}(\sigma_{max}+\sigma_{min})$
应力幅	σ_a	最大应力和最小应力代数差的一半	$\frac{1}{2}(\sigma_{max}-\sigma_{min})$
应力比	R	最小应力和最大应力的比值	$\dfrac{\sigma_{min}}{\sigma_{max}}$
循环周期	T	完成一个应力循环所需的时间	

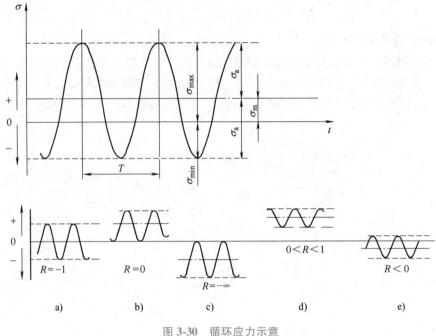

图 3-30 循环应力示意

a)、e) 交变应力 b)~d) 重复循环应力

常见的循环应力有以下几种:

1) 对称交变应力。σ_{max} 与 σ_{min} 的绝对值相等而符号相反,$\sigma_m = 0$,$\sigma_a = \sigma_{max}$,$R = -1$,如图 3-30a 所示。大多数轴类零件,如火车轴的弯曲对称交变应力、曲轴的扭转交变应力。

2) 脉动应力 $\sigma_{min} = 0$。有两种情况:$\sigma_m = \sigma_a > 0$,$R = 0$ 时为脉动拉应力,如齿轮齿根的循环弯曲应力,如图 3-30b 所示;$\sigma_m = \sigma_a < 0$,$R = -\infty$ 时为脉动压应力,如滚动轴承应力则为循环脉动压应力,如图 3-30c 所示。

3) 波动应力。$\sigma_m > \sigma_a$,$0 < R < 1$ 时,如发动机缸盖螺栓的循环应力为"大拉小拉",如图 3-30d 所示。

4) 不对称交变应力。$R < 0$ 时,如发动机连杆的循环应力为"小拉大压",如图 3-30e 所示。

在实际生产中的变动应力往往是无规则随机变动的,如汽车、船舶和飞机的零件在运行工作时因道路、航线或云层的变化,其变动应力即呈随机变化。

2. 金属疲劳的概念

金属材料在受到交变应力或重复循环应力时,往往在工作应力小于屈服强度的情况下突然断裂,这种现象称为疲劳断裂。疲劳断裂是金属零件或构件在交变应力或重复循环应力长期作用下,因累积损伤而引起的断裂现象。

3. 金属疲劳的分类

(1) 按应力状态分类 可以分为弯曲疲劳、扭转疲劳、拉压疲劳及复合疲劳。

(2) 按环境和接触情况分类 可以分为大气疲劳、腐蚀疲劳、热疲劳及接触疲劳。

(3) 按断裂寿命和应力高低分类 可以分为高周疲劳(低应力疲劳,10^5 次以上循环)、低周疲劳(高应力疲劳,$10^2 \sim 10^5$ 次循环之间)。

4. 金属疲劳的断裂特点

尽管疲劳载荷有各种类型，但金属疲劳断裂都有一些共同的特点。疲劳断裂与静载荷和冲击载荷断裂相比，具有以下特点：

1）疲劳断裂是低应力循环延时断裂，是具有寿命的断裂。其断裂应力水平往往低于材料的抗拉强度，甚至屈服强度。断裂寿命随应力不同而变化，应力高、寿命短，应力低、寿命长。当应力低于某一临界值时，寿命可达无限长。

2）疲劳断裂是脆性断裂。由于一般疲劳断裂的应力水平比屈服强度低，因此不论是韧性材料还是脆性材料，在疲劳断裂前均不会发生塑性变形及有形变预兆，它是在长期累积损伤过程中，经裂纹萌生和缓慢扩展到临界尺寸时才突然发生的。因此，疲劳断裂是一种潜在的突发性断裂，危险性极大。

3）疲劳断裂对缺陷（缺口、裂纹及组织缺陷）十分敏感。由于疲劳破坏是从局部开始的，因此它对缺陷具有高度的选择性。缺口和裂纹因应力集中而对材料的损伤作用增大，组织缺陷（夹杂物、疏松、白点、脱碳等）使材料的局部强度降低，三者都加快了疲劳破坏的开始和发展。

4）疲劳断裂断口特征非常明显，能清楚地显示出裂纹的发生、发展和最后断裂三个组成部分。

5. S-N 曲线和疲劳极限

对金属疲劳寿命的估算可以有三种方法：应力-寿命法，即 S-N 法；应变-寿命法，即 ε-N 法；断裂力学方法。S-N 法主要要求零件有无限寿命或者寿命很长，因而应用在零件受较低应力幅的情况下，零件的破坏断裂循环周次很高，一般大于 10^5 循环周次，即所谓高周疲劳。一般的机械零件如传动轴、汽车弹簧和齿轮都是属于此种类型。对于这类零件，先以 S-N 曲线获得的疲劳极限为基准，然后考虑零件的尺寸和表面质量的影响等，再加一个安全系数，便可确定许用应力。

（1）S-N 曲线 金属承受的循环应力和断裂循环周次之间的关系通常用 S-N 曲线（疲劳曲线）来描述，疲劳曲线是疲劳应力与疲劳寿命的关系曲线，它是确定疲劳极限、建立疲劳应力判据的基础。1867 年，德国人沃勒在解决火车轴断裂问题时，首先提出疲劳曲线和疲劳极限的概念，所以后人也称该曲线为沃勒曲线。

试验表明，金属材料所受循环应力的最大值 σ_{max} 越大，则疲劳断裂前所经历的应力循环周次越低，反之越高。根据循环应力 σ 和应力循环周次 N 建立疲劳曲线，如图 3-31 所示。由于疲劳断裂时循环周次很多，所以疲劳曲线的横坐标取对数坐标。

（2）疲劳极限 由图 3-31 可以看出，当应力低于某值时，材料经受无限次循环应力也不发生疲劳断裂，此应力称为材料的疲劳极限，记作 σ_R（R 为应力比），就是疲劳曲线中的平台位置对应的应力。通常，材料的疲劳极限是在对称弯曲疲劳条件下（R = -1）测定的，对称弯曲疲劳极限记作 σ_{-1}。

不同材料的疲劳曲线形状不同，大致可以分为两种类型，如图 3-31 所示。对钢铁材料中的一般低、中强度钢，疲劳曲线上有明显的水平部分，疲劳极限有明确的物理意义。当 $R_m < 1400MPa$，能经受住 10^7 周次旋转弯曲而不发生疲劳断裂，就可凭经验认为永不断裂，相应的不发生断裂的最高应力称为疲劳极限。而对于有色金属、高强度钢和腐蚀介质作用下的钢铁材料，它们的疲劳曲线上没有水平部分。这类材料的疲劳极限定义为在规定循环周次

N_0 不发生疲劳断裂的最大循环应力值，又称疲劳强度，记作 $\sigma_{R(N)}$。一般规定高强度钢、部分非铁金属 N_0 取 10^8 次，腐蚀介质作用下的钢铁材料 N_0 取 10^6 次，钛合金 N_0 取 10^7 次。

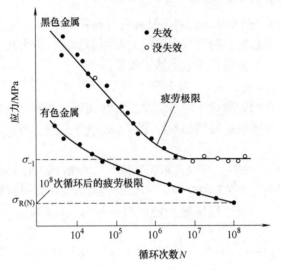

图 3-31　疲劳曲线示意图

二、疲劳断裂的宏观和微观形态特征

1. 疲劳断裂的宏观形态特征

尽管疲劳失效的最终结果是部件的突然断裂，但实际上它们是一个逐渐失效的过程，从开始出现裂纹到最后破断需要经过很长的时间。因此，疲劳断裂的宏观断口一般由三个区域组成，即疲劳裂纹产生区（裂纹源区）、裂纹扩展区和最后瞬断区。金属疲劳断裂宏观断口和 45 钢辊轴疲劳断裂的断口如图 3-32 和图 3-33 所示。

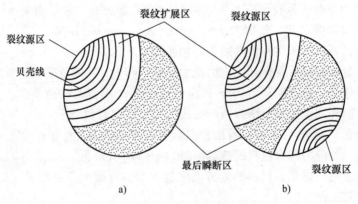

图 3-32　金属疲劳断裂宏观断口

a）单源疲劳断口　b）双源疲劳断口

金属疲劳裂纹大多产生于零件或构件表面的薄弱区。由于材料、质量、加工缺陷或结构设计不当等原因，在零件或构件的局部区域造成应力集中，这些区域便是疲劳裂纹核心产生

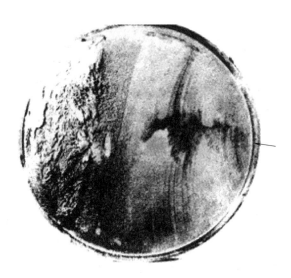

图 3-33　45 钢辊轴疲劳断裂的断口（箭头所指为疲劳源）

的根源地。在金属零件或构件中可能有一个疲劳裂纹源，也可能出现两个或多个；疲劳裂纹产生后在交变应力作用下，继续扩展长大，每一次应力循环都会使微裂纹扩大，在疲劳裂纹扩展区留下一条条的向心弧线，称为前沿线或疲劳线，这些弧线形成了像贝壳一样的花样，因此又称贝壳线或海滩线。这种贝壳线或海滩线是疲劳裂纹前沿线间隙扩展的痕迹。疲劳裂纹扩展区是在一个相当长时间内，在交变载荷作用下裂纹扩展的结果。拉应力使裂纹扩张，压应力使裂纹闭合，裂纹两侧反复挤压，使得疲劳裂纹扩展区在客观上是一个明亮的磨光区，越接近疲劳起源点越明亮。贝壳线通常出现于低应力高周疲劳循环断口上，而在许多高强度钢、灰铸铁和低周循环疲劳断口上则观察不到这种贝壳线。最后瞬断区是由于疲劳裂纹不断扩展，零件或构件的有效承载面积逐渐减小，因此应力不断增加，当应力超过材料的断裂强度时，则发生断裂而形成的。这部分断口和静载荷下带有尖锐缺口试样的断口相似，对于塑性材料，断口为纤维状、暗灰色，而对于脆性材料则是结晶状。

　　零件或构件承受的载荷类型、应力水平、应力集中程度及环境介质等均会影响疲劳断裂断口的宏观形貌，包括裂纹源产生的位置和数量、疲劳前沿线的推进方式、疲劳裂纹扩展区与瞬断区所占断口的相对比例及其相对位置和对称情况等。不同条件下的疲劳断裂的断口宏观特征见表 3-6。

表 3-6　不同条件下的疲劳断裂的断口宏观特征

应力状态	高应力水平		低应力水平	
	无应力集中	有应力集中	无应力集中	有应力集中
拉-压				

（续）

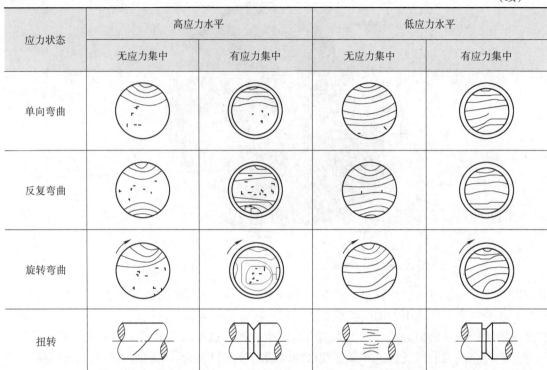

应力状态	高应力水平		低应力水平	
	无应力集中	有应力集中	无应力集中	有应力集中
单向弯曲				
反复弯曲				
旋转弯曲				
扭转				

由于断裂源区的特征与形成疲劳裂纹的主要原因有关，因此当疲劳裂纹起源于原始的宏观缺陷时，准确地判断原始宏观缺陷的性质，将为分析断裂事故的原因提供重要依据。

2. 疲劳断裂的微观形态特征

（1）疲劳辉纹　如果在电子显微镜下观察，可看到具有略呈弯曲并相互平行的沟槽花样，称为疲劳辉纹（条带），如图 3-34 所示。疲劳辉纹具有以下特征：

1）疲劳辉纹是一系列基本上相互平行的条纹，略带弯曲，呈波浪状，并与裂纹局部扩展方向相垂直。

2）每一条疲劳辉纹表示该循环下疲劳裂纹扩展前沿线在前进过程中的瞬时微观位置。

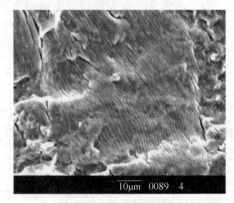

图 3-34　疲劳辉纹

3）疲劳辉纹可分为韧性辉纹和脆性辉纹。脆性辉纹（图 3-35）的间距呈现不均匀，塑性变形量小，较清晰，且断断续续的，常见弧形辉纹与河流花样相交，并相互垂直，一般不常见。韧性辉纹（图 3-36）有较大的塑性变形，间距均匀规则，且清晰、连续，较为常见。

4）疲劳断裂时断口的微观范围内，通常有许多大小不同、高度不同的小断片。疲劳辉纹均匀分布在断片上，每一个小断片上的疲劳辉纹连接且相互平行分布，但相邻断片上的疲劳辉纹是不连续、不平行的，如图 3-35、图 3-36 所示。

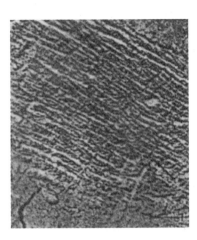

图 3-35　脆性辉纹

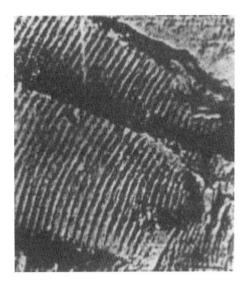

图 3-36　韧性辉纹

5）疲劳辉纹中每一条辉纹代表一次载荷循环，辉纹的数目与载荷循环次数相等。

（2）轮胎压痕花样　除疲劳辉纹以外，在疲劳断裂的断口上有时还可见类似于汽车轮胎走过泥地时留下的痕迹，这种花样称为轮胎压痕花样（图 3-37）。它是由于疲劳断裂断口的两个匹配断面之间重复冲击和相互运动所形成的机械损伤，也可能是由于松动的自由粒子（硬质点）在匹配断裂面上作用的结果。轮胎压痕花样不是疲劳断裂断口本身的形貌，但却是疲劳断裂的一个表征。

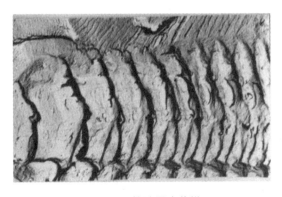

图 3-37　轮胎压痕花样

三、疲劳裂纹扩展过程（阶段）分析

通常，疲劳裂纹扩展可以分为三个阶段，分别是疲劳裂纹的萌生，疲劳裂纹的扩展，疲劳裂纹的终断。

1. 疲劳裂纹的萌生阶段

试验证实在交变应力作用下，即使不存在任何应力集中和材料宏观缺陷的情况下也会萌生出疲劳裂纹。萌生疲劳裂纹的微观机制是，在与拉伸-压缩主应力方向呈 45°左右的方向是切应力最大的，一些晶格方向正好与切变的晶粒可能产生较明显的位错与滑移，便形成滑移带，一部分凹陷进去，另一部分被挤出来。这是发生在一个材料表面晶粒内的过程。如果紧邻的第二个或第三个晶粒也有相似的结晶相位，则第一个晶粒凹陷下去的部分会沿相近的方向扩展到第二个甚至第三个晶粒，这就完成了疲劳裂纹的萌生，被称为"挤出嵌入"的疲劳裂纹萌生机制，如图 3-38 所示。萌生阶段只涉及几个晶粒的深度，之后不会再沿 45°方向向前，而是渐渐转向与最大主应力相垂直的方向，并进入下一阶段。

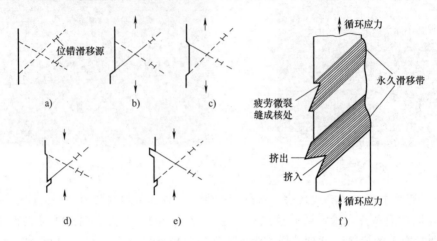

图 3-38 "挤出嵌入"的疲劳裂纹萌生机制

2. 疲劳裂纹的扩展阶段

裂纹萌生之后裂纹转向与主应力相垂直的方向扩展时便进入第二阶段，即扩展阶段。疲劳裂纹的萌生和扩展如图 3-39 所示。疲劳裂纹扩展的机制如图 3-40 所示。在已形成初始裂纹的基础上，每一个载荷循环可能会形成一个微量的裂纹长度扩展。图 3-40a 所示的是上一个载荷循环终止，裂纹未开裂呈闭合状态。图 3-40b 所示为新一轮循环开始的拉伸张开阶段，裂尖的高度应力集中致使裂尖在 45°方向产生滑移。拉伸张开至最大时，裂尖被显著钝化，同时裂尖由于材料滑移而向前扩展了一个微距离，如图 3-40c 所示。当进入卸载或反向压缩时则进入如图 3-40d 所示状态，裂尖开始闭合，也是在裂尖塑性变形区发生反向滑移。达到如图 3-40e 所示的完全闭合状态时，裂纹比前一周期终止状态增长了一个微距离，这就是疲劳裂纹扩展的一个周期内的扩展机理的表述。这种扩展不是简单的断裂过程，而是裂尖材料微观塑性滑移变形的结果，是裂尖多条滑移线共同变形的贡献。

3. 疲劳裂纹的终断

当疲劳裂纹扩展到足够长之后，剩余截面小到快要达到塑性失稳（垮塌）时，材料将要发生塑性撕裂，即仅以很少的周次就可以将剩余截面逐次拉断。这时几乎与交变载荷的疲劳机制无关，而应属于塑性断裂过程，与韧性断裂时的剪切唇形成机制十分相仿。

疲劳断裂三个阶段的全过程，如图 3-41a 所示。第一阶段虽然很短，但所耗去的周次很大，可能占全寿命周次的 10% ~ 40%，有时占比会更高。第二阶段可能很漫长，但初始时可能扩展速率很慢，而裂纹长度越来越长后扩展速率会越来越快。这一阶段是需要我们重视的一个阶段。工程寿命评估的安全寿命周次必须考虑实际的安全裕度，不能让实际结构进入交变承载的第三阶段。一旦接近第三阶段就意味着即将发生疲劳断裂的重大事故。

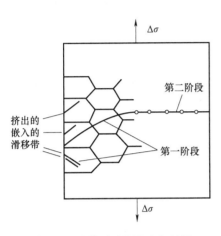

图 3-39 疲劳裂纹的萌生和扩展

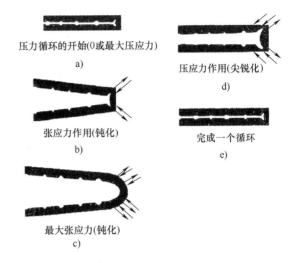

图 3-40 疲劳裂纹扩展的机制

a）上一个载荷循环终止 b）新一轮循环开始的拉伸张开阶段
c）拉伸至最大 d）卸载或反向压缩 e）完全闭合

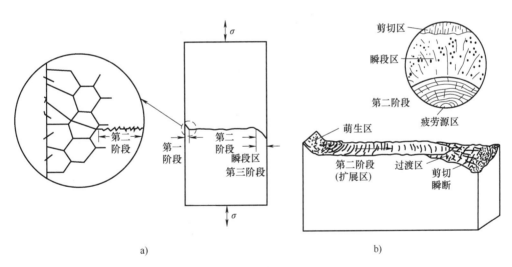

图 3-41 疲劳断裂示意图

a）疲劳断裂三个阶段的全过程 b）疲劳断裂断口的宏观形貌

四、疲劳断裂失效分析及预防

1. 疲劳断裂失效类型分析

判断零件的断裂是不是疲劳断裂，应首先利用断口的宏观分析方法结合零件受力情况进行，一般不难确定。然后结合断口的微观特征，进一步分析载荷性质及环境条件等因素的影响，对零件的疲劳类型做进一步的判别。

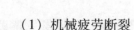

（1）机械疲劳断裂

1）高周疲劳断裂。多数情况下，零件光滑表面上发生高周疲劳断裂时断口上只有一个或有限个疲劳源。只有在零件的应力集中处或在较高水平的循环应力下发生的断裂，才出现多个疲劳源。对于那些承受低的循环载荷的零件，断口上的大部分面积为疲劳裂纹扩展区。

高周疲劳断裂时，断口的微观基本特征是细小的疲劳辉纹，依次即可判断断裂的性质是高周疲劳断裂。前述的疲劳断裂断口的宏观、微观形态，大多数属于高周疲劳断裂，但要注意载荷性质、材料结构和环境条件的影响。

2）低周疲劳断裂。发生低周疲劳失效的零件，所承受的应力水平接近或超过材料的屈服强度，即循环应变进入塑性应变范围，加载频率一般比较低，通常以分、小时、日甚至更长的时间计算。

宏观断口上存在多疲劳源是低周疲劳断裂的特征之一，整个断口很粗糙且高低不平，与静拉伸断裂的断口有某些相似之处。低周疲劳断裂时断口的微观特征是粗大的疲劳辉纹与微孔花样，同样，低周疲劳断裂断口的微观特征随材料性质、组织结构及环境条件的不同而有很大差别。

对于超高强度钢，在加载频率低和振幅较大的条件下，低周疲劳断裂的断口上可能不出现疲劳辉纹而代之以沿晶断裂和微孔花样为特征。裂纹扩展区有时呈现轮胎压痕花样的微观特征，这是裂纹在扩展过程中匹配面上硬质点在循环载荷作用下做向前跳跃式运动留下的压痕。轮胎压痕花样的出现往往局限于某一局部区域，它在整个裂纹扩展区上的分布远不如疲劳辉纹那样普遍，但它却是高应力低周疲劳断裂断口上所独有的特征性形貌。

高温下的低周疲劳断裂，由于塑性变形容易，一般其疲劳辉纹更深，辉纹轮廓更为清晰，并且在辉纹间往往出现二次裂纹。

3）振动疲劳（微振疲劳）断裂。许多机械设备及其零部件在工作时，往往出现在其平衡位置附近做来回往复运动的现象，即机械振动。机械振动在许多情况下都是有害的。它除了产生噪声，还会显著降低设备的性能，缩短设备的使用寿命。

由往复的机械运动引起的断裂称为振动疲劳断裂。当外部激振源的频率接近系统的固有频率时，系统出现激烈的共振现象。共振疲劳断裂是机械设备振动疲劳断裂的主要形式。

振动疲劳断裂的断口形貌与高频率低应力疲劳断裂相似，具有高周疲劳断裂的所有基本特征。振动疲劳断裂的疲劳核心一般源于最大应力处，但引起断裂的主要原因是设计不合理。

只有在微振磨损条件下服役的零件，才有可能发生微振疲劳失效。通常发生微振疲劳失效的零件有：铆接螺栓、耳片等紧固件；热压、过渡配合件；花键、键槽、夹紧件、万向节头、轴-轴套配合件、齿轮-轴配合件、回摆轴承、板簧及钢丝绳等。由微振磨损引起大量表面微裂纹之后，在循环载荷作用下，以此裂纹群为起点开始产生疲劳裂纹。因此，微振疲劳断裂最为明显的特征是在疲劳裂纹的起始部位通常可以看到磨损的痕迹、压伤、微裂纹、掉块及带色的粉末（钢铁材料为褐色；铝、镁材料为黑色）。金属微振疲劳断裂的断口基本特征是细密的疲劳辉纹。

4）接触疲劳失效。材料表面在较高的接触压应力作用下，经过多次应力循环，其接触的局部区域产生小片或小块金属剥落，形成麻点或凹坑，最后导致构件失效的现象称为接触疲劳失效，也称接触疲劳磨损或磨损疲劳。接触疲劳失效主要产生于滚动接触的机器零件，如滚动轴承、齿轮、凸轮、车轮等的表面。

接触面上的麻点、凹坑和局部剥落是接触疲劳失效的典型宏观形态；接触疲劳断口上的疲劳辉纹因摩擦而呈现断续状和不清晰的特征。

影响接触疲劳的主要因素有：应力条件（载荷、相对运动速度、摩擦力、接触表面状态、润滑及其他环境条件等）、材料的成分、组织结构、冶金质量、力学性能及其匹配关系等。

（2）腐蚀疲劳断裂 腐蚀疲劳断裂是在腐蚀环境与交变载荷交互作用下发生的一种失效模式。

1）影响腐蚀疲劳断裂过程的相关因素有以下三种：

① 环境因素，包括环境介质的成分、浓度、介质的酸碱度（pH 值）、介质中的氧含量及环境温度等。

② 力学因素，包括加载方式、平均应力、应力比、频率及应力循环周数。

③ 材质冶金因素，包括材料的成分、强度、热处理状态、组织结构和冶金缺陷等。

2）腐蚀疲劳断裂的断口特征与一般疲劳断裂一样，腐蚀疲劳断裂的断口上也有裂纹源区、裂纹扩展区和瞬时断裂区，但在细节上，腐蚀疲劳断裂的断口有其独有的特征，主要表现在如下几方面：

① 断口低倍形貌呈现出较明显的疲劳弧线。

② 腐蚀疲劳断裂时断口的裂纹源区与裂纹扩展区一般均有腐蚀产物，通过微区成分分析，可以测定出腐蚀介质的组分及相对含量。

③ 腐蚀疲劳断裂一般起源于表面腐蚀损伤处（包括点腐蚀、晶间腐蚀和应力腐蚀等），因此大多数腐蚀疲劳断裂的裂纹源区可见到腐蚀损伤特征。

④ 腐蚀疲劳断裂的裂纹扩展区具有某些较明显的腐蚀特征，如腐蚀坑、泥纹花样等。

⑤ 腐蚀疲劳断裂的重要微观特征是穿晶解理脆性疲劳辉纹。

⑥ 在腐蚀疲劳断裂过程中，当腐蚀损伤占主导地位时，断口呈现穿晶与沿晶混合型，其上可见脆性疲劳辉纹、穿晶与沿晶以及腐蚀源等形貌特征。

（3）热疲劳断裂

1）基本概念。金属材料由于温度梯度循环引起的热应力循环（或热应变循环），而产生的疲劳断裂现象，称为热疲劳断裂。在热循环频率较低的情况下，热应力值有限，而且会逐渐消失，难以引起断裂。但当快速加热、冷却交变循环条件下所产生的交变热应力超过材料的热疲劳极限时，就会导致零件发生热疲劳断裂。

2）热疲劳断裂断口的形貌特征如下：

① 典型的热疲劳断裂表面裂纹呈龟裂状，如图 3-42 所示；根据热应力方向，也形成近似相互平行的多裂纹状态，图 3-43 所示为齿轮热疲劳断裂裂纹，这是在交变的温差应力下产生的热疲劳断裂裂纹。

② 裂纹走向可以是沿晶型的，也可以是穿晶型的；一般裂纹端部较尖锐，裂纹内有或充满氧化物。热疲劳断裂裂纹状态如图 3-44 所示。

③ 宏观断口呈深灰色，并被氧化物覆盖。

④ 由于热蚀作用，微观断口上的疲劳裂纹粗大，有时尚有韧窝花样。

⑤ 裂纹源于表面，裂纹扩展深度与应力、时间与温度变化相适应。

⑥ 热疲劳断裂的裂纹为多源。

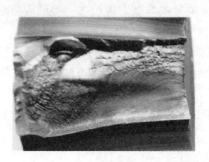

图 3-42 典型的热疲劳断裂的表面裂纹呈龟裂状

图 3-43 齿轮热疲劳断裂裂纹

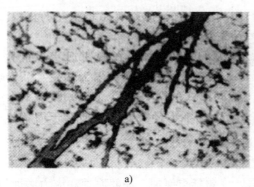

a)

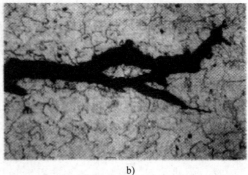

b)

图 3-44 热疲劳断裂裂纹状态

3）影响因素。

① 环境的温度梯度及变化频率越大，越易产生热疲劳断裂。

② 热膨胀系数不同的材料组合时，易出现热疲劳断裂。

③ 晶粒粗大或不均匀，易产生热疲劳断裂。

④ 晶界分布的第二相质点对热疲劳断裂的产生，具有促进作用。

⑤ 材料的塑性差，易产生热疲劳断裂。

⑥ 零件的几何结构对金属的膨胀和收缩的约束作用大，易产生热疲劳断裂。

2. 预防疲劳断裂的措施

为防止疲劳断裂失效，须从优化设计、合理选材和提高零件表面抗疲劳性能等方面入手。

（1）优化设计 合理的结构设计和工艺设计是提高零件疲劳抗力的关键。机械构件不可避免地存在圆角、孔、键槽及螺纹等应力集中部位，在不影响机械构件使用性能的前提下，应尽量选择最佳结构，使截面圆滑过渡，避免或降低应力集中。结构设计确定之后，所采用的加工工艺是决定零件表面状态、流线分布和残余应力等的关键因素。

（2）合理选材 合理选材是决定零件具有优良抗疲劳性能的重要因素，除尽量提高材料的冶金质量外，还应注意材料的强度、塑性和韧性的合理搭配。

（3）零件表面强化工艺 为了提高零件的抗疲劳性能，发展了一系列的表面强化工艺，如表面感应热处理、化学处理、喷丸强化和滚压强化工艺等。实践表明，这些工艺对提高零件的抗疲劳性能效果非常明显。

（4）减少变形约束 对承受热疲劳的零件，应减少变形约束，减小零件的温度梯度，尽量选用热膨胀系数相近的材料等，以提高零件的抗热疲劳性能。

【案例 3-10】 某特种设备专用的两台应急供电柴油发电机组在定期启动检查及保养时，发现柴油发电机组主轴承 12 根紧固螺栓中部分断裂（1 台断裂 8 根、1 台断裂 4 根），且断裂螺栓所处位置随机。经查，该柴油发电机组作为一种应急备用电源，柴油机功率为 281kW、转速为 1500r/min，每月进行 1 次空载起动检查，运行时间为 20min，累计运行时长约为 48h。断裂螺栓的材质为 18Cr2Ni4W，属高强度结构钢，具有优良的强韧性、低温冲击性能，一般用于截面较大、载荷较高且缺口敏感性低的重要零部件。上述材质螺栓在如此短的工作时长内发生断裂是不寻常的。在螺栓的断裂失效中，由于材质或加工缺陷导致其失效的现象较为常见，且断口形貌最能反映螺栓断裂模式与性质；因此，对断裂螺栓组分、力学性能及断裂面进行观察、分析。

为确定螺栓断裂原因，采用扫描电子显微镜对螺栓断口形貌进行观察与分析，获得螺栓断口宏观形貌（图 3-45）。可以看出，该断口形貌与常规光滑疲劳试样的断口相似，为典型的疲劳断裂断口。断面主要由三个典型区域组成，即裂纹萌生区、裂纹扩展区以及裂纹终断区。其中，裂纹萌生区内有数个可见的典型疲劳裂纹源，并且主要集中在试样表面，所占面积较小；裂纹扩展区断面平坦，占整个疲劳断口的绝大部分；裂纹终断区断口形貌与常规静载断裂的断口形貌极为相似，是裂纹最后失稳快速扩展所形成的断口区域，断面相对粗糙。

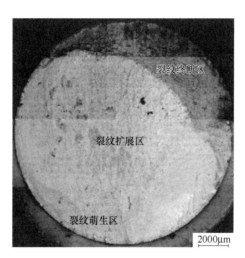

图 3-45 螺栓断口宏观形貌

由螺栓断口形貌观察分析结果可知，断口处未见明显的塑性变形，存在多个萌生于样品表面的疲劳裂纹源，且裂纹源附近存在明显的反复挤压、摩擦痕迹，以及裂纹扩展区面积占比大。认定该螺栓断裂是由于微动疲劳所致。有研究表明，微动作用会导致连接件表面产生多种形式的损伤，如凹坑、划痕、氧化物、碎屑、表面塑性变形及表面开裂等，与无微动时相比，在微动条件下，只需要很小的循环次数，即可导致裂纹在微动损伤处产生，从而大幅缩短连接件的使用寿命。因此，螺栓会在如此短的工作时长内发生断裂。

模块六 蠕变断裂失效分析

一、蠕变断裂概述

金属材料在一定温度、不变应力的长时间作用下引起的塑性变形称为金属材料的蠕变，因这种变形而最后导致材料的断裂称为蠕变断裂。

蠕变断裂是因发生晶界滑动或晶界局部熔化而在晶界交叉点上形成显微孔洞的核心，然后显微孔洞扩散和滑移而扩大成裂纹，并沿晶界扩展而引起沿晶开裂。

1. 蠕变类型

金属材料的蠕变可以发生于从绝对零度到熔点的整个固态温度范围内的任何应力状态条件下，根据产生蠕变的温度不同，可将其分为三种类型。

（1）指数蠕变 指数蠕变产生的温度范围为 $(0 \sim 0.15)T_M$（T_M 为熔点，以绝对温度度量）。在这温度区间，由于温度较低，没有恢复再结晶过程，材料在形变时不断发生形变硬化，因而形变率一直下降。

（2）回复蠕变 回复蠕变产生的温度范围为 $(0.15 \sim 1.0)T_M$，由于温度较高，材料发生形变后足以进行回复，蠕变率基本为一个定值。大多数工程构件的蠕变属于回复蠕变，在实际应用中，多集中于温度超过 $0.5T_M$ 的高温蠕变。由于高温合金是长期在高温和应力作用下使用的，因此合金的高温蠕变及其断裂是工程界关注的核心问题。

（3）扩散蠕变 扩散蠕变的温度范围为 $(0.85 \sim 1.0)T_M$，因为温度高，形变时其位错运动是借助于原子扩散过程而进行的，所以称为扩散蠕变。

2. 蠕变曲线

对于蠕变变形，通常可通过蠕变曲线来描述温度、应力、时间与蠕变变形量的关系。

典型的蠕变曲线如图 3-46 所示。按蠕变速率可将蠕变曲线分为以下三个阶段：

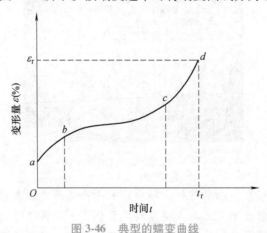

图 3-46 典型的蠕变曲线

蠕变第一阶段——图 3-46 中 ab 段。随着时间的延长，蠕变的变形速度降低，因此这一阶段也可称为减速蠕变阶段。

蠕变第二阶段——图 3-46 中 bc 段。在这一阶段中，蠕变变形速度随着时间的延续保持恒定，因此这一阶段又称为恒速蠕变阶段。此时的蠕变速度也可称为最小蠕变速度。

蠕变第三阶段——图 3-46 中 *cd* 段。这阶段的蠕变速度显著增加，因此称为加速蠕变阶段。金属材料在点 *d* 产生蠕变断裂，对应的时间 t_r 是蠕变断裂所需的时间，ε_r 是蠕变断裂时总的变形量。

对于高温合金材料，具有重要意义的是蠕变第二阶段和第三阶段。根据蠕变第二阶段可以测出恒定的蠕变速度，从而计算出高温合金材料长期使用下的变形量，以及确定蠕变极限。而从蠕变第三阶段则可得出持久断裂的时间 t_r 和持久断裂的塑性变形能力的大小。持久断裂时间 t_r、总变形量 ε_r、蠕变速度这三个数值是表示材料高温强度和塑性的重要指标。

蠕变曲线并不是所有情况下都有三个阶段，它取决于应力、温度和材料。图 3-47 所示为阿姆科铁在 17.2kg/cm² 恒定载荷、不同温度时的蠕变曲线，可以看出，随着温度的升高，蠕变速度也增加。图 3-48 所示为 Mo-V 低合金钢在恒温（600℃）、不同应力下的蠕变曲线，可以看出，随着应力的增强，蠕变速度也增大。

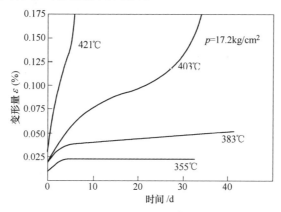

图 3-47　阿姆科铁在恒定载荷（17.2kg/cm²）下不同温度时的蠕变曲线

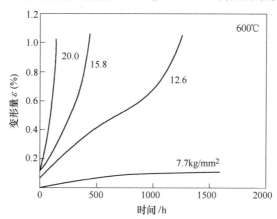

图 3-48　Mo-V 低合金钢在恒温（600℃）、不同应力下的蠕变曲线

二、蠕变断裂的断口宏观和微观形态特征

1. 蠕变断裂的断口宏观形态特征

蠕变断裂时构件的断口宏观形态呈冰糖状，具有以下两个明显特征：

1）蠕变断裂的构件在断口附近有大量的变形。

2）由于高温氧化的结果，蠕变断裂的断口表面往往形成一层氧化膜。对于高温合金来说，这一层氧化膜是致密的，它对断口分析影响不大；对于碳钢来说，其氧化膜则是疏松的，给断口的分析带来了较大的困难。图 3-49 所示为高温镍基合金 IN738 蠕变断裂的图片，可以看出，断口附近有着明显的塑性变形，表面有许多龟裂，并被氧化膜覆盖。

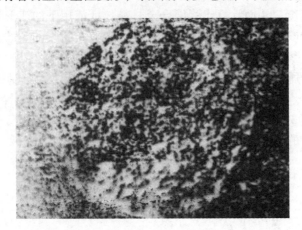

图 3-49　高温镍基合金 IN738 蠕变断裂

2. 蠕变断裂断口的微观形态特征

蠕变断裂可能是穿晶断裂，也可能是沿晶断裂，这取决于温度、应力水平、应力状态和应变速度等因素。对于绝大多数金属构件来说，主要是沿晶断裂。这是由于金属材料在高温下，晶界处于黏滞状态，其强度低于晶内的强度，在高温蠕变过程中，由于滑移开脱、低熔点夹杂物的偏析、析出脆性相和产生拉应力或晶内位错移动等而造成显微孔洞（或称微孔）在晶界聚集、长大，最终导致断裂。图 3-50 所示为蠕变断裂时晶界滑动的楔形裂纹模型。从图中可以看出，在应力和温度作用下，由于晶界的滑移，在晶界的三重结点处产生应力集中和尖锐的楔形孔洞，这些孔洞在应力作用下长大而形成裂纹，当裂纹发展到临界尺寸时，构件便立刻断裂。

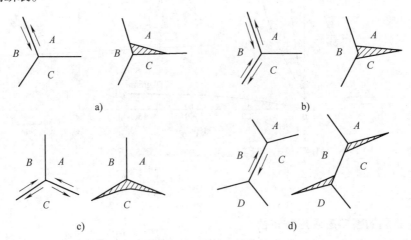

图 3-50　蠕变断裂时晶界滑动的楔形裂纹模型

根据蠕变断裂机理及实际观察的结果，蠕变断裂断口的显微形态有以下几个特点：

1）蠕变断裂多属沿晶断裂，但也有穿晶断裂或混晶断裂的情况。

2）蠕变断裂的断口由一系列的塑孔所组成。钼在1300℃发生蠕变断裂时断口的形态（55×），如图3-51所示。

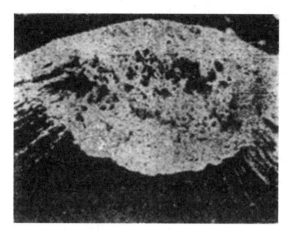

图3-51　钼在1300℃发生蠕变断裂时断口的形态（55×）

3）试验温度越高、塑孔越大，两塑孔的中心距离越远。

4）对于高温塑性高的材料，出现近似圆形并沿应力方向伸张的塑孔；但对于高温塑性低的材料，则出现扁条状塑孔或裂纹。

5）如果材料所受应力较小，则因晶界滑动将在晶界上的夹杂物或析出相处形成微塑孔，然后逐渐长大聚集而导致最后断裂，故断口为韧性晶界断口。

6）如果材料所受应力较大时，则在三个晶界的结点处由于应力集中将形成尖锐的楔形孔洞，然后相互连接而导致断裂，形成脆性晶界断口。

目前，对蠕变断裂的断口显微形态研究得还不多，这是因为在高温下经过长时间的氧化，在试样表面常常覆盖着一层很厚的氧化膜，遮盖了断口细节，从而影响观察和分析。但对于一些难熔金属及其合金如钨和钼合金，采用高温真空处理方法很容易将表面氧化层除掉，因此可以对这类合金进行详细的观察分析。

【案例3-11】　锅炉燃烧器文丘里断裂原因分析。

某锅炉制造企业燃烧器文丘里在标高27.6m的使用过程中，于2005年6月15日发生断裂坠落事故，喷嘴与文丘里外套相连接的16个M16螺栓全部断裂。

坠落的喷嘴是2004年10月投入使用的，使用温度为50℃，累计运行时间为6000h。喷嘴材料为IC-3A高铬铸钢，螺栓材料为06Cr25Ni20高温合金。在粉尘中捡回了4块坠落的喷嘴碎块和3个螺栓断口，在文丘里外套上拆卸下了9个螺栓断口。

对捡回的4块喷嘴碎块进行拼接，如图3-52a所示，可见存在较多数量的样品缺失，但所有的喷嘴断裂面均比较新鲜，呈洁净的银灰色，为后期的一次性断裂。回收的12个螺栓断口特征基本相同，断口上覆盖着一层致密的灰色异物，断裂面比较粗糙，基本上与轴向垂直，为陈旧性脆性断口，如图3-52b所示。

通过对燃烧器喷嘴断裂碎块以及螺栓断裂件的宏观分析和理化检验，对实际工作时的应力和温度等影响因素进行了较为全面的分析，并对螺栓材料进行了过热模拟试验，然后测试其力学性能，分析其组织变化。对螺栓断口处的剖面金相观察可见：晶界上存在连续分布的颗粒状或长条状σ相，如图 3-52c 所示；有的区域晶界上还存在显微孔洞，连续分布的孔洞造成沿晶裂纹，如图 3-52d 所示。

图 3-52　断裂喷嘴及螺栓的宏、微观形貌

a）将捡回的 4 块喷嘴碎块拼接　b）螺栓断口　c）晶界　d）沿晶裂纹

综合分析后认为：由于螺栓是连接喷嘴与文丘里外筒的高温受力件，其工作温度为 850℃左右，较长时间后晶界上会析出连续分布的颗粒状或长条状σ相，晶界的滑移受阻，导致应力集中并开裂形成孔洞，而螺栓断口中的长条状σ相连续分布在奥氏体晶界上，对晶界的滑移阻碍作用加强，使应力集中程度加剧，孔洞的形核率急剧上升，并在高温下不断长大。

根据孔洞在奥氏体晶界上的分布位置可知，螺栓断口处的孔洞大多数为分布在两个晶界处的 r 型孔洞（形成晶界裂纹），按高温蠕变孔洞的形成机制，该孔洞属高温低应力类孔洞。螺栓在高温累计服役一定的时间后，r 型孔洞有足够的时间形核长大，并很快达到蠕变的第三阶段，即孔洞间相互连接形成高温蠕变裂纹，促使螺栓发生脆性蠕变断裂。螺栓的断裂直接导致喷嘴坠落断裂成碎块。

关键技术点拨： 金属蠕变断裂是在温度、应力的长时间共同作用下形成的。因此，在进行蠕变失效分析时，除了要进行断口的宏观形貌分析、理化检验、金相观察之外，对实际工作时的应力和温度等影响因素的全面分析以及对蠕变件材料进行过热模拟试验也是非常必要的。

综合训练

一、名词解释

1. 穿晶断裂　2. 沿晶断裂　3. 解理断裂　4. 疲劳断裂　5. 蠕变断裂

6. 接触疲劳　7. 疲劳极限　8. 热疲劳破坏

二、简答题

1. 金属构件的断裂破坏有几种类型?

2. 金属构件断裂的微观机制主要有哪几种形式? 如何区别解理断裂与准解理断裂?

3. 对于金属构件断口应该如何处理?

4. 简述韧性断裂的断口宏观和微观特征。

5. 金属构件脆性断裂失效的表现形式有哪些?

6. 简述脆性断裂的断口宏观和微观特征。

7. 引起脆性断裂的原因有哪些?

8. 简述疲劳断裂的特点。

9. 疲劳断裂有哪几种类型? 各有何特点?

10. 简述疲劳断裂的断口宏观和微观特征。

11. 如何预防疲劳断裂?

12. 蠕变断裂有哪几种类型?

13. 简述蠕变断裂的断口宏观和微观特征。

第四单元
表面损伤失效分析

 学习目标

　　各类构件在使用中会受到比较复杂的环境因素影响，原本完好无损的表面上会出现各种各样的失效现象，其中腐蚀、磨损等为常见表面损伤。构件上的表面损伤必然会降低构件的安全级别，引发损毁、断裂等事故。因此，必须要对表面损伤进行失效分析。

　　本单元主要目标是认识表面损伤造成的失效并对其进行分析，了解各种表面损伤失效分析的意义与目的，掌握分析的主要思路和基本程序，掌握表面损伤失效的预防措施。

模块一　磨损失效

一、磨损失效

1. 磨损概述

（1）磨损的概念　当相互接触的零件表面有相对运动时，表面材料的粒子由于机械的、物理的和化学的作用而脱离母体，使零件的形状、尺寸或者重量发生变化的过程称为磨损。

（2）磨损程度的度量　为了评价材料磨损的严重程度，一般采用长度磨损量 W_L、体积磨损量 W_V 和重量磨损量 W_W 来表示。

　　此外，还有其他一些磨损量，如磨损率、磨损速度等，也可用来评价磨损程度。各种磨损量的评定指标和意义见表4-1。

表4-1　各种磨损量的评定指标和意义

类别	名称	意义
磨损量	长度磨损量	磨损过程中的长度改变量，基本量
	体积磨损量	磨损过程中的体积改变量，基本量
	重量磨损量	磨损过程中的重量改变量，基本量

（续）

类别	名称	意义
磨损率	长度磨损率	单位时间或单位滑动距离的磨损长度
	体积磨损率	单位时间或单位滑动距离的磨损体积
	重量磨损率	单位时间或单位滑动距离的磨损重量
磨损速度	长度磨损度	单位工作量下的磨损长度
	体积磨损度	单位工作量下的磨损体积
	重量磨损度	单位工作量下的磨损重量

（3）耐磨性　材料的耐磨性是指在一定的工作条件下材料抵抗磨损的能力，可分为绝对耐磨性和相对耐磨性两种类型。

绝对耐磨性（简称耐磨性）通常用磨损量或磨损率的倒数来表示。相对耐磨性是指两种材料磨损量的比值，其中一种材料是参考试样。相对耐磨性一般用符号 ε 表示。

2. 磨损失效概述

机械零件因磨损导致尺寸减小和表面状态改变并最终丧失其功能的现象称为磨损失效。磨损失效通常是一个逐步发展的缓慢过程，与断裂失效那种突然发生的事故不同。磨损失效过程短则几小时，长则几年。有时，磨损也会造成构件的断裂失效。在腐蚀介质中，磨损也会加速腐蚀过程。磨损是个动态过程，磨损机理是可以转化的。

磨损与断裂、腐蚀并称为金属失效的三种形式，其危害性是十分惊人的。除因磨损而造成巨大的经济损失，还有构件断裂或其他事故，甚至造成重大的人身伤亡事故。

3. 磨损失效分析概述

磨损失效分析可以概括为用宏观及微观分析方法对磨损失效零件的表面、剖面及回收到的磨屑进行分析。同时，考虑工况条件的各种参数对零件使用过程造成的影响和零件的设计、加工、装配、工艺和材质等原始资料，综合分析磨损发生、发展的过程，判断早期失效的原因，或耐磨性差的原因，从而使选材、加工工艺和结构设计更趋合理，以达到延长零件使用寿命及提高设备稳定性的目的。

4. 磨损失效分析的步骤

（1）现场调查及宏观分析　详细了解零件的服役条件和使用状况，了解零件的设计依据、选材原则及制造工艺。例如，该失效件的正常状态与使用情况（载荷、速度、温度、工作时间与环境等），该失效件零件图样上的技术要求（冶金要求、力学性能、安装和润滑条件等）。

确定分析部位并提取分析样品。分析样品应包括磨屑、润滑剂及沉积物等。对磨损表面进行宏观分析，记录下表面的划伤、沟槽、结疤、蚀坑、剥落、锈蚀及裂纹等形貌特征，并初步判断磨损失效的模式。

（2）测量磨损失效情况　确定磨损表面的磨损曲线。这可通过与该表面的原始状态进行比较来确定。比较磨损前后表面几何形状的变化，不仅可以发现磨损表面各处的磨损变化规律，还可以查明最大磨损量及其所处部位。确定磨损速度，分析磨损情况是否正常，是否在允许的范围之内。

（3）检查润滑情况及润滑剂的质量　检查润滑剂的类型、使用效果、是否变质等。检查润滑方式是否合理、过滤装置是否有效等。

（4）检查摩擦副材质　检查摩擦副材质的各种性质，如力学性能、组织状态、化学成分，以及钢中气体、夹杂物含量等。注意摩擦副工作前后的变化情况。观察表层及附近金属有无裂纹、异物嵌入、二次裂纹、塑性变形以及剥落等情况。

（5）进行必要的模拟试验　在模拟试验装置上进行选材的模拟试验，并分析磨损表面、亚表面及磨屑的组织结构、形貌特征。一方面可与上述分析对照，另一方面可改变磨损参量，观察材料耐磨性与磨损参量的相关性，筛选出最佳材料，作为提出改进措施的依据之一。

（6）确定磨损机制，分析失效原因，提出改进措施　综合上述分析，判定早期磨损失效的机制及原因。磨损机制及失效原因往往不是单一的而多属交合作用，应确定它们之间的主次关系，并按照主要机制提出提高零件耐磨性的措施。当然，这需在实际生产条件下进行验证。

二、磨损失效分析

1. 磨损失效分析的内容

磨损是一种表面损伤行为。发生相互作用的摩擦副在作用过程中，其表面的形貌、成分、结构和性能等都随时间的延长而发生变化，次表面由于载荷和摩擦热的作用，其组织也会发生变化，同时，不断的摩擦使零件表面磨损增加并产生磨屑。因此，磨损失效分析的内容主要有以下的三方面：

（1）磨损表面形貌分析　磨损零件的表面形貌是磨损失效分析中的第一个直接资料。它代表了零件在一定工况条件下设备运转的状态，也代表了磨损的发生及发展过程。

1）宏观分析。可以通过放大镜、实物显微镜等观察，得到磨损表面的宏观特征，初步判定磨损失效的模式。

2）微观分析。利用扫描电子显微镜（SEM）对磨损表面形貌进行微观分析，可以观察到许多宏观分析所不能观察到的细节，对确定磨损发生过程和磨屑形成过程十分重要。

（2）磨损次表面分析　磨损表面下相当厚的一层金属，在磨损过程中会发生重要变化，这是判断磨损发生过程的重要依据之一。在磨损过程中，磨损零件次表面发生的变化主要有下列三方面：

1）冷加工变形硬化，且硬化程度比常规的冷作硬化要强烈得多。

2）由于摩擦热、变形热等的影响，在次表面上可观察到金属组织的回火、回复再结晶、相变、非晶态层等。

3）可以观察到裂纹的形成部位，裂纹的增大、扩展情况及磨损碎片的产生和剥落过程，为磨损理论研究提供重要的实验依据。

（3）磨屑分析　磨屑是磨损过程的产物，一般可分为两类。一类是从磨损失效件的服役系统中回收的和残留在磨损零件表面上的磨屑。这对判断磨损过程和进行设备检修而言是非常有价值的信息。另一类磨屑是从模拟磨损零件服役工况条件的试验和试验装置上得到的，具有原始形貌的磨屑。第一类磨屑不易得到时，就用第二类磨屑来研究磨损的发生过程。

2. 磨损失效模式的判断

各种不同的磨损过程都是由其特殊机制所决定的，并表现为相应的磨损失效模式。因此，进行磨损失效分析、找出基本影响因素进而提出对策的关键就在于确定具体分析对象的失效模式。磨损失效模式的判断，主要根据磨损部位的形貌特征，按照此形貌的形成机制及具体条件来进行。

（1）黏着磨损的特征及判断　两个配合表面，只有在真实接触面积上发生接触，局部应力很高，表面产生严重塑性变形，并产生牢固的黏合或焊合，才可能发生黏着。当摩擦副表面发生黏合后，如果黏合处的结合强度大于基体的强度，剪切撕脱将发生在相对强度较低的金属次表面，造成软金属黏着在相对较硬的金属表面上，形成不均匀、不连续的细长条状痕迹，而在较软金属表面上则形成凹坑。

【案例 4-1】　轴在滑动轴承中运转，正常情况下，轴颈和轴瓦间被一楔形油膜隔开，这时其摩擦和磨损是很小的。但当机器起动或停转、换向及载荷转速不稳定时，或者润滑条件不好，几何结构参数不恰当而不能建立起可靠的油膜时，轴颈和轴瓦相互之间就不可避免地发生局部的直接接触，处于边界摩擦或干摩擦的工作状态，这时，轴瓦就会发生黏着磨损。

（2）磨料磨损的特征及判断　磨料磨损的主要形貌特征是表面存在与滑动方向或硬质点运动方向一致的沟槽及划痕。在磨料硬而尖锐的条件下，如果材料的韧性较好，此时磨损表面的沟槽清晰、规则，沟边产生毛刺；如果材料的韧性较差，则磨损产生的沟槽比较光滑。材料的韧性很差或材料的硬质点与基体的结合力较弱，在磨料磨损时，则会出现脆性相断裂或硬质点脱落，在材料表面形成凹坑或孔洞。

【案例 4-2】　内燃机中的活塞环和缸套衬是一对运动的摩擦副，如不考虑燃气介质的腐蚀性，主要表现为黏着磨损。通常情况下摩擦表面只有轻微的擦伤。但如果灰铸铁活塞环在运行时由于润滑失效，活塞环局部横向开裂，进而形成很硬的磨粒，将出现磨料磨损造成表面胶合（也称为拉伤）。其后果是活塞环密封作用破坏，出现漏气和功率不足，影响机器的正常运转。当活塞的运动速度增加和缸套衬内孔的镗孔精度和表面粗糙度值增加时，会加剧胶合的产生。

（3）疲劳磨损的特征及判断　疲劳磨损引起表面金属片状脱落，在金属表面形成一个个麻坑，麻坑的深度多在几微米到几十微米之间。当麻坑尺寸比较小时，在以后多次应力循环中可以被磨平；但当其尺寸大时，麻坑呈下凹状，麻坑附近有明显的塑性变形痕迹，塑性变形中金属流动的方向与摩擦力的方向一致。在麻坑的前沿和坑的根部，还有多处没有明显发展的表面疲劳裂纹和二次裂纹。

【案例 4-3】　颚式破碎机在使用过程中，衬板表面应力过大、配合间隙过小或过大、润滑油在使用中产生的腐蚀性物质等都会加剧衬板和基板的疲劳磨损。

（4）腐蚀磨损特征及判断　腐蚀磨损的主要特征是在表面形成一层松脆的化合物，当配合表面接触运动时，化合物层破碎、剥落或者被磨损掉，重新裸露出新鲜表面，露出的表层很快又产生腐蚀磨损。如此反复，腐蚀加速磨损，磨损促进腐蚀，在钢材表面生成一层红褐色氧化物（Fe_2O_3）或黑色氧化物（Fe_3O_4）。

【案例 4-4】　一条碳钢管道输送质量百分浓度为 98% 的浓硫酸，原来的流速为 0.6m/s，输送时间需 1h。为了缩短输送时间，安装了一台大功率的泵，将流速增加到 1.52m/s，输送时间只需要15min。但管道在不到一周时间内就损坏了。对损坏原因进行分析，发现主要是由于流速增加，使得腐蚀速度加快，流体在快速流动过程中冲刷管道破坏表面膜，露出的新鲜金属表面在介质腐蚀作用下发生溶解，形成蚀坑。蚀坑使得液流更急更乱，从而形成湍流，湍流又将新生的表面膜破坏，使管道因更快穿孔而损坏。

（5）冲蚀磨损特征及判断　冲蚀磨损兼有磨料磨损、腐蚀磨损、疲劳磨损等多种磨损形式及脆性剥落的形貌特征。由于粒子的冲刷，形成短程沟槽，这是磨料切削和金属变形的结果，磨损表面宏观粗糙。当有粒子压嵌在金属表面时，其形貌是浮雕状的。有时粒子会冲击出许多小坑，金属有一定的变形层，变形层有裂纹产生甚至出现局部熔化。

【案例4-5】　锅炉管道受燃烧煤尘冲蚀，喷砂机的喷嘴、各种排料泵中磨粒对叶轮和泵体的冲蚀，火力发电厂风扇磨煤机冲击板受煤颗粒的冲蚀，火箭发动机尾部喷嘴被燃气冲蚀，汽轮机末级叶片被水滴冲蚀，直升机的桨叶受雨滴和尘埃颗粒冲蚀，内燃机气缸套的水冷外壁、水轮机过流原件、船舶螺旋桨叶片等受流体中气泡的冲蚀，均会产生冲蚀磨损。

（6）微动磨损特征及判断　微动磨损表面通常黏着红棕色粉末，这是金属在磨损中脱落下来的金属氧化物颗粒。当将其除去后，可出现许多小麻坑。微动磨损初期常可看到因形成冷焊点和材料转移而产生的不规则凸起状。如果微动磨损引起表面硬度变化，则表面可产生硬结斑痕。

【案例4-6】　2002年5月25日，国内某航空公司的一架波音747客机解体坠毁，造成乘客及机组人员全部遇难。后来调查事故原因后发现，竟然是机尾下方铆钉/蒙皮连接处发生多处微动疲劳裂纹所致。

微动磨损注意事项：

微动区域可发现大量表面裂纹，它们大都垂直于滑动方向，经常起源于滑动和未滑动部位的交界处，裂纹经常被表面磨屑和塑性变形所覆盖，须经抛光后才可发现。

3. 磨损失效的预防措施

（1）改进结构设计及制造工艺　正确的摩擦副结构设计是减少磨损和提高耐磨性的重要条件。为此，设计结构要有利于摩擦副之间表面保持膜的形成和恢复、压力的均匀分布、摩擦热的扩散和磨屑的排出，以及防止外界磨料、灰尘的进入等。

制造工艺直接影响产品的质量，某些经过实践考验的老产品又出现成批报废的现象，这往往属于生产工艺控制不严造成的质量事故，如加工制造出现的尺寸偏差、表面粗糙度值不符合要求、热处理组织不当、残余应力过大及装配质量差等。

（2）改进使用条件　使用不当往往是造成磨损的重要原因。在使用润滑剂的情况下，润滑冷却条件不好很容易造成磨损。其原因主要有油路堵塞、漏油、润滑剂变质等。此外，使用过程中如出现超速、超载、超温、振动过大等均会加剧磨损。例如，正常情况下轴在滑动轴承中运转，是一种流体润滑情况，轴颈和轴承之间被一层油膜隔开，这时其摩擦和磨损是很小的。但当机器起动或停转，换向以及载荷运转不稳定时，或者润滑条件不好，轴和轴承之间就不可避免地发生局部的直接接触，处于边界摩擦或干摩擦的工作状态，这时轴承易产生黏着磨损。为此，应提供优良的机械设备工作环境。要尽可能地改善机械设备在高温、重载、摩擦、振动、高速等不良工况下的长时间连续作业情况，减少空气中粉尘颗粒和水汽等对金属材料的入侵，防止各种酸碱性化学物质的浸入，为机械设备提供优良的工作环境，防止金属材料的磨损失效，增强其使用性。另外，要本着经济可行的原则，及时对金属材料进行润滑和保养，适时对其进行维修，保证金属材料的可靠性，延长机械设备的使用寿命。

（3）工艺措施　工艺的问题可以分为冶炼铸造和热处理两个方面。冶炼的成分控制、夹杂物和气体含量都影响材料的性能，如韧性、强度，这些性能在某些条件下与零件的耐磨性有密切的关系。热处理工艺决定了零件的最终组织，而多种多样的工况条件要求不同的组织。因此，要提高零件耐磨性，都要选择最合适的热处理工艺。

（4）材料选择　正确选择摩擦副材料是提高机器零件耐磨性的关键。材料的磨损特性与材料的强度等力学性能不同，它是一个与磨损工作条件密切相关的系统特性。因此，耐磨材料的选择必须结合其实际使用条件来考虑。世界上没有一种万能的处处皆适用的耐磨材料，而只有最适合于某种工作条件和具有最佳效果的耐磨材料。这种准确的判断和选择来自于对磨损零件的失效分析、正确的思路以及丰富的材料科学知识，应该根据零件失效的不同模式选择适合工作条件的最佳材料。

（5）表面处理　首先，表面状况对零件的疲劳磨损影响很大，如表面粗糙度对疲劳磨损有显著影响。其次，采用表面处理的办法，如采用表面层渗碳、淬火、软氮化、滚压等工艺，使表面层产生残余压力，以提高零件的抗接触疲劳磨损的能力。最后，应尽量避免表面出现如疏松、划痕、凹坑、沟槽、锈斑等缺陷，以提高抗疲劳磨损能力。

4. 提高材料耐磨性的表面处理方法

（1）机械强化及表面淬火　机械强化是在常温下通过滚压工具对工件表面施加一定压力或冲击力，把一些易发生黏着的较高微凸体压平，使表面变得平整光滑，从而增加真实的接触面积，减少摩擦系数。强化过程引起表面层塑性变形，可产生加工硬化效果，形成有较高硬度的冷作硬化层，并产生对疲劳磨损和磨料磨损有利的残余压应力，从而提高耐磨性。表面淬火是利用快速加热使零件表面迅速奥氏体化，然后使其快速冷却获得马氏体组织，使零件的表面获得很高硬度及良好耐磨性，而心部仍为韧性较好的原始组织。

（2）化学热处理　化学热处理是将工件放在某种活性介质中，加热到预定的温度，保温预定的时间，使一种或几种元素渗入工件表面，通过改变工件表面的化学成分和组织，提高工件表面的硬度、耐磨性、耐蚀性等性能，而心部仍保持原有的成分。这样可以使同一材料制作的零件，表面和心部具有不同的组织和性能。目前常用的化学热处理方法有渗碳、渗氮、碳氮共渗、渗硼、渗金属和多元共渗等。

（3）表面镀层及表面冶金强化　表面镀层技术是将具有一定物理、化学和力学性能的材料转移到价格便宜的材料上以制作零件表面的表面处理技术。应用较为普遍的表面镀层技术有电镀、化学镀与复合镀、化学气相沉积、物理气相沉积、离子注入等。表面冶金强化是利用金属熔化与随后的凝固过程，使工件表面得到强化的工艺。目前应用较多的方法是使用电弧、火焰、等离子弧、激光束、电子束等热源加热，使工件表面或合金材料迅速熔化，冷却后工件表面获得具有特殊性能的合金组织，如热喷涂、堆焊等技术。

模块二 磨损件失效分析典型案例

某企业的风力发电设备减速机轴承的外圈磨损，对失效轴承进行失效分析，发现轴承符合质量标准，轴承磨损失效是由相关齿轮件磨损导致的。对此失效轴承的检验及失效分析过程如下。

一、失效分析过程

根据现场情况，对轴承进行封样抽取，包括6种规格完好轴承各1盘，存在缺陷的轴承1盘（含外圈、圆柱滚子、内圈），1件齿轮破损件和该齿轮润滑油样1瓶，见表4-2。

表4-2　样品清单

序号	型号\标识\状态	数量	单位
1	INA SL181876-BR-E-IR/I-CN/3L \ Romania 0097 J079 SN0009-2891278 \ 完好	1	盘
2	FAG NU2322-E-MP1A-J30PC-C3 \ CHINA H 82 \ 完好	1	盘
3	FAG QJ228-N2-MPA-C3 \ GERMAN SN0087 J059-05 0200 \ 完好	1	盘
4	FAG N2228-E-MP1B-J30PC-C3 \ CHINA J142 \ 完好	1	盘
5	FAG SL181892-E-TB-BR-1R/T-CN/3L \ X-life CHINA/J0712 \ 完好	1	盘
6	INA SL18 5044- BR- A-C3-2S \ CHINA/J0902 \ 完好	1	盘
7	INA SL18 5044-A-BR-C3 \ M15CK 2S CHINA/K0919 \ 旧	1	件
	圆柱滚子\无标识\表面有磨损	8	个
	内圈\无标识\表面有脱落现象	1	件
8	齿轮破损件 380mm×260mm×100mm	1	件
9	齿轮破损件润滑油样	1	瓶

二、检验结果

1. 外观检查与制样

失效轴承的规格尺寸为 220mm×340mm×160mm，如图 4-1a 所示。根据厂家提供的信息，其型号为 INA SL18 5044-A-BR-C3，编号为 7#。内圈与外圈材质均为100Cr6（德国牌号，相当于我国的GCr15）；圆柱滚子材质为100CrMnSi6-4（德国牌号，相当于我国的GCr15SiMn）。如图 4-1b 所示，该轴承内圈外表面有 3 处形状不规则的磨损缺陷，其中最大的缺陷（命名为缺陷7-A）尺寸约为 150mm×60mm（图 4-1c），次大的缺陷（命名为缺陷7-B）尺寸约为 120mm×30mm（图 4-1d），最小的缺陷（命名为缺陷 7-C）尺寸约为 50mm×25mm（图 4-1e）。此外，8 个受磨损的圆柱滚子如图 4-1f 所示。

图 4-1　失效轴承内圈磨损面与圆柱滚子的外观形貌

a）失效轴承的规格尺寸　b）轴承内圈外表面三处磨损缺陷　c）最大的缺陷
d）次大的缺陷　e）最小的缺陷　f）受磨损的圆柱滚子

损坏的齿轮和内表面样品如图 4-2a、b 所示。如图 4-2c 所示，第一片轮齿上存在一 U 型破口，尺寸约为 50mm；而在与其相邻轮齿间的凹槽里还发现有熔渣，应是该样品切割时产生的熔融金属碎屑在此沉积、凝固所致，如图 4-2d 所示。

采用线切割对失效的 7#轴承内圈进行取样，位置如图 4-3 所示。其中 1#试样取自缺陷 7-A，4#与 5#试样取自缺陷 7-B，3#试样取自缺陷 7-C，2#试样则取自另一处较小的表面磨损缺陷。由于 8 个圆柱滚子表面的磨损形貌相似，因此选取其中任意一个进行线切割取样。对上述试样进行化学成分和金相组织检测，并开展磨损面的宏、微观形貌观察及微区成分分析。

因未在 7#轴承的外圈，4#轴承的内圈、外圈、圆柱滚子、保持架等发现缺陷，故均只在上述零件上任意处切割取样以进行材质检测，而不开展形貌观察等失效分析。

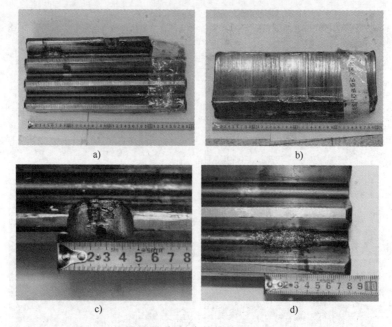

图 4-2　损坏齿轮的外观形貌

a）齿轮　b）内表面　c）第一片轮齿上的 U 型破口　d）熔渣

图 4-3　7#轴承内圈的取样位置

a）1#试样　b）2#~5#试样

2. 化学成分检测

对 7#轴承、未使用的 4#轴承的样品进行化学成分检测。由表 4-3 所列的 7#与 4#轴承内圈、外圈、圆柱滚子及齿轮的主要化学成分测试结果可知，7#轴承的内圈和外圈，4#轴承的内圈、外圈和圆柱滚子的主要化学成分均满足国际标准 ISO 683-17：2014《Heat-treated steels，alloy steels and free-cutting steels Part 17：Ball and roller bearing steels》（热处理钢、合金钢和高速易切削钢　第 17 部分：滚珠和滚柱轴承钢）中 100Cr6 的要求，7#轴承的圆柱滚子也满足标准中 100CrMnSi6-4 的化学成分要求。4#轴承保持架的主要化学成分则满足欧洲标准 BS EN 1982：2008《Copper and copper alloys-Ingots and castings》（铜及铜合金—铸块和铸件）的要求，见表 4-4。以上测试结果证明，7#与 4#轴承各零件的化学成分都符合产品的质量要求。

表 4-3　7#与 4#轴承内圈、外圈、圆柱滚子及齿轮的主要化学成分

名称	化学成分（质量分数）%											
	C	Si	Mn	P	S	Cr	Mo	Al	Cu	Ni	V	Ti
100Cr6①	0.93~1.05	0.15~0.35	0.25~0.45	≤0.025	≤0.015	1.35~1.60	≤0.10	≤0.050	≤0.30	—	—	—
7#轴承内圈	0.99	0.32	0.43	0.019	0.004	1.55	0.008	0.025	0.025	0.024	<0.005	<0.002
7#轴承外圈	0.95	0.28	0.41	0.016	0.002	1.46	0.014	0.023	0.025	0.033	<0.005	<0.002
4#轴承内圈	0.96	0.31	0.42	0.013	0.010	1.55	0.012	0.009	0.054	0.045	<0.005	0.002
4#轴承外圈	0.99	0.30	0.42	0.013	0.001	1.52	0.011	0.009	0.054	0.046	<0.005	<0.002
4#轴承滚子	0.99	0.26	0.38	0.009	0.002	1.44	0.022	0.006	0.15	0.11	<0.005	<0.002
100CrMnSi6-4①	0.93~1.05	0.45~0.75	1.00~1.20	≤0.025	≤0.015	1.40~1.65	≤0.10	≤0.050	≤0.30	—	—	—
7#轴承滚子	0.97	0.58	1.05	0.015	0.002	1.45	0.018	0.018	0.060	0.032	<0.005	0.002
齿轮	0.20	0.25	0.63	0.006	0.002	1.60	0.28	0.025	0.063	1.65	<0.005	0.002

① 100Cr6 与 100CrMnSi6-4 的化学成分取自国际标准 ISO 683-17：2014。

表 4-4　4#轴承保持架的主要化学成分

名称	化学成分（质量分数）%									
	Cu	Zn	Pb	Al	Ni	Sn	Fe	Mn	P	Si
CuZn39Pb1Al-C①	58.0~62.0	剩余	0.5~2.4	0.10~0.8	≤1.0	≤1.0	≤0.7	≤0.5	≤0.02	≤0.05
4#轴承保持架	59.20	37.24	2.21	0.59	0.066	0.20	0.16	—	—	—

① CuZn39Pb1Al-C 的化学成分取自欧洲标准 BS EN 1982：2008。

3. 硬度测试

对 7#轴承发生严重磨损的内圈外表面，以及与其直接接触的圆柱滚子表面进行显微维氏硬度测试，试验载荷为 9.8N，保持时间为 20s，测试结果见表 4-5。可知，内圈外表面的硬度比圆柱滚子低了约 160HV，这应是两者在受到相同磨损条件时，前者磨损严重而后者仅在表面出现局部压痕的原因。

表 4-5　7#轴承内圈外表面及与其直接接触的圆柱滚子表面显微维氏硬度测试结果

名称	维氏硬度/HV				
	第 1 次测试	第 2 次测试	第 3 次测试	第 4 次测试	平均值
内圈外表面	534	526	538	543	535.25
圆柱滚子	700	684	702	708	698.50

4. 失效轴承的宏微观形貌分析

采用 BX101 型光学显微镜（OM）、KH-7700 型三维视频显微镜（3D-SM）、COXEM EM-30 PLUS 型扫描电子显微镜（SEM）和 BRUKER 30 型能谱分析仪（EDS），对失效的 7#轴承内圈外表面及其圆柱滚子进行宏、微观形貌观察和分析。

（1）宏观形貌观察　图 4-4 所示为从 7#轴承内圈上取下的 5 块试样，可见在与圆柱滚子接触的外表面上有十分明显的磨损失效凹坑，形貌上与原始的黑色表面截然不同。其中，图 4-4a 中 1#试样的原始表面上有平行的微裂纹（标注区内），图 4-4c 中 3#试样（箭头所指处）及图 4-4e 中 5#试样（标注区内）的表面上有类似于疲劳辉纹的条带，而图 4-4b 中的 2#试样则是表面磨损凹坑刚开始形成时的形貌。此外，通过观察 7#轴承圆柱滚子（图 4-5）发现，表面上具有尺寸在毫米级别的压痕，但并未达到如内圈外表面般的严重磨损凹坑的程度。

a)　　　　　　b)　　　　　　c)

d)　　　　　　e)

图 4-4　从 7#轴承内圈上取下的 5 块试样
a）1#试样　b）2#试样　c）3#试样　d）4#试样　e）5#试样

通过宏观形貌观察，选取具有代表性的 1#、2#、3#试样及圆柱滚子，在酒精中经超声清洗后进行 3D-SM 观察以及 SEM 与 EDS 分析。

（2）1#试样的微观形貌分析　如图 4-6 所示，1#试样原始表面上存在多条平行的微裂纹，并伴有尺寸在几百微米数量级的压痕。它们是磨损凹坑产生前的初级形貌，对研究其失效机理具有重要作用。

图 4-5　7#轴承圆柱滚子试样

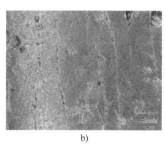

a)　　　　　　　　　　　b)

图 4-6　1#试样原始表面

a）宏观形貌　b）3D-SM（40×）

采用 SEM 观察 1#试样表面严重磨损的区域，可见存在明显的阶梯状条痕（图 4-7a）。放大后发现表面还有微裂纹，微裂纹上又聚集着尺寸约为 10μm 的球状颗粒异物，微裂纹与

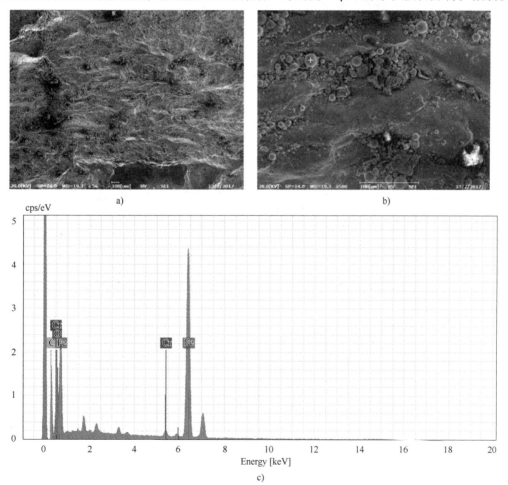

图 4-7　1#试样磨损严重区域的 SEM 与 EDS 分析结果

a）阶梯状条痕　b）微裂纹与球状颗粒异物　c）EDS 分析结果

球状颗粒异物如图 4-7b 所示。经 EDS 分析，图 4-7b 中标注位置的化学成分主要为 $w(C)=$ 29.34、$w(O)=13.12$、$w(Cr)=0.85$ 和 $w(Fe)=56.70$，EDS 分析结果如图 4-7c 所示。球状颗粒异物是被润滑油包裹的、从外界引入的异物和金属磨屑。

（3）2#试样的微观形貌分析 图 4-8a 中标注的是 2#试样表面某不规则形状的凹坑位置，图 4-8b、c 所示为其在 3D-SM 下的形貌（20×，40×），可见其尺寸为 2～3mm，并在周围发现较多压痕，但未观察到如 1#试样表面的微裂纹。图 4-8d 所示为凹坑与原始表面的界线（160×），对其进行三维扫描，得到凹坑的三维扫描等高云图，如图 4-8e 所示，可知其平均深度约为 300～400μm。

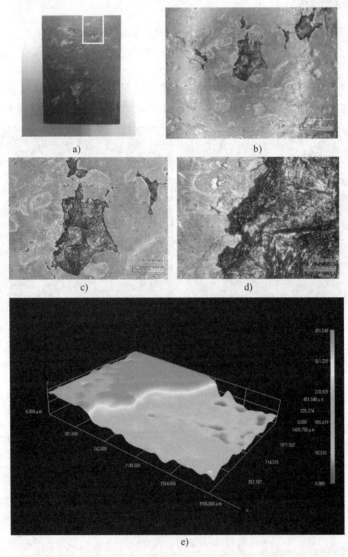

图 4-8 2#试样表面磨损凹坑的 3D-SM 形貌

a）表面某不规则形状的凹坑位置 b）3D-SM（20×） c）3D-SM（40×）
d）凹坑与原始表面的界线（160×） e）凹坑的三维扫描等高云图

采用 SEM 继续观察磨损面，同样可见呈阶梯状逐级递增的条痕。表面凹坑和凹坑内阶梯状条痕如图 4-9a、b 所示。放大至 500 倍，在条痕间的凹槽内发现大量尺寸在几十微米数量级的异物颗粒（图 4-9c），EDS 分析结果表明，图 4-9c 中标注位置的主要化学成分为 $w(C) = 9.09$、$w(O) = 2.44$、$w(Si) = 1.80$、$w(Cr) = 0.80$ 和 $w(Fe) = 85.87$，如图 4-9d 所示，证明这些异物颗粒是由外界异物、润滑油、金属磨屑等组成的混合物。

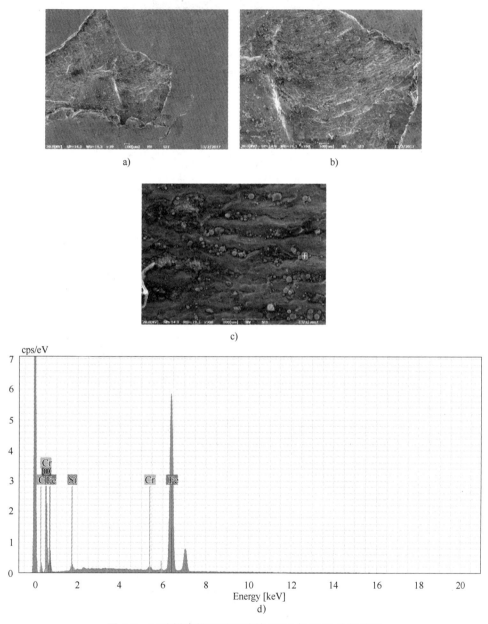

图 4-9　2#试样磨损严重区域的 SEM 与 EDS 分析结果

a）表面凹坑　b）凹坑内阶梯状条痕　c）条痕间凹槽内的异物颗粒（几十微米数量级）　d）EDS 分析结果

（4）3#试样的微观形貌分析　在 3#试样的原始表面同样可观察到压痕，如图 4-10b 所示的"兔耳形"压痕与"鸡蛋形"压痕（40×）；放大图 4-10a 中的标注部位可见典型的波浪形疲劳辉纹特征（40×），展现了磨损逐渐由图中左侧向右侧不断发展的过程，如图 4-10c 所示；

图 4-10d、e 所示为另一处凹坑与原始表面的界线（20×）及界线处的放大形貌（100×），同样采用三维扫描，可知凹坑的深度范围也约为 400μm，凹坑的三维扫描等高云图如图 4-10f 所示。

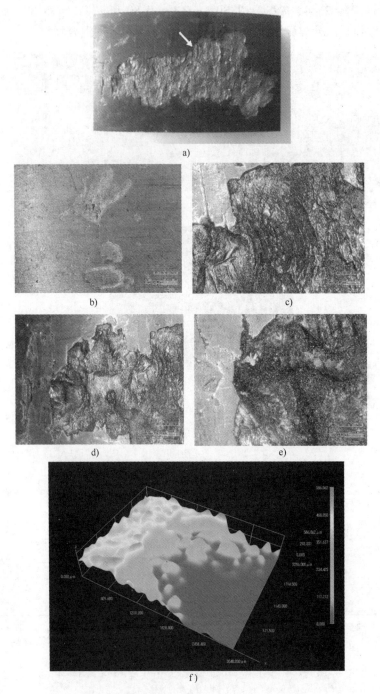

a)

b)   c)

d)   e)

f)

图 4-10　3#试样表面磨损凹坑的 3D-SM 形貌

a）凹坑的宏观形貌　b）"兔耳形"压痕与"鸡蛋形"压痕（40×）　c）典型的波浪形疲劳辉纹特征（40×）

d）另一处凹坑与原始表面界线（20×）　e）界线处的放大形貌（100×）

f）凹坑的三维扫描等高云图

图 4-11a 所示为"兔耳形"压痕在 SEM 下的形貌，可见其轮廓在电子显微镜下并不如光学显微镜下那么明显。图 4-11b 所示为波浪形疲劳辉纹条带，放大后可见其形貌犹如连续的针形松树叶，针形磨损条痕如图 4-11c 所示，并同样伴有大量颗粒状异物，其中一些较大的颗粒甚至在表面"砸"出了凹坑。进一步放大后，条痕间的颗粒物如图 4-11d 所示。对颗粒进行 EDS 分析，图 4-11d 标注位置的主要化学成分为 $w(C) = 9.57$、$w(O) = 3.37$、$w(Cr) = 1.40$ 和 $w(Fe) = 85.67$，EDS 分析结果如图 4-11e 所示，和 1# 与 2# 试样上的一致，这也是由外界引入的异物、润滑油、金属磨屑组成的混合物。

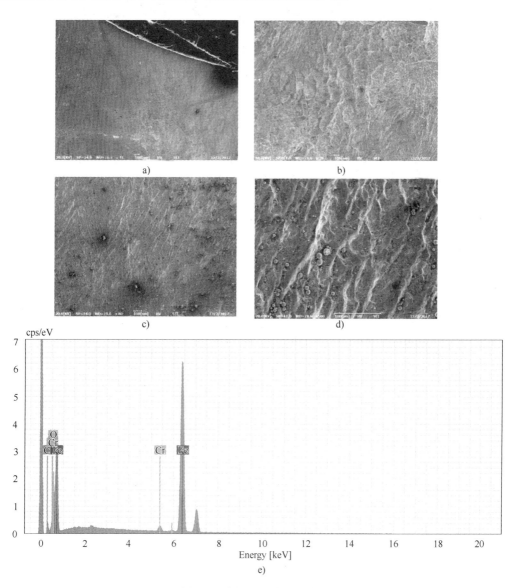

图 4-11　3#试样严重磨损区域的 SEM 与 EDS 分析结果

a)"兔耳形"压痕在 SEM 下的形貌　b) 波浪形疲劳辉纹条带

c) 针形磨损条痕　d) 条痕间的颗粒物

e) EDS 分析结果

（5）圆柱滚子的微观形貌分析　由7#轴承圆柱滚子表面压痕（图4-12）可见，圆柱滚子表面仅发现毫米级别的压痕，未见如轴承内圈外表面产生的那种磨损凹坑，这是因为其硬度明显高于轴承内圈外表面的硬度。

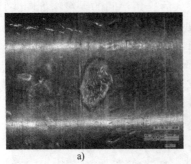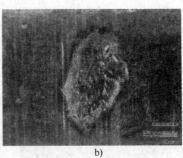

图4-12　7#轴承圆柱滚子表面压痕

a）表面压痕（40×）　b）表面压痕（80×）

图4-13a所示为压痕在SEM下的形貌，可见其轮廓也并不十分明显。根据宏观形貌观察，圆柱滚子表面的磨损并不如内圈外表面那么严重，但也在局部区域发现犁沟形的磨损凹槽，如图4-13b所示。

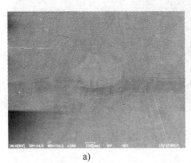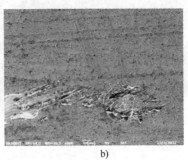

图4-13　7#轴承圆柱滚子表面的SEM观察

a）压痕在SEM下的形貌　b）犁沟形的磨损凹槽

三、分析说明

设备失效通常是由多个因素交互作用引起的，影响因素来自于设计、选材、制造、安装、调试、运行、维护、环境等多个方面。本案例中轴承的内圈、外圈及圆柱滚子的材质都是合格的，抗摩擦用的润滑油也不存在质量问题，故失效原因应来自于轴承的运行工况及环境。

现场调查发现，失效轴承圆柱滚子上散落了不少来源不明、尺寸在厘米数量级的金属碎片，如图4-14所示。并且根据宏微观形貌分析可知，产生失效的7#轴承内圈外表面的磨损面具有典型的磨粒磨损特征，而圆柱滚子表面上也有大量塑性压痕，故认为是由于金属碎片正好卡在了圆柱滚子与内圈之间，形成了"轴承内圈-金属碎片-圆柱滚子"间的三体磨粒磨损所致。

a)　　　　　　　　　　　　　　　b)

图 4-14　失效轴承圆柱滚子上分布的金属碎片

a）金属碎片　b）另一处金属碎片

金属碎片主要是来自于发生损坏的齿轮。由显微硬度分析可知，齿轮的硬度正好介于失效轴承的内圈外表面与圆柱滚子之间，因此在三体磨损的作用下，内圈受到的磨损最为严重，甚至有时圆柱滚子还会发生局部的跳动对内圈产生冲击作用，而圆柱滚子上仅是深度为微米数量级的压痕。至于为何磨损只产生在轴承内圈和圆柱滚子，而外圈上未发现任何磨损与挤压痕迹，这是因为外圈内表面上的滚道边缘正好起到了阻挡碎片进入的作用，并且碎片尺寸又大于圆柱滚子与内、外圈间的游隙，故碎片掉进轴承后就一直卡在了内圈与圆柱滚子之间。

三体磨粒磨损大致分为以下几个过程：

1）较硬的颗粒（即除一对摩擦副外的第三体，也就是本案例中的金属碎片）对较软的接触面（即本案例中的轴承内圈外表面）通过挤压形成塑性压痕和微裂纹，较硬的接触面（本案例中的圆柱滚子表面）则只是产生轻微的压痕，甚至不受影响。

2）随着旋转精度的下降，二体和三体的接触磨损程度加剧，内圈外表面上的表层发生了剥落，露出底下的新鲜基材（通常硬度比表面更低），结果在较小尖锐颗粒凿、切、削的作用下产生平行于磨损方向的犁沟形凹槽，造成表面材料脱落；或是在较大颗粒的冲击作用下沿磨损方向发生磨料堆积，形成垂直于磨损方向的疲劳辉纹条带。

3）随着接触磨损程度的持续加剧，轴承与圆柱滚子之间产生了大量的基材磨屑，这些磨屑又会与初始颗粒协同作用，使轴承的旋转精度变得更差、不规则振动增大，甚至出现局部异常超温情况，进一步加剧三体磨损的程度。

以上过程所述的三体磨粒磨损的特征形貌，在本案例的宏微观形貌观察中均已得到了证实。故在此作用下，产生了"二体或三体的接触磨损→磨屑量增多→磨损程度加剧→磨屑脱落量增多→磨损程度持续加剧"的自我加速摩擦磨损的损坏过程，最终导致轴承内圈外表面产生了严重的磨损失效。

模块三　腐蚀失效

一、腐蚀的概念

金属腐蚀有多种定义方法。通常的定义为：金属与环境介质发生化学或电化学作用，导

小螺栓腐蚀引
发的大事件

致金属损坏或变质，或者说在一定环境中，金属表面或界面上进行的化学或电化学多相反应，结果使金属转入氧化或离子状态。这些多相反应就是金属腐蚀研究的对象。

腐蚀与断裂、磨损是金属构件失效的最重要形式。与金属构件的断裂相比，腐蚀和磨损是一个渐进的过程，而且在很多情况下两者通常是相互作用，导致金属构件的早期失效。同时，腐蚀为金属构件的断裂提供条件，甚至直接导致断裂的发生。在较高的压力作用下，金属腐蚀造成的危害尤其严重，因此必须对金属腐蚀予以重视。

（1）腐蚀介质　并非所有的介质都称为腐蚀介质。例如，空气、淡水等虽然对金属材料均有一定的腐蚀作用，但并不称其为腐蚀介质。一般仅把腐蚀性较强的酸、碱、盐的溶液称为腐蚀介质。

（2）耐蚀金属　习惯上把普通的碳钢、铸铁及低合金钢称为不耐蚀金属材料，而把高合金钢、高合金铸铁、铜合金、钢合金及钛合金等称为耐蚀材料。绝对不耐腐蚀和完全不受腐蚀的材料是不存在的。

（3）腐蚀系统　某种材料是否发生腐蚀取决于这种材料的工作环境体系的特征。也就是说一种材料在不同的环境中，其耐蚀性是不同的。例如普通铸铁通常被认为是不耐腐蚀的，其在常温的浓硫酸中却有较好的耐蚀性，甚至比某些不锈钢还好。

二、腐蚀失效的形式及分类

1. 腐蚀失效的形式

腐蚀造成的失效形式是多种多样的，主要有以下四种：

1）腐蚀造成受载零件截面积的减小而引起过载失效。

2）腐蚀造成密封元件的损伤而引起密封失效。

3）腐蚀使材料性质变坏而引起失效。

4）腐蚀使设备使用功能下降而失效。

2. 腐蚀的分类

金属的腐蚀类型很多，其分类方法主要有以下两种。

（1）按照金属与介质的作用性质分类　腐蚀可分为化学腐蚀和电化学腐蚀两类。

1）化学腐蚀是指金属与环境介质间发生的纯化学作用引起的腐蚀现象。其特点是在腐蚀过程中无电流产生。化学腐蚀又分为气体腐蚀和非电解液中的腐蚀。气体腐蚀是指金属在各种干燥的气体中发生的腐蚀。金属在高温气氛下发生的氧化就是气体腐蚀的一种常见形式。非电解溶液中的腐蚀是指金属在不导电的溶液中发生的腐蚀。

【案例 4-7】　某啤酒厂的大啤酒罐用碳钢制造，表面涂覆防腐涂料，用了 20 年。为了解决罐底涂料层容易损坏的问题，新造贮罐采用了不锈钢板做罐底，筒体仍用碳钢，当时由于认为不锈钢完全耐蚀就没有涂覆涂料。几个月后，碳钢罐壁靠近不锈钢的一条窄带内发生大量蚀孔造成泄漏。

2）电化学腐蚀是指金属与环境介质发生带有微电池作用的腐蚀现象。它和化学腐蚀的不同点在于腐蚀过程中伴有电流产生。大多数的金属腐蚀属于电化学腐蚀。

【**案例 4-8**】 金属在潮湿的大气中的腐蚀、电解质腐蚀及熔盐腐蚀等均属于电化学腐蚀。

电化学腐蚀的基本条件是金属在电解质溶液中存在电位差。不同的金属在电解质溶液中接触时，由于各自的电位不同，因此会产生宏观的电位差。同一种金属材料由于种种原因可以出现不同的电极电位，如局部地区化学成分上的差异、残余应力的影响、腐蚀介质浓度的不均匀性等。在上述情况下，金属表面如吸附有水膜，将会不可避免地溶解少量的电解质（如金属盐等），加上工业大气中的二氧化硫、三氧化硫气体，形成了电化学腐蚀的充分条件。金属材料的电化学腐蚀现象是普遍存在的，潮湿的环境条件还会促进电化学腐蚀过程的进行。

金属的腐蚀与金属热力学的稳定性有关，可以近似地用金属的标准平衡电极电位值来评定。常见金属的标准平衡电极电位值见表 4-6。

表 4-6 常见金属的标准平衡电极电位值

金属	标准平衡电极电位/V	金属	标准平衡电极电位/V
Mg	−2.34	Co	−0.23
Ti	−1.75	Ni	−0.25
Al	−1.67	Pb	−0.12
Mn	−1.04	Sn	−0.13
Zn	−0.76	Cu	+0.34
Cr	−0.40	Pt	+0.80
Fe	−0.48	Ag	+1.20
Cd	−0.40	Au	+1.68

金属的电极电位可以衡量该金属溶入溶液的能力。如果某金属的电极电位越负，则溶入溶液的倾向就越大，也就越易被腐蚀。当两种金属在电解质中接触时，电极电位负的金属加速腐蚀，电极电位正的金属则减缓腐蚀。

（2）按腐蚀的分布形态分类 腐蚀可分为全面腐蚀和局部腐蚀。

1）全面腐蚀是指腐蚀发生在整个金属表面上。全面腐蚀是机械设备腐蚀失效的基本形式。全面腐蚀的程度通常用平均腐蚀速度来评定，常用的表示方法有单位时间试样厚度的减薄量和单位时间、单位面积上试样的失重量。

2）局部腐蚀是指腐蚀从金属表面局部地区开始，并在很小的区域内选择性地进行，进而导致金属零件的局部损坏。局部腐蚀比全面腐蚀的危害性大得多。按其形态特点，局部腐蚀又可分为点腐蚀、缝隙腐蚀、晶间腐蚀、选择性腐蚀、生物腐蚀等。

三、腐蚀失效的基本类型

1. 点腐蚀失效

（1）基本特点 点腐蚀又称点蚀、孔蚀，是电化学腐蚀的一种形式。其形成过程是介质中的活性阴离子被吸附在金属表层的氧化膜上，并对氧化膜产生破坏作用。被破坏的地方（阳极）和未被破坏的地方（阴极）则构成阳极钝化-阴极活化原电池。由于阳极面积相对很小，电流密度很大，很快形成腐蚀小坑，同时电流流向周围的大阴极，使此处的金属发生阴极保护而继续处于钝化状态。溶液中的阴离子在小孔内与金属阳离子组成盐溶液，使小孔底部的酸度增加，使腐蚀过程进一步进行。图 4-15 所示为液压支架立柱锈蚀失效显示。

图 4-15　液压支架立柱锈蚀失效显示

点腐蚀注意事项

点腐蚀是一种隐蔽性较强、危险性很大的局部腐蚀。由于阳极面积与阴极面积比很小，而阳极电流密度非常大，虽然宏观腐蚀量极小，但活性溶解继续深入，再形成应力集中，从而加速了设备破坏，由此产生的破坏仅次于应力腐蚀。同时，点腐蚀与其他类型局部腐蚀，如缝隙腐蚀、应力腐蚀和腐蚀疲劳等具有密切关系。

（2）发生的条件　采用不锈钢或其他具有钝化—活化转变的金属材料制造的机械设备，只有在特定的介质中才能发生点腐蚀。当介质中的氯离子和氧化剂同时存在时，容易发生点腐蚀，大部分设备发生的点腐蚀失效都是由氧化剂和氯离子引起的。一般认为，只有特定介质中的离子浓度达到一定大小时才会发生点腐蚀，这个浓度与使用的材料成分和状态等因素有关，一般采用产生电腐蚀的最小氯离子浓度作为评定点蚀趋势的一个参量。卤素离子浓度与点腐蚀电位的关系可以表示为

$$E_x^- = a + b \lg C_x^- \tag{4-1}$$

式中　E_x^-——临界点腐蚀电位（V）；

C_x^-——离子浓度（μg/g）；

a、b——随钢种和卤素离子种类而定。

（3）形貌特征　大多数的点腐蚀，其外观形貌有如下几种特征：

1）大部分金属表面的腐蚀极其轻微。

2）有的点蚀凹坑仍有金属光泽，若将凹坑的表皮去掉，则可见严重的腐蚀坑。

3）腐蚀坑的表面有时被一层腐蚀产物所覆盖。将其去除后，可以看见严重的腐蚀坑。

4）在某种特定的环境条件下，腐蚀坑会呈现出宝塔状的特殊形貌。点蚀坑的各种剖面形状如图 4-16 所示。表 4-7 列出了点腐蚀的评级标准。

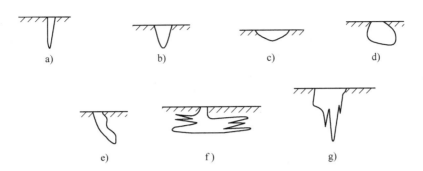

图 4-16　点蚀坑的各种剖面形状

a) 楔形　b) 椭圆形　c) 盘碟形　d) 皮下囊形　e) 掏蚀形　f) 水平形　g) 垂直形

表 4-7　点腐蚀的评级标准 (ASTM G46—94)

评级	腐蚀坑密度/m^2	腐蚀坑面积/m^2	腐蚀坑深度/mm
1	2.5×10^3	0.5	0.4
2	1×10^4	2.0	0.8
3	5×10^4	8.0	1.6
4	1×10^5	12.5	3.2
5	5×10^5	24.5	6.4

(4) 影响因素

1) 合金元素。钢材的化学成分对钢的耐点蚀性有很大的影响。对于不锈钢在氯化物溶液中的耐点蚀性来说，镍、铬、钒、硅、钼、银、氮等元素表现为有利的影响，硫、锰、钛、硒、镉、铈等表现为有害的影响，钴、锆、钨、锡、铅、磷等基本上无影响。因此，提高不锈钢耐点蚀性的途径首先应该是提升铬元素的含量。

2) 组织结构。金属材料的组织结构对耐点蚀性具有重要的影响。许多异相质点，如硫化物夹杂、δ-铁素体、α 相、敏化晶界及焊缝等缺陷组织都可能成为点腐蚀的敏感地区。对于组织状态复杂的铸造不锈钢来说，组织不均匀性会引起的选择性点腐蚀现象更为明显。

你知道吗？

对于铸造不锈钢来说，含 Al_2O_3 的复合硫化锰杂质点处是点腐蚀的最敏感部位。因此，在冶炼不锈钢时，应该避免采用铝脱氧剂。

3) 介质流速。金属材料在静止的介质中易产生点腐蚀，在流动的介质中不易产生点腐蚀。金属与潮湿的环境相接触也易产生点腐蚀，海水流速对 06Cr17Ni12Mo2 和 06Cr25Ni20 不锈钢点腐蚀形态的影响见表4-8。

4) 介质性质。含氯离子的溶液最易引起点腐蚀。材料的耐点蚀性与氯化物的浓度有很大关系。通常，随着氯化物浓度的增加，材料的点腐蚀电位降低，即点腐蚀倾向性加大。介质中如存在有氧化性的阴离子，对点腐蚀的产生往往有不同程度的抑制作用。另外可以按照需求使用缓蚀剂。

表 4-8 海水流速对 06Cr17Ni12Mo2 和 06Cr25Ni20 不锈钢点腐蚀形态的影响

材料	流速 1.2m/s			流速 0m/s		
	蚀点的数目	最大点蚀深度/mm	点蚀平均深度/mm	蚀点的数目	最大点蚀深度/mm	点蚀平均深度/mm
06Cr17Ni12Mo2	0	0	0	87	1.98	0.96
焊缝	0	0	0	47	3.3	1.93
06Cr25Ni20	0	0	0	19	2.7	0.96
焊缝	0	0	0	23	6.35	3.05

5）介质温度。升高介质温度通常使材料的点腐蚀电位降低，即加大点腐蚀倾向性。

6）表面状态。粗糙的表面会增加水分及腐蚀物质的吸附量，这将促进材料的腐蚀。一般来说，金属表面越光洁、越均匀，其耐蚀性越好。零件在装配或运输过程中造成的机械损伤，会增加材料对点腐蚀等局部腐蚀的敏感性。对于一个给定的材料/环境体系，决定材料点腐蚀电位的主要因素是材料的表面状态。图 4-17 所示为在 20℃充气的浓度为 5%的氯化钠溶液中，表面质量对 06Cr19Ni10 不锈钢点腐蚀电位的影响。

可以看出，在同样的材料/环境体系中，若表面质量不同，其点腐蚀电位差可在 0.4V 以上，因而造成点腐蚀倾向性的极大差别。

为减少点腐蚀而使用缓蚀剂时有以下注意事项。

1）对铁和碳钢：OH⁻、硫酸盐、硝酸盐、碳酸钠、亚硝酸盐、氨、明教、淀粉和喹啉等。

2）对不锈钢：OH⁻、硫酸盐、硝酸盐、高氯酸盐、氯酸盐、铬酸盐、钼酸盐、磷酸盐等。

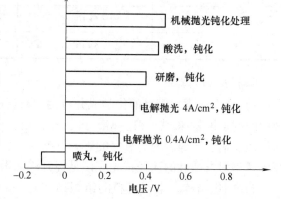

图 4-17 在 20℃充气的浓度为 5%的氯化钠溶液中，表面质量对 06Cr19Ni10 不锈钢点腐蚀电位的影响

3）对锌：磷酸盐和铬酸盐等。

4）对铝及其铝合金：硫酸盐、硝酸盐、铬酸盐、醋酸盐、苯甲酸盐、柠檬酸盐、磷酸盐、酒石酸盐等。

5）对镍：OH⁻、硫酸盐、硝酸盐、苯基-n-二丙硫醚等。

2. 缝隙腐蚀失效

（1）基本概念　缝隙腐蚀是在电解质中（特别是含有卤素离子的介质中），金属与金属或金属与非金属的表面之间狭窄的缝隙内产生的一种局部腐蚀。在狭缝内由于溶液的移动受到阻滞，溶液中的氧原子逐渐消耗，使狭缝内的氧浓度低于周围溶液中的氧浓度，由此造成狭缝内金属为小阳极，而周围的金属为大阴极。电解质溶液中的氯离子从狭缝外不断向狭缝内迁移，从而形成了电化学腐蚀的微电池条件，造成沿狭缝深度方向的局部腐蚀。

（2）发生的条件　产生缝隙腐蚀的狭缝尺寸及形状，应满足腐蚀介质（主要是溶解的氧、氯离子及硫酸根）进入并滞留在其中的几何条件，狭缝的宽度为 0.1～0.12mm 时最为敏感，宽度大于 0.25mm 的狭缝由于腐蚀介质能在其中自由流动，一般不易产生缝隙腐蚀。

【案例 4-9】　在机械设备中，法兰连接处、螺栓、垫片、垫圈松动表面的沉积物等部位的接触处，均会发生缝隙腐蚀。

（3）形貌特征　缝隙腐蚀一般只出现在设备或部件存在有狭缝的局部地区而不是整个表面，通常为有一定形状的溃疡般沟槽或类似点腐蚀连成的片状破坏现象。锅炉再热蒸汽管局部缝隙腐蚀裂纹如图 4-18 所示。

（4）影响因素

1）合金元素。钢材的化学成分对缝隙腐蚀有很大的影响。镍、铬、铝对提高钢材的抗缝隙腐蚀能力表现为有利的影响。对于含铜的奥氏体不锈钢，硅、铜、氮对提高钢材在海水中的抗缝隙腐蚀能力有利。

2）组织结构。金属材料的组织结构对缝隙腐蚀的影响与对点腐蚀的影响相似。合金中的夹杂物和第二相，许多异相质点，如硫化物夹杂、δ-铁素体、α 相，对材料抗缝隙腐蚀能力均有不利的影响。对于双相不锈钢来说，奥氏体和铁素体的相界面是缝隙腐蚀的产生和扩展的敏感地区，呈现深度的缝隙腐蚀。

图 4-18　锅炉再热蒸汽管局部缝隙腐蚀裂纹

3）几何因素。缝隙腐蚀的主要因素有几何形状、狭缝的宽度和深度，以及内外面积比。狭缝宽度对缝隙腐蚀的深度及腐蚀率具有很大的影响。狭缝宽度变窄时，腐蚀率随之升高，腐蚀深度也随之变化。狭缝宽度为 0.1～0.12mm 时，腐蚀深度最大；狭缝宽度大于 0.25mm 时，几乎不发生缝隙腐蚀。缝隙腐蚀量与狭缝外部面积成近似线性关系。即随狭缝外部面积增大，腐蚀呈直线增加。

4）环境因素。影响缝隙腐蚀的环境因素主要有溶解氧量，电解质的流速、温度、pH 值、Cl^-、SO_4^{2-} 等的含量。对于不锈钢的缝隙腐蚀来说，上述因素的增加均使缝隙腐蚀加剧。

3. 接触腐蚀失效

（1）基本概念　接触腐蚀又称电偶腐蚀，是指两种不同金属在电解质溶液中接触时，导致其中一种金属腐蚀速度提高的腐蚀现象。接触腐蚀是局部腐蚀中的一种特殊形态，但它不是腐蚀的根本原因。例如，用铁铆钉连接的铜板在潮湿的空气中即发生接触腐蚀，铁为阳极，发生溶解而被腐蚀。接触腐蚀通常可用电镀、涂刷涂料、加入缓蚀剂等来防止。

（2）产生的条件　接触腐蚀发生的条件是两种或两种以上具有不同电位的物质在电解质溶液中相接触，从而导致电位更负的物质腐蚀加速。焊缝、结构中的不同金属部件的连接处等部位易发生接触腐蚀。用荧光磁粉在凸轮轴上得到的裂纹磁痕显示如图 4-19 所示。在一些类似于导体、半导体的物质中，与之接触的金属也会发生腐蚀加速的现象。

（3）影响接触腐蚀的因素

1）接触材料的起始电位差。电位差越大，接触腐蚀倾向越大。

2）极化作用。①阴极极化率的影响。例如在海水中不锈钢和铬、铜和铝所组成的接触电偶对，两者的电位是相近的，阴极反应都是氧分子还原，由于不锈钢有良好的钝化膜，阴极反应只能在膜的薄弱处电子可以穿过的地方进行，阴极极化率高，阴极反应相对难以进行。因此，实际上不锈钢与铝的接触腐蚀倾向较小，而铜表面的氧化物能被阴极还原，阴极反应容

图4-19　用荧光磁粉在凸轮轴上得到的裂纹磁痕显示

易进行，极化率小导致铝与铜接触时腐蚀明显加速。②阳极极化率的影响，例如在海水中低合金钢与碳钢自腐蚀电流是相似的，而低合金钢的自腐蚀电位比碳钢高，阴极反应受氧的扩散控制。当这两种金属偶接以后，低合金钢的阳极极化率比碳钢高，因此偶接后碳钢腐蚀速度增大。

3）接触腐蚀时两者的面积。一般情况下，阳极面积减小，阴极面积增大，将导致接触时的阳极金属的腐蚀加剧，即所谓的"小阳极、大阴极"现象，可能导致灾难性的腐蚀事故。不管在什么条件下，接触腐蚀发生时，通过阳极和阴极的电流是相同的，而腐蚀效应与这两者面积的比值成正比。因此，阳极面积越小，其上的电流密度越大，金属的腐蚀速度也就越大。

4）溶液电阻的影响。通常阳极金属腐蚀电流的分布是不均匀的，距离两金属的接触面越近，电流密度越大，接触腐蚀效应越明显，导致的阳极金属损耗量也就越大。由于电流流动要克服溶液电阻，因此溶液电阻的大小影响"有效距离"，电阻越大则"有效距离"越小，接触腐蚀作用就越小。

4. 空泡腐蚀失效

（1）基本概念　空泡腐蚀又称气蚀，也称空化腐蚀。锅炉筒体纵焊缝产生的局部空泡腐蚀渗透检测显示如图4-20所示。它是在液体与固体材料之间相对速度很高的情况下，由于气体在材料表面的局部低压区形成的空穴或气泡迅速破灭而造成的一种局部腐蚀。由于材料表面的空穴或气泡破灭速度极快，在空穴破灭时产生强烈的冲击波，压力可达410MPa，在这样巨大的机械力作用下，金属表面保护膜遭到破坏，形成蚀坑。蚀坑形成后，粗糙不平的表

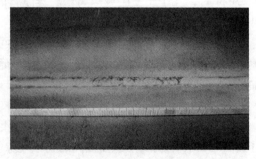

图4-20　锅炉筒体纵焊缝产生的局部空泡
腐蚀渗透检测显示

面又成为新生空穴和气泡的核心。同时，已有的蚀坑产生应力集中，促使材料表层的进一步耗损。因此，空泡腐蚀属于磨耗腐蚀的一种特殊形式，它是力学因素和化学因素共同作用的结果。

【案例4-10】 在液体管道的拐弯处、构件截面突变部位、泵体叶片等部位产生的腐蚀均属于空泡腐蚀。

（2）产生的条件　空泡腐蚀产生的基本条件是液体和零件表面处于相对的高速运动状态。由于液体的压力分布不均及压力变化较大，造成机械力和液体介质对金属材料的腐蚀。液体管道的拐角处、截面突变部位等地方易产生空泡腐蚀。

（3）形貌特征　空泡腐蚀的外部形态与点腐蚀相似，但蚀坑的深度较点蚀坑浅很多，蚀坑的分布也比点蚀坑紧密很多，表面往往变得十分粗糙，呈海绵状。

5. 磨耗腐蚀失效

（1）基本概念　材料在摩擦力和腐蚀介质的共同作用下产生的腐蚀加速破坏的现象，称为磨耗腐蚀，也称腐蚀磨损。

（2）发生的条件　磨耗腐蚀发生的基本条件有如下几种：

1）介质具有较强的腐蚀性。

2）流动介质中含有固体颗粒。

3）介质与金属表面的相对运动速度较大且流向一定。对于耐蚀性较高的材料，若腐蚀环境小且恶劣，即使含有固体颗粒也不易发生磨耗腐蚀。在材料表面与介质相接触的部位，如果出现紊流或液流撞击时，会加速磨耗腐蚀。

（3）形貌特征　磨耗腐蚀的主要形貌特征是金属表面呈现方向性明显的沟槽、波纹，为山谷形花样。用荧光磁粉在路轨表面上得到的磨耗腐蚀失效裂纹磁痕显示如图4-21所示。

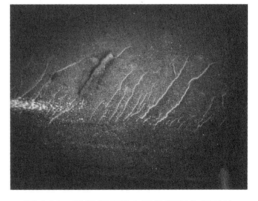

图4-21　用荧光磁粉在路轨表面上得到的
磨耗腐蚀失效裂纹磁痕显示

四、腐蚀失效分析的内容

1. 详细勘察事故现场

失效分析人员应与有关人员一起及时到事故现场收集第一手资料，这对于正确地分析事故原因、少走弯路是十分重要的。在事故现场应深入了解以下几方面的情况：

1）损坏设备的基本情况，包括设备的名称、生产厂家、运行历史、事故日志、损坏的部位、现场记录、有无特殊气味等。

2）损坏部位的宏观状况，包括腐蚀的宏观形态（数量、尺寸、分布、特点等），腐蚀部位有无划伤、打磨痕迹、焊渣，有无铸、锻缺陷等。

3）材料及制造情况，包括采用何种材料、材料来源、使用状态、加工制造流程等。

4）设备使用的环境条件，包括设备在使用过程中曾接触过何种介质，介质的成分、浓度、温度、压力、pH值等。

5）应力条件，包括应力状态、大小及其变化，残余应力及应力集中情况，是否实测过应力大小，计算情况如何。

6）表面处理情况，包括有无镀层、涂层、钝化、堆焊及其他质量情况。

7）现场拍照及取样。损坏的设备太大或损坏的部位太多，可拍下损坏外观或提取有代表性的部位以做进一步分析。必要时对介质也进行取样分析。

8）经济损失的估算，包括直接经济损失及事故引起的间接经济损失。

2. 对腐蚀部位进行详细分析

1）首先分析产物的形貌，如腐蚀产物的颜色。

2）分析断裂面的特征，如裂纹源区、裂纹走向、变形情况、有无贝纹花样。

3）腐蚀产物分析。对产物的成分、含量及相结构进行分析，这对于分析腐蚀失效的原因十分重要。采用 X 射线衍射仪、波谱、俄歇能谱、光电子谱仪等手段能很好地确定断口表面、晶界面产物的化学成分及价态情况。

4）腐蚀形貌的微观分析。去除产物后，对断裂部位的微观形貌做进一步分析，确定裂纹的走向、相析出部位、裂纹是否起源于腐蚀坑等。

5）对材料性能进行复验，包括材料的化学成分、力学性能、显微组织及电化学行为等。这有助于确定选材及热处理是否正确，从而有助于分析事故原因。

6）失效模式的判断及重现件试验。根据腐蚀产物、材料性质、设备结构的特点及环境条件的综合分析，对腐蚀失效的模式提出初步判断。对于重大事故，必要时对上述分析所得的初步结论进行验证。

7）综合讨论及总结，得出结论；提出处理方案及预防措施，最后写出总结报告。

五、常见腐蚀失效的预防措施

1. 点腐蚀失效的预防措施

防止机械设备发生点腐蚀失效，应主要从改善设备的环境条件及合理选用材料等方面采取措施。

1）降低介质中的卤素离子的浓度，特别是氯离子的浓度。同时，要特别注意避免卤素离子的局部浓缩。

2）提高介质的流动速度，并经常搅拌介质，使介质中的氧及氧化剂的浓度均匀化。

3）在设备停运期间要进行清洗，避免设备处于静止介质的浸泡状态。

4）采用阴极保护方法，使金属的电位低于临界点腐蚀电位。

5）选用耐点腐蚀性的优良材料，如采用高铬、含钼、含氮的不锈钢，并尽量减少钢中的硫和锰等有害元素的含量。

6）对材料进行合理的热处理。例如，对奥氏体不锈钢或奥氏体-铁素体双相铸钢采用固溶处理后，可显著提高材料的耐点蚀性。

7）对构件进行钝化处理，以去除金属表面的夹杂物和污染物。由于硫化锰夹杂物在钝化处理时要形成空洞，为了中和渗入空洞中的残留酸，在钝化处理后，可以用氢氧化钠溶液清洗。

2. 缝隙腐蚀失效的预防措施

防止机械设备发生缝隙腐蚀失效的措施通常有以下几点：

1）合理的结构设计。避免形成缝隙或使缝隙尽可能地保持敞开。尽量采用焊接代替铆接和螺栓连接。

2）尽可能不用金属和非金属材料的连接件，因为这种连接件往往比金属连接件更易形成发生缝隙腐蚀的条件。

3）在阴极表面涂以保护层，如涂防腐漆等。

4）在介质中加入缓蚀剂。

5）选用耐缝隙腐蚀性能高的金属材料，如选用含钼量高的不锈钢或合金。减少钢中的夹杂物（特别是硫化物）及第二相质点，如δ-铁素体、α相及时效析出物等。

模块四 腐蚀件失效分析典型案例

在某蒸发设备中发现腐蚀现象，针对发现问题进行失效分析后认为是焊接质量及点腐蚀综合原因所致。具体检测及失效分析过程如下。

一、现场勘验情况

1. 对蒸发罐、加热室及预热室进行现场勘验

采用五效蒸发工艺进行真空制盐，流程如图 4-22 所示。蒸发罐是真空制盐过程中卤水蒸发的关键设备，其主体由加热室、蒸发室、上下循环管及下管箱等组成。为了防止卤水腐蚀，蒸发罐材质采用复合板，通过爆炸焊工艺在厚度为 10mm 的 16MnDR 碳钢基板上覆盖 2mm 厚的 022Cr17Ni12Mo2 不锈钢衬板。

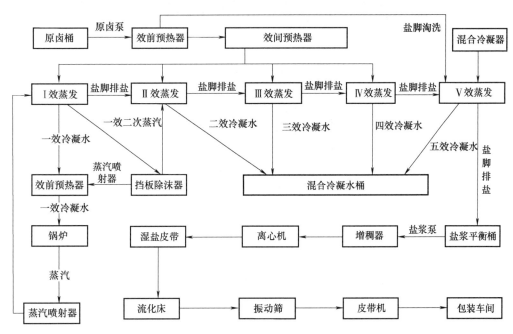

图 4-22 五效蒸发工艺真空制盐流程图

2. 对拆除的原Ⅲ效蒸发罐加热室下管箱进行勘查和取样

下管箱（图 4-23b）由异径管和直管两部分组成，材质均是通过爆炸焊工艺制成的 022Cr17Ni12Mo2 不锈钢/16MnDR 碳钢的复合板；异径管大头外径为 1932mm、小头外径为 1224mm、复合板厚度为 2mm＋10mm，其上还开设人孔。Ⅲ效蒸发罐的部分设计参数见表 4-9，其加热室下管箱外壁形貌如图 4-23 所示。

表 4-9 III效蒸发罐的部分设计参数

项目	蒸发室	加热室
设计寿命	15 年	15 年
设计温度	120℃	120℃
设计压力	-0.04MPa	0.1MPa（壳程），0.14MPa（管程）
操作物料	盐浆	蒸汽、冷凝水（壳程），盐浆（管程）
主要材料	022Cr17Ni12Mo2，022Cr17Ni12Mo2/16MnDR	16MnDR，022Cr17Ni12Mo2/16MnDR（壳程），TA3，TA3/16MnDR（管程）

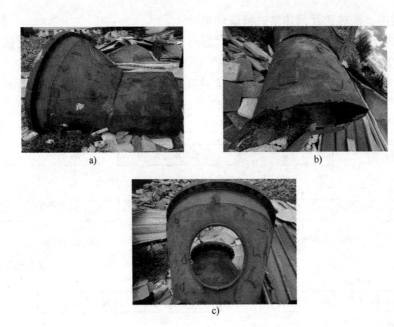

a)   b)

c)

图 4-23 原III效蒸发罐加热室下管箱外壁形貌

a）侧面 b）直管分离侧端面 c）异径管人孔

3. 对原III效蒸发罐加热室下管箱内壁形貌进行观察

下管箱内壁存在大量箭头所示的贴板修复和点焊修复的痕迹（图 4-24a～d），遍布于下管箱内壁的不同位置，表明曾发生过大面积的严重腐蚀和多处腐蚀泄漏，但泄漏点的具体位置并没有明示。另外，人孔上也有多处腐蚀及其补焊修复的痕迹（图 4-24e）。

4. 对原III效蒸发罐加热室下管箱实物进行取样

下管箱侧面总体外观如图 4-25 所示。在直管两处取样（图 4-26）：直管上端（与异径管相连一侧）分离处取样一块，记作 1#；直管外壁贴板处实物取样一块，记作 2#。在异径管两处取样：外壁含有两条相邻垂直焊缝处取样一块，记作 3#（图 4-27）；人孔腐蚀及补焊处取一块，记作 4#（图 4-28）。III效蒸发罐加热室下管箱取样 1#～4#样品（图 4-29）。

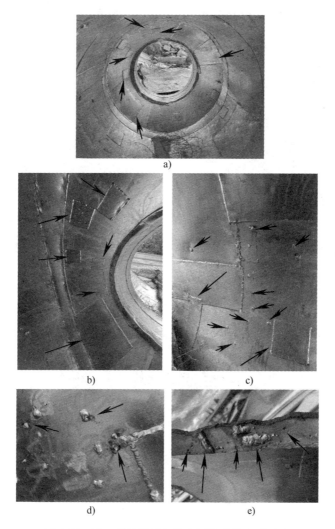

图 4-24　原Ⅲ效蒸发罐加热室下管箱的内壁形貌

a）内壁贴板多处修复　b）大面积贴板修复　c）多处点焊和贴板修复
d）点焊修复处腐蚀　e）人孔处腐蚀及补焊

图 4-25　下管箱侧面总体外观

图 4-26　1#、2#样品位置

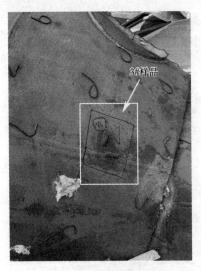

图 4-27 3#样品位置

图 4-28 4#样品位置

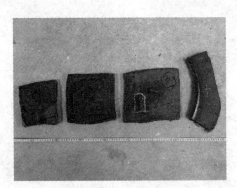

图 4-29 1#~4#样品

5. 进入蒸发罐加热室管箱内观察修复后的表观质量及其腐蚀状况

于 2020 年修复的Ⅱ效蒸发罐加热室上管箱外壁如图 4-30a 所示。加热室上管箱内壁全部覆盖 2205（相当于我国的 022Cr22Ni5Mo3N）不锈钢内壁贴板（图 4-30b），贴板采用点焊固定（图 4-30c）并打磨平整。修复后实际效果良好，内壁表面未发现明显可见的腐蚀，管板（图 4-30d）也未见腐蚀痕迹，仅在膨胀节处看到部分开裂痕迹，多处进行了补焊（图 4-30e）。

6. 对Ⅱ效蒸发罐下循环管的内壁形貌进行观察

Ⅱ效蒸发罐下循环管（图 4-31）与加热室上管箱类似，也采用 022Cr17Ni12Mo2 不锈钢贴板并点焊固定，表观质量基本良好，未发现明显可见的腐蚀现象，在下循环管底部有少量的泥沙沉积。

7. 获得卤水样品

由鉴定申请方提供卤水样品（图 4-32）1 瓶，取样位置为精卤桶（各效进卤前）入效管道。

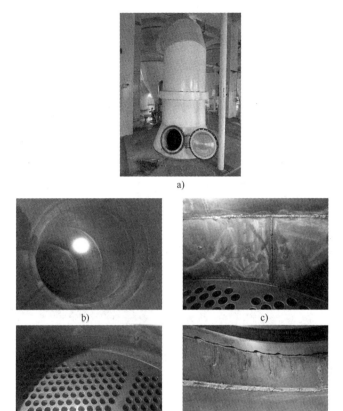

图 4-30　Ⅱ效蒸发罐加热室上管箱

a）外壁　b）内壁贴板　c）点焊固定　d）管板　e）膨胀节处补焊

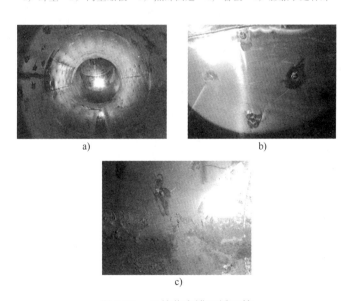

图 4-31　Ⅱ效蒸发罐下循环管

a）内壁衬板　b）点焊固定　c）底部泥沙沉积

二、检验情况

1. 样品观察与试样制备

1）1#样品外壁形貌如图 4-33a 所示。内壁点焊固定的不锈钢衬板切割后分离，复合板内壁及贴板如图 4-33b 所示，贴板修复下复合板表面有点蚀痕迹，其余部分基本完好。取左侧小方块作为金相试样，观察 1#样品复合板的显微组织，并测定化学成分。金相试样与点蚀试样如图 4-33c 所示。将局部点蚀处（白色标记的"1-1"字样处，记作试样A）切割下来留待进一步观察分析，试样 A 位置如图 4-33d 所示。

图 4-32　卤水样品

2）2#样品外壁有碳钢贴板，其外壁形貌如图 4-34a 所示，内壁还有不锈钢贴板并被点焊固定，内壁贴板如图 4-34b 所示。先将 2#样品点焊固定处

a)　　　　　　　　　b)

c)　　　　　　　　　d)

图 4-33　1#样品的外壁形貌及试样位置

a）外壁形貌　b）复合板内壁及贴板　c）金相试样与点蚀试样　d）试样 A 位置

（记作试样 B）及四周边缘部分切下（图 4-34c），在下方取一个金相试样并测定复合板及贴板的化学成分。将不锈钢贴板取下后，观察到内壁有两处腐蚀异常，其一为左侧串状腐蚀坑，其二为右侧区域（记作试样 C）腐蚀极其严重，其上竟有长度大于 50mm 的严重的直线状腐蚀形貌，如图 4-34d 所示。进一步切割还发现，右上方试样有点蚀形貌，留待后续观察和分析。

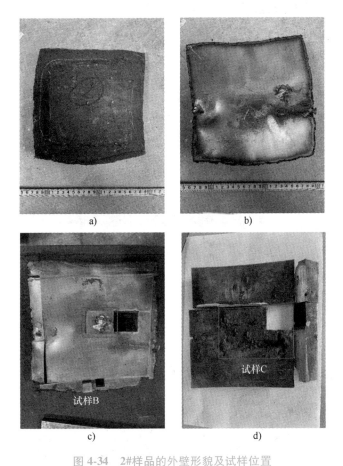

图 4-34　2#样品的外壁形貌及试样位置

a）外壁形貌　b）内壁贴板　c）将点焊固定处及四周边缘切下　d）严重的直线状腐蚀形貌

3）3#样品外壁有两处补焊，说明发生过多点腐蚀泄漏，位置相互垂直，外壁形貌如图 4-35a 所示。复合板内壁右侧采用不锈钢贴板修复，如图 4-35b 所示。将两处补焊区切割下来，可以看到其中一处（记作试样 D）同样有长度大于 50mm 的直线状腐蚀形貌，后续对该试样进行重点分析。切下的两处补焊修复试样如图 4-35c 所示。

4）4#样品取自人孔腐蚀处，外壁形貌如图 4-36a 所示，材质是 022Cr17Ni12Mo2 不锈钢，右侧异径管材质是 022Cr17Ni12Mo2/16MnDR 复合板。图 4-36b 所示内壁存在多处点蚀及补焊痕迹。将其中两个点蚀试样及一个补焊试样切下，对其中一个点蚀试样进行重点分析。同时，切取一个方块试样（记作试样 E），观察 4#样品人孔的金相组织并进行化学成分测定。图 4-36c 所示为点蚀试样、补焊试样及试样 E。

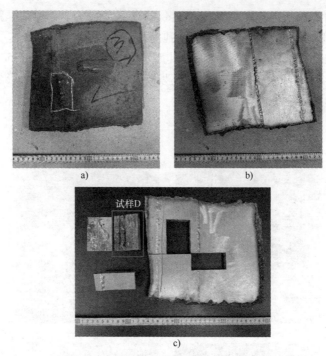

图 4-35 3#样品的外壁形貌及其试样位置

a）外壁形貌 b）复合板内壁外侧采用不锈钢贴板修复 c）切下的两处补焊修复试样

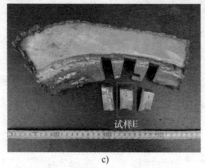

图 4-36 4#样品的外壁形貌及试样位置

a）外壁形貌 b）内壁 c）腐蚀及补焊处试样

2. 化学成分

采用直读光谱仪（OES）、碳硫分析仪（CSA）等分析仪器对失效的Ⅲ效蒸发罐加热室下管箱 1#、2#样品复合板的不锈钢衬板、2#样品内壁不锈钢贴板及 4#样品不锈钢人孔的化学成分进行检测，各样品的化学成分见表 4-10。表中所列样品的化学成分均满足《不锈钢和耐热钢　牌号及化学成分》（GB/T 20878—2007）的要求，化学成分评定合格。

表 4-10　Ⅲ效蒸发罐加热室下管箱各样品的化学成分（质量分数）%

样品名称	化学成分（质量分数,%）							
	C	Si	Mn	P	S	Cr	Ni	Mo
1#不锈钢衬板	0.021	0.54	1.40	0.030	0.003	16.83	10.08	2.11
2#不锈钢衬板	0.021	0.53	1.40	0.030	0.003	16.74	10.07	2.09
2#不锈钢贴板	0.026	0.54	1.26	0.034	0.001	16.68	10.19	2.10
4#不锈钢人孔	0.024	0.43	1.23	0.035	0.004	16.47	10.25	2.02
022Cr17Ni12Mo2	0.030	1.00	2.00	0.045	0.030	16.0-18.0	10.0-14.0	2.00-3.00

3. 金相组织

分别截取失效的Ⅲ效蒸发罐加热室下管箱 1#、2#样品复合板的不锈钢衬板、2#样品碳钢基板和内壁不锈钢贴板、4#样品不锈钢人孔试样，经磨抛和化学试剂浸蚀后置于光学显微镜上，按照《钢中非金属夹杂物含量的测定　标准评级图显微检验法》（GB/T 10561—2023）A 法进行非金属夹杂物检验，按照《金属平均晶粒度测定方法》（GB/T 6394—2017）标准评级图Ⅱ评定晶粒度，并观察金相组织。金相试样非金属夹杂物（抛光态）和显微组织（浸蚀态）如图 4-37、图 4-38 所示。原Ⅲ效加热室下管箱金相组织见表 4-11。除含有部分 B 类粗系超宽夹杂物外，不锈钢衬板的金相组织基本满足设计规定的要求。

表 4-11　原Ⅲ效加热室下管箱金相组织

	金相组织	晶粒度	夹杂物
1#不锈钢衬板	奥氏体+少量铁素体	8 级	A0, B2, B1.5e, C0, D0.5, DS2（B 类粗系为超宽夹杂物）
2#不锈钢衬板	奥氏体+少量铁素体	8 级	A0, B1, C0, D0.5, DS0（B 类粗系为超宽夹杂物）
2#碳钢基板	珠光体+铁素体	11 级	A0, B0, C0, D0.5, DS0
2#不锈钢贴板	奥氏体	8 级	A0, B1e, C0, D0.5, DS0（B 类粗系为超宽夹杂物）
4#不锈钢人孔	奥氏体	5 级	A0, B1, C0, D1, DS0

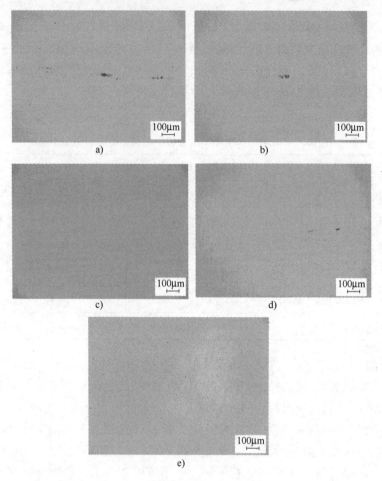

图 4-37　金相试样非金属夹杂物（抛光态）

a）1#不锈钢衬板　b）2#不锈钢衬板　c）2#碳钢基板

d）2#不锈钢贴板　e）4#不锈钢人孔

4. 介质检测

卤水作为真空制盐的原料，是蒸发罐接触的溶液介质。为明确其主要成分，使用了离子色谱法及电感耦合等离子体-原子发射光谱法对主要离子浓度及元素含量进行了测定。

（1）离子色谱（IC）　对卤水样品进行了离子色谱分析，测定了其中部分阴离子的含量。卤水介质离子色谱谱图如图 4-39 所示，部分阴离子的质量浓度见表 4-12。

表 4-12　卤水样品部分阴离子的质量浓度　　　　　　　（单位：g/L）

阴离子	Cl^-	SO_4^{2-}
质量浓度	162. 323	14. 634

（2）电感耦合等离子体-原子发射光谱（ICP-AES）　采用了电感耦合等离子体原子发射光谱仪，测定了卤水样品中部分金属元素的含量。卤水样品部分金属元素的质量浓度见表 4-13。

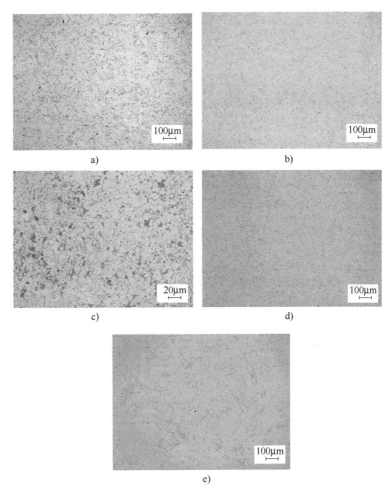

图4-38 金相试样显微组织（浸蚀态）
a）1#不锈钢衬板 b）2#不锈钢衬板 c）2#碳钢基板
d）2#不锈钢贴板 e）4#不锈钢人孔

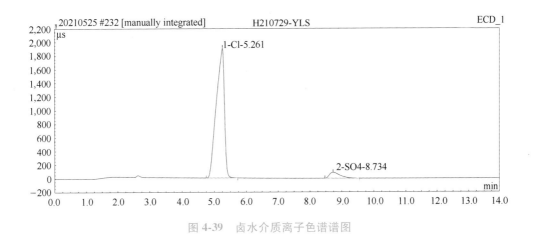

图4-39 卤水介质离子色谱谱图

表 4-13   卤水样品部分金属元素的质量浓度   （单位：g/L)

金属元素	Na	Ca	Mg	K
质量浓度	125.292	0.690	0.943	0.215

5. 宏微观形貌观察与微区成分分析

在外观观察的基础上，现对 1#~4#样品的试样 A~E 的宏微观形貌与微区成分进行观察和分析。试样 A~E 的位置分别如图 4-33d、图 4-34c、d、图 4-35c 及图 4-36c 所示。

（1）试样 A   试样 A 位于 1#样品上方白色字样 "1-1" 标记处（图 4-33d）。如图 4-40a 所示，试样 A 内壁集中有三处溃烂状腐蚀坑，具有明显的点蚀特征，可见，腐蚀已达到相当的深度。

图 4-40   试样 A 的宏观形貌

a）内壁三处溃烂状腐蚀坑   b）结合区呈锯齿波状   c）结合区呈扁平波形

d）沿两腐蚀坑剖开   e）腐蚀坑剖面

从侧面看不锈钢-碳钢复合板的结合区有两种形态：一种是波浪状，结合区呈锯齿波状（图4-40b）；另一种是扁平波状，结合处呈扁平波形（图4-40c），波形起伏较平缓，没有显著的规律性。为确定腐蚀深度，沿两个腐蚀坑剖开，如图4-40d所示。从剖面观察到腐蚀坑已经穿透不锈钢衬板，腐蚀坑剖面如图4-40e所示。

将腐蚀坑剖面磨光微蚀并在3D-SM下进一步观察，右下方和右上方腐蚀坑剖面如图4-41a、b所示，经过4%（质量分数）硝酸酒精溶液微蚀10~15s后，复合板剖面的波浪状清晰可见，上方黑色区为不锈钢衬板，下方灰色区为碳钢基板。可以确定两处腐蚀坑深度都超过不锈钢衬板的厚度，圆弧形腐蚀边界明显低于波浪状结合界面。

图4-41c、d所示为右上方腐蚀坑剖面的右侧腐蚀区边缘，可见波浪状界面处碳钢被腐蚀而不锈钢完好，说明在波浪状附近碳钢与不锈钢之间存在电极电位差，由此引发的电偶腐蚀中碳钢作为阳极被腐蚀而不锈钢得以完整保护。

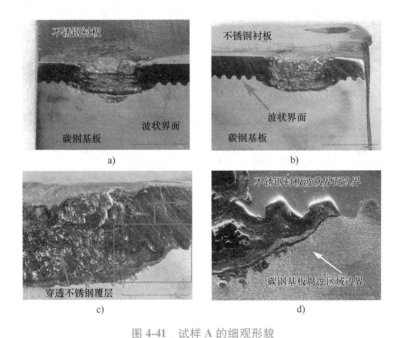

图4-41 试样A的细观形貌

a）右下方腐蚀坑剖面 b）右上方腐蚀坑剖面 c）右上方腐蚀坑右侧 d）腐蚀坑右侧边缘

在SEM下对上述形貌特征进行微观观察。图4-42a~c所示分别对应图4-40a所示三处溃烂状腐蚀坑。三处溃烂状腐蚀坑大小相近、形貌特征相似，彼此不相连。图4-42d~g所示为波浪状形态、连续波浪形、扁平波状界面及不规则平缓波形，对应于两种爆炸焊的结合形态。

（2）试样B 不锈钢贴板点焊固定如图4-43a所示。观察到复合板不锈钢衬板大范围缺失，正对的两侧面均出现不锈钢衬板大量缺失（图4-43b）的异常现象，且缺失区域下方的碳钢基板向下凸出。同时，图4-43c所示为不锈钢衬板局部缺失，可再次观察到另一侧面的不锈钢衬板缺料且几乎穿透的现象，相应区域下方碳钢基板同样是明显地向下凸出。

图4-44a、b所示衬板分别对应图4-43b所示两侧面，显然右侧不锈钢衬板与左侧不锈钢衬板缺料，如图4-44a、b所示。注意到不锈钢覆盖层中断的边界平直，这应是人为加工焊接坡口所产生的缺陷。

图 4-42 试样 A 的微观形貌

a）左上方溃烂状腐蚀坑 b）右上方溃烂状腐蚀坑 c）右下方溃烂状腐蚀坑

d）波浪状形态 e）连续波浪形 f）扁平波状界面 g）不规则平缓波形

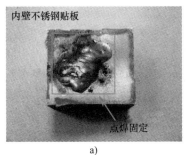

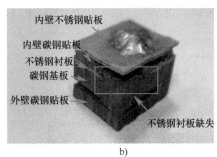

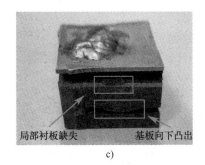

图 4-43　试样 B 的宏观形貌

a）不锈钢贴板点焊固定　b）不锈钢衬板大量缺失　c）不锈钢衬板局部缺失

　　此外，为进一步确定不锈钢衬板缺料及碳钢基板向下凸出的原因，将上述侧面磨光并在 4%（质量分数）硝酸酒精中浸蚀 10~15s 后在 3D-SM 下观察。如图 4-44c 所示，局部不锈钢衬板缺料，且形状较为规则，而复合板爆炸焊波形界面连续完好，因而是人为加工所致的表面缺陷。碳钢基板两次衬焊如图 4-44d 所示。

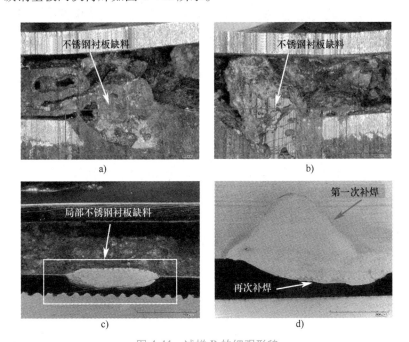

图 4-44　试样 B 的细观形貌

a）右侧不锈钢衬板　b）左侧不锈钢衬板　c）局部不锈钢衬板缺料　d）碳钢基板两次补焊

在 SEM 下进一步观察试样 B 的不锈钢衬板缺料的三个侧面，其微观形貌如图 4-45 所示。

如图 4-45a、b 所示，异常缺料区上下两侧均超过复合板正常部分厚度，不锈钢衬板突然中断，且缺料区均为碳钢，故认为该部分是焊接区。同时，将 2#样品外壁形貌与取样位置外壁形貌进行对比，排除此处是直管焊缝的可能，由此推断此处是发生泄漏后的局部补焊。因此，前述不锈钢衬板中断的平直边界应是补焊前人为清理所致。然而，贯穿整块复合板的焊缝不含有不锈钢，证明复合板在补焊修复过程中不符合焊接规程，未按规定的焊接工艺要求采用相应材质的焊条和焊丝分别对基板、过渡层和覆盖层进行焊接。

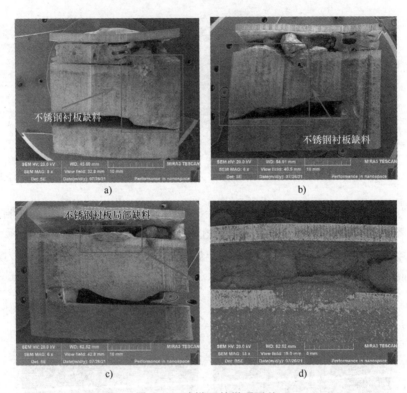

图 4-45　试样 B 的微观形貌

a）右侧不锈钢衬板缺失　b）左侧不锈钢衬板缺失　c）另一侧不锈钢衬板缺料　d）局部不锈钢衬板缺料

事实上，仅采用碳钢对泄漏处进行补焊修复，是无法阻止再次发生腐蚀泄漏的情况。碳钢远不足以抵御卤水这种存在高浓度氯离子的饱和盐溶液的侵蚀，即便补焊合格也会快速腐蚀，再次发生穿透泄漏。因此可确定，此处经过四次补焊修复，由外向内依次为：一是原复合板外壁进行碳钢贴板；二是贯穿整块复合板的补焊；三是内壁的碳钢贴板；四是内壁的不锈钢贴板。其中前三次补焊修复都采用了碳钢焊条，未使用氩弧焊保护的焊接，这表明维修过程中补焊工艺和选材不当。

（3）试样 C　试样 C 位于 2#样品中间直线状腐蚀区域（图 4-34d）。复合板内壁如图 4-46a 所示，试样 C 去除不锈钢贴板后的内壁表面腐蚀严重，呈一道连续的条形凹陷，且凹陷区域两侧边缘近似为平直线。如图 4-46b 所示，外壁存在多处密集的局部补焊修复痕迹，说明此处多次发生了泄漏。沿垂直于凹陷方向将试样 C 剖开（图 4-46c），将左侧试样剖面磨平并用4%（质量分数）硝酸酒精微蚀后观察。垂直凹陷区域的剖面如图4-46d所示，试样剖面右上方的薄层是不锈钢衬板，下方银灰色厚层是碳钢基板，不锈钢衬板在类V形缺口处完全缺失，缺口深度已达到复合板厚度的一半，右侧边界平直，应是人为加工所致；缺口左侧未见不锈钢衬板，但可见几个不规则的孔洞，说明该处是泄漏点补焊的焊缝区。

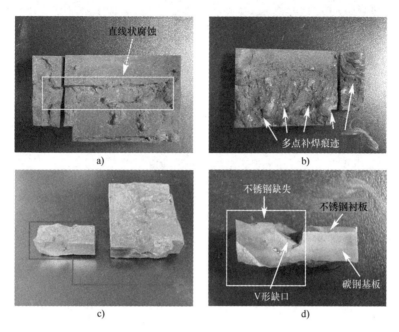

图4-46　试样C的宏观形貌
a）复合板内壁　b）外壁存在多处密集的补焊修复痕迹
c）沿垂直于凹陷方向将试样C剖开　d）垂直凹陷区域的剖面

在3D-SM下仔细观察图4-46d所示剖面。V形缺口左侧如图4-47a所示，放大后观察到微蚀后部分区域与周边相比显示出明显的颜色差异，边界分明，如图4-47b所示，箭头指向区域确实是泄漏后补焊的焊缝。图4-47c所示为剖面上形状不规则的孔洞，这是补焊产生的焊接缺陷。附近区域微蚀后还呈现分块边界，观察到边界两侧组织明显不同，再次证明是多次补焊的形貌特征。图4-47d所示为中间的类V形缺口，其右侧边界近似平整，深度较大，缺口尖端下方扇形区域（图4-47e）明显可见几道上凸弧形及其边界，因而是补焊形成的焊缝。图4-47f所示为内部焊接缺陷扩展。

同时，对试样C内壁采用SEM进行微观观察，其微观形貌如图4-48所示。在图4-48a所示不锈钢覆层内壁能清晰地看到平直边界的条状凹陷形貌，凹陷边界两侧呈直角且高于周围（图4-48b、c），故是泄漏后内壁修补的贴板。结合图4-47d和图4-48b可知，此处修补贴板的材质并非不锈钢，这与试样B中发现的补焊材质及其工艺不当相一致。还注意到V形缺口深度远超不锈钢衬板的厚度，不但反映出补焊材质和维修工艺不当，而且说明缺口处是补焊缺料、修复不完整留下的区域。虽然经过多次补焊贴板和修复，但选用的材质是碳钢焊条，无法在高浓度氯离子溶液环境中耐腐蚀，因而这些补焊效果甚微，很快因腐蚀而发生泄漏。

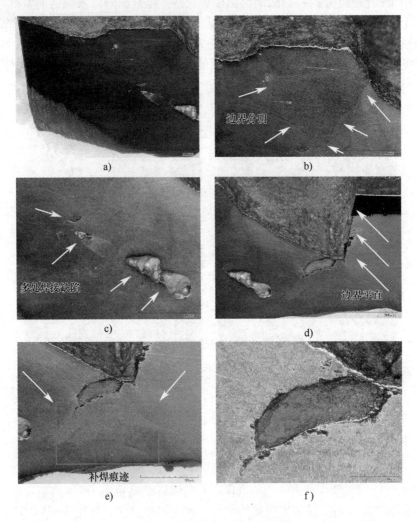

图 4-47 试样 C 剖面的细观形貌

a) V 形缺口左侧　b) 焊缝边界　c) 剖面上形状不规则孔洞　d) 中间的类 V 形缺口
e) 扇形区域　f) 内部焊接缺陷扩展

　　此外，图 4-34d 所示 2#样品切割后的右上方试样中，不锈钢衬板表面（图 4-49a）出现明显的溃烂状腐蚀坑，形貌与试样 A 的腐蚀坑（图 4-43a、b）很相似，在此做简要分析。将该部分切割下来，腐蚀坑宏观形貌如图 4-49b 所示，在 3D-SM 和 SEM 下分别观察其侧面形貌，腐蚀坑细观形貌及进一步放大后的形貌如图 4-49c、d 所示，腐蚀坑总体形貌和微观形貌如图 4-49e~f 所示。不锈钢衬板仅是局部溃烂状腐蚀，衬板穿透后在碳钢基板上的腐蚀呈放射状扩展。如图 4-49e、g 所示，使用 EDS 对腐蚀坑右上方腐蚀物 A、B，衬板 C 和碳钢基板 D 共四个位置进行微区成分分析，2#样品侧面腐蚀坑 EDS 能谱图如图 4-50 所示，其分析结果见表 4-14。结果表明 A、B 两处以 Fe、O 元素为主，确为腐蚀产物，但均含有较多的氯，由此证明是由氯离子引起的点蚀。而 C、D 两处微区的 EDS 分析结果分别与不锈钢与碳钢相符。

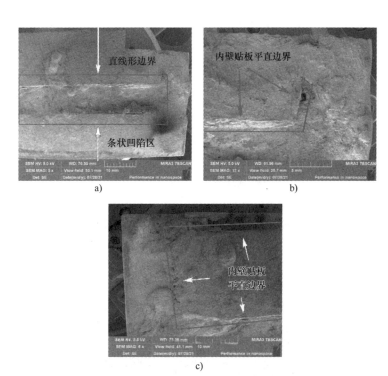

图 4-48　试样 C 内壁表面微观形貌

a）不锈钢覆层内壁　b）上方平直边缘右侧　c）上方平直边缘左侧

图 4-49　2#试样侧面腐蚀坑形貌

a）不锈钢衬板表面　b）腐蚀坑宏观形貌　c）腐蚀坑细观形貌　d）腐蚀坑进一步放大后的形貌

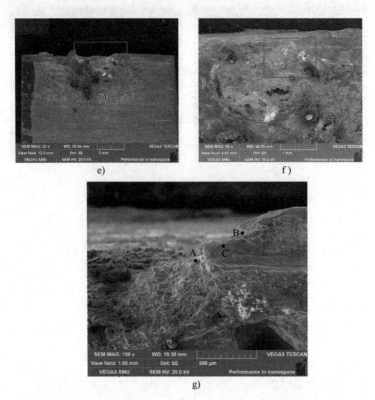

图 4-49　2#试样侧面腐蚀坑形貌（续）

e）腐蚀坑总体形貌　f）腐蚀坑微观形貌　g）腐蚀坑右上角

表 4-14　2#试样侧面腐蚀坑 EDS 分析结果

位置	主要成分（质量分数,%)								
	Fe	O	C	Mn	Cr	Ni	Mo	Cl	Na
A	63.48	26.52	4.50	0.97	1.33	—	—	0.83	2.37
B	64.53	29.49	3.20	—	1.58	—	—	0.51	0.70
C	69.27	2.98	6.13	—	6.39	11.89	3.34	—	—
D	85.18	5.89	8.06	0.87	—	—	—	—	—

（4）试样 D　试样 D 位于 3#样品一处外壁补焊的修复区域（图 4-35c）。如图 4-51a 所示，试样 D 去除不锈钢贴板后的内壁表面腐蚀严重，呈两道长度超过 50mm 的长条状凹陷，显示出直线形边界。外壁还有补焊痕迹，说明此处曾经发生过泄漏，如图 4-51b 所示。

需要特别注意的是，横截面上长条状腐蚀区域不锈钢与碳钢的结合界面异常。侧面与另一侧不锈钢覆层如图 4-51c、d 所示，中间覆层厚度超过正常水平，而两侧出现明显的缺料。

采用 3D-SM 对试样 D 内壁做进一步观察，试样 D 的细观形貌如图 4-53 所示。如图 4-52a（对应图 4-51a 的右上角）所示，不锈钢衬板有几处溃烂状腐蚀区域，表面有划痕；图 4-52b 所示为左侧另一处腐蚀区域，而长条状腐蚀区域并不连续，局部仍有相连，如图 4-52c（对应图 4-51d）所示。此外，在长条状腐蚀区域边界附近还观察到一条长约 10mm 的裂缝，腐蚀程度深而宽。内壁裂缝如图 4-52d 所示。

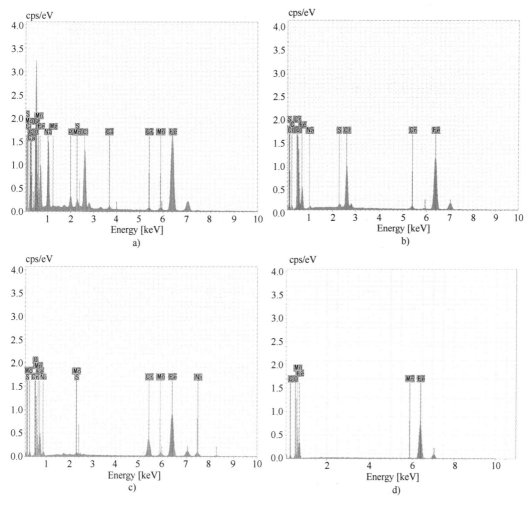

图 4-50　2#样品侧面腐蚀坑 EDS 能谱图

a）位置 A　b）位置 B　c）位置 C　d）位置 D

鉴于其长条状腐蚀区域及直线形边界与试样 C 有相似之处，所以对与图 4-52c 所示剖面配对的另一侧剖面做进一步观察。

图 4-53a、b 所示为配对的另一侧剖面微蚀前、后的形貌。在 3D-SM 下局部放大后，不同材料的组织被显现出来，显示 X 型坡口焊缝补焊的形貌微蚀后的细观形貌如图 4-53c 所示。此外，中间的不锈钢部分厚度超出不锈钢衬板，两侧不锈钢衬板连接处严重缺料，已腐蚀至下方的碳钢，左侧和右侧缺料腐蚀如图 4-53d、e 所示。下方显微组织明显不同于碳钢和不锈钢，碳钢向外凸出（图 4-53f），焊缝边界相当清晰，左侧和右侧三角形区域如图 4-53g、h 所示。

此外，在 SEM 下背散射电子像也清晰显示出复合板不锈钢衬板与碳钢基板的波浪形貌和局部缺料情况，一侧和另一侧不锈钢覆层缺料如图 4-54a、b 所示。如图 4-54c 所示，两道条状腐蚀外侧的直线边界基本平行，说明腐蚀发生在焊缝区。同时，内壁存在类似于试样 A

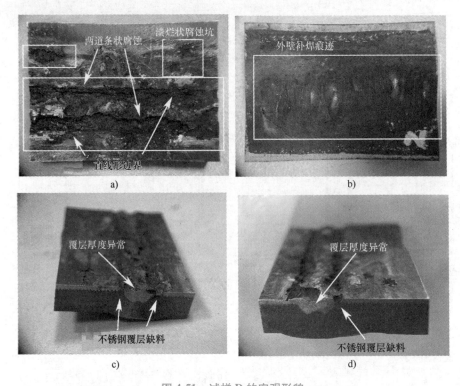

图 4-51　试样 D 的宏观形貌

a）复合板内壁　b）复合板外壁　c）侧面不锈钢覆层缺料　d）另一侧不锈钢覆层缺料

图 4-52　试样 D 的细观形貌

a）腐蚀坑与表面划痕　b）左侧另一处腐蚀　c）局部仍有相连　d）内壁裂缝

图 4-53 配对的另一侧剖面形貌

a）微蚀前的形貌 b）微蚀后的形貌 c）微蚀后的细观形貌 d）左侧缺料腐蚀
e）右侧缺料腐蚀 f）下方碳钢向外凸出 g）左侧三角形区域 h）右侧三角形区域

的腐蚀形貌。将图 4-54c 右下方区域放大，可以清晰地看到条状腐蚀区域位置恰好与不锈钢缺料位置相对应，如图 4-54d 所示，进一步看到如图 4-54e 所示的一条内壁腐蚀形成的裂缝，说明缺料处腐蚀严重，最终导致了穿透泄漏。

（5）试样 E 试样 E 是取自人孔处 4#样品一处的腐蚀区域（图 4-36c），材质是

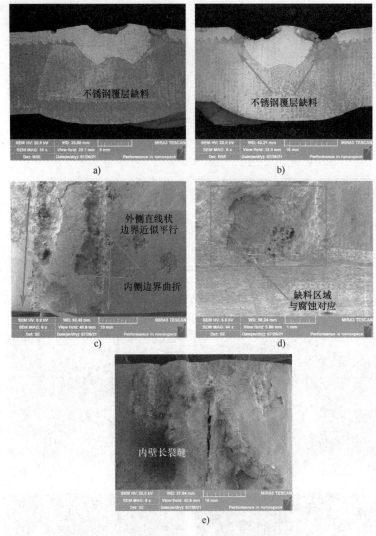

图 4-54 试样 D 的微观形貌

a) 一侧不锈钢覆层缺料 b) 另一侧不锈钢覆层缺料 c) 两道长条状腐蚀外侧的直线边界基本平行
d) 长条状腐蚀与不锈钢缺料位置相对应 e) 内壁腐蚀形成的裂缝

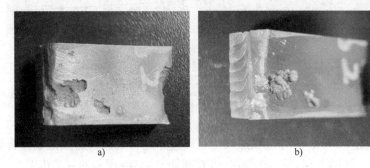

图 4-55 试样 E 的宏观形貌

a) 内壁腐蚀坑 b) 焊缝附近腐蚀坑

022Cr17Ni12Mo2 不锈钢。试样 E 的宏观形貌如图 4-55 所示，左侧焊缝附近有几个腐蚀坑，形态呈溃烂状，与试样 A 有点相似。这些腐蚀坑先独立形成，随着腐蚀进行，部分点蚀坑再彼此相连。

　　在 3D-SM 下对其中一处腐蚀坑放大观察，试样 E 的细观形貌如图 4-56 所示，发现内部存在密集的腐蚀坑群，是由小的点蚀坑逐渐发展后相互连接的。在 SEM 下观察试样 E 的微观形貌如图 4-57 所示，点蚀坑彼此相互连体，说明点腐蚀进程比较快，腐蚀程度是严重的。

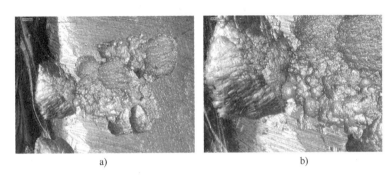

图 4-56　试样 E 的细观形貌

a）内壁腐蚀坑放大　b）腐蚀坑群

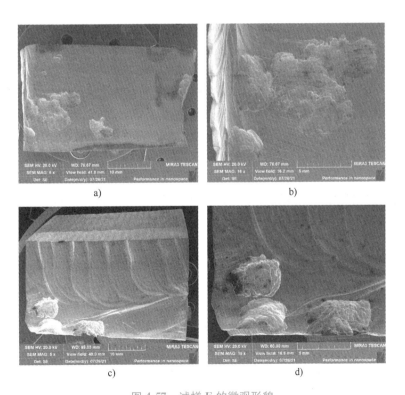

图 4-57　试样 E 的微观形貌

a）腐蚀坑总体形貌　b）腐蚀坑放大　c）焊缝侧面腐蚀坑　d）侧面腐蚀坑放大

e)

图 4-57 试样 E 的微观形貌（续）

e）右下角腐蚀坑放大

三、分析说明

1）参照材质检验和介质检测等试验结果，确认失效的Ⅲ效蒸发罐加热室下管箱复合板衬板均为合格的 022Cr17Ni12Mo2 超低碳不锈钢，化学成分和金相组织基本符合设计要求，但含有一定量的 B 类粗系超宽夹杂物；而卤水介质中的氯离子含量超过 100g/L。

在 3#样品（试样 D）中观察到两道长条状腐蚀区域及其直线状边界。经确认此处为变径管纵向焊缝区，而且两条状腐蚀区域的外侧边缘平直（图 4-51a）。条状腐蚀区域仅局限于焊缝内，未腐蚀至复合板的不锈钢衬板。结合剖面形貌（图 4-52b~d），可以推断外侧平直边缘是焊缝区缺料后显示的原复合板衬板边界，直线形边界产生的原因是该泄漏处补焊时先由人为加工坡口，但补焊时该处存在未熔合、未焊透或未焊牢等焊接缺陷。

焊缝区两侧由于存在缺料或未熔合等缺陷，焊接不完整，腐蚀自边界处开始向中间发展。焊缝区不锈钢覆层一旦穿透，碳钢基板暴露在卤水介质，则在点蚀和电偶腐蚀的共同作用下腐蚀进程加快，如图 4-42d、图 4-53d、e 所示，不锈钢覆层穿透后，碳钢作为阳极被加速腐蚀，而未穿透部分的不锈钢作为阴极被保护。

若存在焊接质量不合格、焊缝表面不规整、钝化工艺不恰当、钝化膜不完整等缺陷，则焊缝区连接边界极易发生电偶腐蚀，进而引发点蚀和应力腐蚀开裂，最终导致腐蚀快速穿透碳钢而发生泄漏。

总之，蒸发罐发生泄漏的根本原因是在制造蒸发罐过程中变径管焊接质量不良，部分焊缝存在严重的焊接缺陷，导致 3#样品（试样 D）焊缝区出现了长度为 50mm 的长条状腐蚀区，焊缝区连接区边界发生缺料，最后碳钢快速腐蚀而穿透泄漏。

2）通过观察 2#样品（试样 B、C）可知，复合板上大面积的多次补焊区域未采用氩弧焊保护的不锈钢焊条而使用了碳钢焊条（图 4-46a、b 和图 4-47a、d），而且除最后一次修复内侧 022Cr17Ni12Mo2 衬板，复合板内外贴板的多次修复也未按要求采用不锈钢焊条。蒸发罐复合板的焊接是异种钢焊接，根据设计要求，022Cr17Ni12Mo2 不锈钢覆层、过渡层及16MnDR 碳钢之间应分别采用 A022、A042、J507RH 焊条分三次焊接，蒸发罐焊接的焊接材料及焊条牌号见表 4-15。显然，仅采用一般碳钢焊条进行补焊和贴板修复，只能短暂延缓泄漏进程，并不能阻止补焊层碳钢的快速腐蚀和再次发生腐蚀泄漏。试样 C 的直线状腐蚀区域的直线形边界一侧是碳钢贴板修复的边缘，另一侧是补焊不完整留下的原复合板切口边缘，中间留下过深的 V 形缺口说明存在贴板范围不足、补焊缺料不完整的现象（图 4-48b）。因此，泄漏处补焊过程中由于焊条选用不当，补焊后未能有效堵漏，这是导致蒸发罐多次维修后仍再次发生泄漏的根本原因。

表 4-15　蒸发罐焊接的焊接材料及焊条牌号

焊接位置	焊接方式	焊接材料牌号
16MnDR 及基层之间	焊条电弧焊	J507RH
其他碳钢之间	焊条电弧焊	J427
碳钢与 022Cr17Ni12Mo2 不锈钢之间或过渡层	焊条电弧焊	A042
022Cr17Ni12Mo2 不锈钢之间或覆层之间	焊条电弧焊	A022
碳钢与 022Cr19Ni10 不锈钢之间	焊条电弧焊	A062
022Cr17Ni12Mo2 不锈钢之间	焊条电弧焊	A002
管板与换热管	氩弧焊	

3）1#~4#样品不锈钢衬板表面均观察到溃烂状局部腐蚀形貌（图 4-42a、b，图 4-49a、b，图 4-51a、b，图 4-54a、b），经过微区成分分析证明腐蚀产物中含有大量的氯，证明是由氯离子引起的点蚀。尽管四个样品均有相关的局部腐蚀形貌，但仅发生在部分位置，而不锈钢的其他表面大部分基本完好。从盐场生产现场Ⅱ效蒸发罐加热室上管箱内壁经 2205 不锈钢贴板修复后看到的实际状况（图 4-30a~c）和Ⅱ效蒸发罐下循环管内壁衬板情况，图 4-31a~c）来看，没有发现明显的点腐蚀缺陷，这说明只要 022Cr17Ni12Mo2 不锈钢表面质量基本完好，并不存在表面缺陷，它是可以在较长时间内适应卤水介质的操作工况。

事实上，022Cr17Ni12Mo2 奥氏体不锈钢的耐蚀性能取决于以 Cr_2O_3、CrOOH 等为主要成分的表面致密的钝化膜，钝化膜将金属基体和腐蚀介质隔开，从而提高了耐蚀性。022Cr17Ni12Mo2 奥氏体不锈钢对氯离子极为敏感，在卤水这样的高浓度 NaCl 盐溶液中，钝化膜一旦不完整，比如表面凹陷、划痕、夹杂物等，将为点蚀的产生提供基本条件。一旦诱发，点蚀坑内金属阳离子持续溶解，水解后产生氢离子，而氯离子不断迁入孔内，形成孔内小阳极、孔外大阴极的自催化反应体系。点蚀孔是一种窄且深的特殊形貌，一旦形成将在自催化体系下会持续加速发展，而且点蚀往往成为诱发应力腐蚀开裂（SCC）的源点。总之，不锈钢的点蚀与化学成分、显微组织、表面状态等因素密切相关。

结合观察到的表面形态，可以推断上述位置的腐蚀坑应是起源于表面划痕、凹陷、夹杂物、焊料飞溅等缺陷处，不锈钢表面钝化膜被局部破坏后，在点蚀和应力腐蚀开裂的共同作用下不断向深度方向扩展。对 022Cr17Ni12Mo2 不锈钢材料的 4#样品（试样 E）做简要说明：该样品取自检查人孔内壁的局部腐蚀区，其他部分表面均完好，说明上述点腐蚀的产生有特殊性，可能起源于诸如划痕、凹陷、夹杂物、焊料飞溅等某一表面缺陷处。

四、分析意见

1）蒸发罐在用复合板的制作过程中，变径管筒体的焊接工艺不当，存在严重的焊接缺陷，焊缝区不锈钢覆盖层在点蚀和电偶腐蚀的共同作用下腐蚀穿透，随后引起碳钢基板的快速腐蚀，这是导致原Ⅲ效蒸发罐下管箱发生腐蚀穿透而过早泄漏的根本原因。这属于因焊接工艺不当而产生的质量问题。

2）蒸发罐发生腐蚀泄漏后补焊工艺及其焊条材质使用不当，导致修复后再次发生多次泄漏，这是导致原Ⅲ效蒸发罐下管箱经多次修复后仍发生腐蚀穿透而过早泄漏的另一根本原因。这属于因补焊工艺及其焊条材质使用不当而引发的质量问题。

3）在制作蒸发罐时部分焊缝存在焊接缺陷，投用前未能通过无损检测及时检出并修复，焊接缺陷发生漏检是导致原Ⅲ效蒸发罐下管箱发生腐蚀穿透而过早泄漏的一个重要原因。这属于制造质量问题。

4）爆炸焊制成的复合板不锈钢衬板的个别位置存在划痕、凹陷、夹杂物或者焊料飞溅等表面缺陷，引发点腐蚀，这是导致原Ⅲ效蒸发罐下管箱发生腐蚀穿透而过早泄漏的另一重要原因。这属于因材质表面缺陷而引发的质量问题。

综上所述，加工制作的综合技术改造项目蒸发系统存在焊接工艺不当、补焊工艺及其焊条材质使用不当、制造及材质表面缺陷质量问题。

模块五 接触疲劳失效

一、接触疲劳概述

接触疲劳是工件表面在接触压应力的长期不断反复作用下发生的一种表面疲劳破坏现象，表现为接触表面出现许多针状或痘状的凹坑，称为麻点，也称点蚀或麻点磨损。有的凹坑很深，有疲劳裂纹发展线的痕迹存在。在刚出现少数麻点时，一般仍能继续工作，但随着工作时间的延续，麻点剥落现象将不断增多和扩大，如齿轮在此时啮合情况会恶化，使齿间磨损加剧，发生较大的附加冲击力，噪声增大，甚至引起齿根折断。由此可见，研究金属的接触疲劳问题对延长这些机件的使用寿命有着重大的意义。

磨损是接触疲劳常见的一种方式，任何机器运转时，相互接触的零件之间都将因相对运动而产生摩擦，而磨损正是由于摩擦产生的结果。由于磨损将造成表层材料的损耗、零件尺寸发生变化，直接影响了零件的使用寿命。从材料学科特别是从材料的工程应用来看，人们更重视研究材料的磨损。据不完全统计，世界能源的 $1/3 \sim 1/2$ 消耗于摩擦，而机械零件 80% 的失效原因是磨损。

磨损是两接触表面在交变接触压应力的作用下，材料表面因疲劳而产生物质损失的现象。表面疲劳磨损主要出现在相对滚动或滚动与滑动并存的摩擦副，是齿轮副的齿轮表面、滚动轴承的滚动体及内外圈滚道表面、凸轮副等零件的主要失效形式之一。疲劳磨损的结果是使汽车零件工作振动加大、噪声增加、温度升高、磨损加剧，严重时会丧失工作能力。

与摩擦相比，磨损要复杂得多。直到目前，磨损的机理还不十分清楚，也没有一条简明的定量定律。对大多数机器来说，磨损比摩擦显得更为重要，实际上人们对磨损的理解远远不如摩擦。对机器磨损的预测能力也很差，对于大多数不同系统的材料，在空气中的摩擦系数大小相差不超过 20 倍，而磨损率之差却很大。

磨损似乎比摩擦具有更高的复杂性和敏感性。在具体的工作条件下，影响因素是十分复杂的，它包括工作条件、环境因素、介质因素和润滑条件及零件材料的成分、组织和工作表面的物理、化学、力学性能等，了解影响因素有利于实现对磨损的控制。

磨损可导致零件因疲劳而失效，一般有以下三种形式：

1）完全丧失其功能，如零件的断裂。

2）功能衰退，部分地失去其原有功能，达不到原定的设计指标，如发动机汽缸因严重磨损漏气使发动机功率降低。

3）不能保证可靠性和安全性，如连杆螺栓因磨损严重变形使其在继续服役中变得不安全，因而必须立即拆除调换；又经过长期高温运行的压力容器及其管道，其内部组织已经发生变化，当达到一定的运行时间，继续使用就存在开裂的可能。

二、影响接触疲劳失效的因素

影响接触疲劳失效的因素分为内因和外因。内因是导致发生失效零件或材料的物理、化学或机械损伤过程等；外因，如人为破坏。可见内因决定了接触疲劳失效的根本。接触疲劳往往与材料金相组织、非金属夹杂物、碳化物、材料牌号以及热处理氧化脱碳等因素有关。这些成因可以单独出现，在材料后期使用中降低其力学指标，使其出现接触疲劳，也可以多个共同出现，加速接触疲劳程度。

1. 金相带状组织对接触疲劳的影响

带状组织是指亚共析钢中珠光体和铁素体呈带状排列的现象。是钢在冶炼过程中形成的缺陷组织。钢液在铸锭结晶过程中选择性结晶形成化学成分呈不均匀分布的枝晶组织，铸锭中的粗大枝晶在轧制时沿变形方向被拉长，并逐渐与变形方向一致，从而形成碳及合金元素的贫化带和富化带彼此交替堆叠，在缓冷条件下，先在碳和合金元素贫化带（过冷奥氏体稳定性较低）析出先共析铁素体，将多余的碳排入两侧的富化带，最终形成以铁素体为主的带；而碳及合金元素富化带（过冷奥氏体稳定性较高），在其后形成以珠光体为主的带。最终形成以铁素体和珠光体交替排列的带状组织。成分偏析越严重，形成的带状组织越严重。

图 4-58 所示为亚共析钢的带状组织，在 4%（质量分数）硝酸酒精溶液浸蚀后，白色铁素体和深色珠光体呈带状分布。

钢中存在磷的偏析时会形成带状组织。当钢在 $A_3 \sim A_1$ 区间慢冷时，由于高磷区域 A_3 温度高，因此首先形成铁素体，碳被浓缩到低磷区，造成低磷富碳区，在随后冷却时发生共析转变形成珠光体，使组织分层排列。

如果奥氏体中合金元素含量不均匀，将导致其晶粒长大倾向不一，碳化物形成元素富化区易残留未溶碳化物和降低碳原子扩散速度，进而抑制晶粒长大，贫化区晶粒则容易长大，故易出现混晶组织。淬火时合金元素贫化区的淬透性低，易形成非马氏体组织。渗碳淬火时混晶中的粗大晶粒形成粗大针状马氏体，将增加残留奥氏体量。因此，带状组织在常规热处理之后，都具有较低

图 4-58　亚共析钢的带状组织

的力学性能。如果在材料冶炼过程中不加以控制消除，受其影响，金属零件使用中会出现接触疲劳并最终导致断裂。

2. 碳化物对接触疲劳的影响

高碳钢及高碳合金钢中的碳化物常常表现出不均匀性，如碳化物液析、碳化物带状和碳化物网状。高碳钢和高碳高合金钢中的碳化物不均匀性导致后期的接触疲劳，三者之中，以碳化物液析最为有害。

（1）碳化物液析　碳化物液析是液相中碳及合金元素富集而产生的亚稳共晶莱氏体。热加工时，亚稳共晶莱氏体破碎成不规则的碎块，沿压延方向呈链状或条状分布。它的存在会使轴承零件在热处理过程中产生淬火裂纹；在使用过程中因处于表皮碳化物的剥落而耐磨性降低，导致接触疲劳产生裂纹，进而缩短疲劳寿命。

（2）碳化物带状　碳化物带状是钢液在凝固过程形成的结晶偏析（晶间偏析），造成碳高低浓度不同的偏析带，轧制延伸后，冷却过程中高浓度区域析出大量过剩的二次碳化物，从而形成黑白（高低碳）相间的碳化物条带组织。随着碳化物带状偏析的加剧，热处理的裂纹敏感性增强，高低碳带之间的显微硬度差增大，影响接触疲劳寿命。

（3）碳化物网状　碳化物网状是在过共析钢中奥氏体晶粒边界析出呈网络状分布的过剩的二次碳化物。网状碳化物一旦形成，就会在以后的加工和使用的过程中产生不良后果。首先，严重的碳化物网并不能在以后的球化退火中完全消除，这样，在轴承加工的研磨过程中就易产生磨裂，也称龟裂；其次，如果原先网状碳化物严重，不但球化退火不能消除，甚至在以后的淬火组织中仍有保留，在这种情况下很容易产生淬火裂纹，即使在淬火时没有产生龟裂，在以后的使用过程中网状碳化物也容易引起接触疲劳裂纹。

3. 非金属夹杂物对接触疲劳的影响

非金属夹杂物是指存在于钢中的金属或非金属化合物，在钢铁材料中一般都含有非金属夹杂物。这些夹杂物的种类和形状是多种多样的，对钢材的影响程度也不一样。一般来说，非金属夹杂物的存在，破坏了金属基体的连续性，在热处理时易引起淬火裂纹；当金属承受载荷特别是动载荷时，易造成应力集中，使钢的力学性能，特别是疲劳强度降低，甚至导致齿轮、轴类等机械零件在使用过程中因接触而引发磨损、断裂等失效。

非金属夹杂物的存在，还使钢的抗腐蚀性能降低，并使机械加工后的表面质量变差，加速了磨损失效；较严重的非金属夹杂物，在钢经热加工后呈带状分布，从而造成力学性能的各向异性，导致接触面磨损加剧产生蚀坑或疲劳裂纹；夹杂物的存在还会使冲压件的性能变坏，零件接触时易在接触面上夹杂物集中处开裂。

4. 氧化脱碳层组织对接触疲劳的影响

45 钢在 920℃加热 15min 水淬，沿纵截面产生了平行于轴线的纵向裂纹，将有裂纹的试样分别在不同温度加热并保温 60min 后空冷，裂纹尾部的显微组织如图 4-59 所示。

如图 4-59a 所示，在 780℃保温 60min 后空冷的显微组织，裂纹两侧有严重的氧化，并产生了柱状晶的全脱碳层，几乎没有半脱碳层。780℃是 45 钢的 Ac_3 温度，此温度的全脱碳层达到最深。

如图 4-59b 所示，在 850℃保温 60min 后空冷的显微组织，裂纹两侧严重氧化，脱碳层组织由靠近裂纹两侧的全脱碳和向里的半脱碳层组成。

如图 4-59c 所示，在 920℃保温 60min 后空冷的显微组织，裂纹两侧严重氧化，脱碳层组织只有粒状晶的半脱碳层，没有全脱碳层。

随着加热温度的升高，全脱碳层逐渐消失，半脱碳层出现，而且全脱碳层中的柱状晶逐

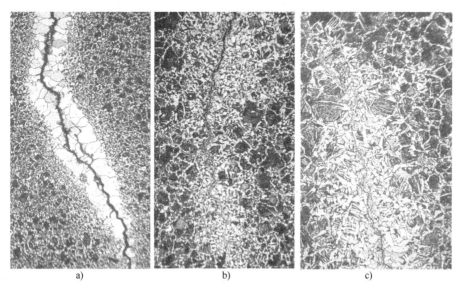

图 4-59 裂纹尾部的显微组织

a) 780℃ b) 850℃ c) 920℃

渐向大晶粒转变直到消失，半脱碳层中全部为粒状晶。

45 钢在 Ac_1 以上加热时，裂纹两侧脱碳程度不同，脱碳层组织形态也不一样。在 $Ac_1 \sim Ac_3$ 温度加热，产生柱状晶的全脱碳层，不存在半脱碳。这是因为氧化脱碳是反应扩散过程，亚共析钢在此温度加热保温时，根据相律及反应扩散的特点，在二元合金扩散区中不存在混合相，因为多相共存的条件是化学位相等，而当化学位相等时，扩散又失去了驱动力，这又不符合扩散的原理，所以此区间浓度分布不连续，相界面上有浓度的突变，因此在该区间加热会形成全脱碳层。

如果热处理工艺不当，当形成脱碳层后，材料表面力学性能及化学性能将大大降低，如工件在使用之前已经存在这类缺陷，则将加剧接触磨损产生裂纹，影响工件疲劳寿命。

综合训练

1. 什么是磨损失效分析？
2. 如何判断磨损失效？
3. 磨损失效分析的步骤是什么？如何预防？
4. 腐蚀失效分析的形式都有哪些？各有什么危害？
5. 点腐蚀和缝隙腐蚀各有什么特点？应该如何预防？
6. 疲劳失效的基本形式有哪些？其一般特征是什么？
7. 点腐蚀的腐蚀坑在材料表面都有什么形态？请画图简要说明。
8. 提高材料耐磨损的表面处理方法可以分为哪三类？
9. 全面腐蚀一般用什么来评定？局部腐蚀又分为哪些类型？
10. 简要说明影响点腐蚀的因素。

第五单元
金属构件加工缺陷与失效

学习目标

　　金属构件加工成形过程中，由于工艺自身特点和技术水平的制约，每一种工艺都有各自不同的质量问题，它们对零件使用性能的影响也较为复杂，在此仅对在使用中发现的引起零件失效的较为突出的缺陷做一说明。通过本单元的学习，能够达到以下要求：根据加工缺陷与失效的形貌特征准确判断加工方法，并且能够分析金属构件加工时产生的缺陷与发生失效的原因，并采取相应的预防措施。

模块一　铸造加工缺陷与失效

案例引入

【案例5-1】　在铸造过程中产生的各种缺陷（缩松、缩孔、气孔等）会造成汽车轮毂的断裂、磨损等失效发生。通过改进轮毂的结构，可以避免热节过大，减少内在铸造缺陷，从而提高轮毂承载能力。同时，轮毂铸件壁厚减薄、质量减轻，符合绿色低碳的汽车生产制造要求和发展理念。

一、冷隔

1. 产生原因

冷隔是存在于铸件表面或表皮下的不连续组织，是由两股未能相互融合的金属液流汇合所形成的不规则线性缺陷。

2. 外貌与特征

冷隔缺陷多呈裂纹状或具有光滑边缘的水纹外貌，如图5-1所示。其显微特征是金相组织比基体组织粗大，树枝状结晶明显，周围常被氧化皮所包围，因此与基体组织有明显界线。冷隔缺陷一般出现在铸件顶壁上、薄的水平面和垂直面上、厚薄转接处及薄肋处等部位。

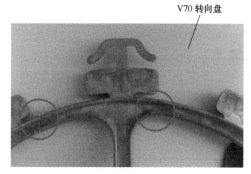

V70 转向盘

图 5-1　冷隔缺陷

3. 预防措施

预防措施包括：提高浇注温度和浇注速度；改善浇注系统；浇注时不断流。

二、气孔

1. 产生原因

金属在熔融状态下溶解大量气体，而在冷凝过程中绝大部分气体逸出，残余的少量气体则在金属构件内部形成气孔（或称气泡）。

2. 形成原因

砂型铸造时，砂中的水分与液态金属发生作用，也可能形成气孔。此外，液态金属在浇注和在铸型型腔内流动的过程中，空气或铸型内的气体可能被卷入而引起气孔。气孔常出现在铸件最后凝固的厚大处或厚薄截面的交接处。

3. 外貌与特征

气孔缺陷常呈大小不等的圆形、椭圆形及少数不规则形状（如喇叭形），如图 5-2 所示。产生于钢锭边缘一带的气孔常垂直于型壁。气孔内一般无氧化物和其他夹杂物。气孔的断口形貌特征为光滑、干净的内壁，但因空气卷入而引起的气孔，则常因氧化而呈现暗蓝色或褐黑色。

100 μm

a)　　　　　　b)

图 5-2　气孔缺陷

a) 宏观气孔　b) 电子显微镜下气孔

4. 预防措施

预防措施包括降低熔炼时金属的吸气量；减少砂型在浇注过程中的发气量；改进铸件结构，提高砂型和型芯的透气性，使铸型内气体能顺利排出。

资料卡

扫描电子显微镜（Scanning Electron Microscope，SEM）主要是利用二次电子信号成像来观察样品的表面形态，即用极狭窄的电子束去扫描样品，通过电子束与样品的相互作用产生各种效应，其中主要是样品的二次电子发射。它可用于材料微观放大成像、材料微观区域化学成分分析、材料微观区域晶体结构分析。

三、针孔

1. 产生原因

溶解于合金液中的气体在凝固过程中析出时，因某种原因而残留在铸件中形成的针状孔洞称为针孔。它是直径小于或等于 1mm 的小气孔。表 5-1 列出了铝合金铸件针孔严重程度等级。

表 5-1　铝合金铸件针孔严重程度等级

严重程度等级	参考图像	在 1cm² 范围内孔洞的数量和尺寸
01		在被检测表面上无可见孔洞
1		不超过 5 个，其中 4 个直径不超过 0.1mm，1 个直径不超过 0.2mm
2		不超过 10 个，其中 8 个直径不超过 0.1mm，2 个直径不超过 0.2mm
3		不超过 15 个，其中 12 个直径不超过 0.3mm，3 个直径不超过 0.5mm
4		不超过 20 个，其中 14 个直径不超过 0.5mm，6 个直径不超过 1.0mm
5		不超过 25 个，其中 15 个直径不超过 0.5mm，7 个直径不超过 1.0mm，3 个直径不超过 1.5mm

2. 外貌与特征

针孔在铸件中呈狭长形，方向与表面垂直，有一定深度，孔内表面光滑，一般在表面处孔径较小，向内逐渐增大。通常，针孔无规则地分布在铸件的各个部位，特别是厚大截面处、内转角及冷却速度缓慢的部位。但在非铁金属内，气孔有时也在晶粒内呈规则的排列。

四、缩孔

1. 产生原因

金属从液态至固态的凝固期间产生的收缩得不到充分补缩，使铸件在最后凝固部位形成具有粗糙的或粗晶粒表面的孔洞，一般呈倒锥形。缩孔缺陷如图 5-3 所示。

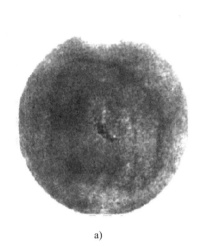 

a)　　　　　　　　　　　　　　　b)

图 5-3　缩孔缺陷

a）低碳钼钢铸锭端部取样　b）Cr17 铸钢钢锭下部取样

2. 预防措施

壁厚小且均匀的铸件要采用同时凝固；壁厚大且不均匀的铸件应采用由薄向厚的顺序凝固，合理放置冒口的冷铁。

五、疏松

1. 产生原因

铸件组织不致密，存在着细小且分散孔穴的现象称为疏松（或缩松）。

2. 外貌与特征

在非铁金属铸件内，有时会发现沿晶界分布的疏松，也称晶间疏松，钢铁材料中很少见。通常，疏松细小而分散，表面或内壁不光滑，常可见到明显的较粗大的树枝状结晶，严重时可产生裂纹。一般情况下，疏松区域的夹杂物也比较集中。疏松缺陷如图 5-4 所示。

3. 预防措施

预防措施包括：合理选择合金成分；合理选择铸造工艺；采用合理的锻轧工艺。

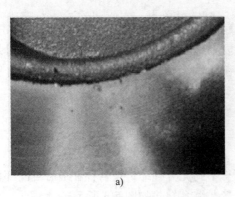
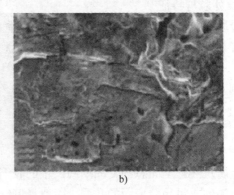

a) b)

图 5-4 疏松缺陷

a) 铸造制动盘的严重疏松 b) 不锈钢阀体的晶间疏松

技术说

球墨铸件在压力管道、汽车发动机制造等领域得到广泛应用。然而，球铁铸件在砂型铸造过程中内部容易产生缩孔、缩松缺陷，直接导致产品泄漏、整体强度和使用性能下降。传统的改进方法需要通过模具翻砂制作砂型，达到修改浇注工艺的目的，这是相当困难的。而 3D 打印技术可以实现无模制作砂型、改进浇注工艺和快速开发样件，这大大缩短了研发周期，节约了模具成本和研发成本，保证了产品质量。

六、夹杂物

1. 产生原因

夹杂物是指固态金属基体内的非金属物质。铸件中常见的夹杂物包括耐火材料、熔渣、熔剂、脱氧产物及铸造金属氧化物等的颗粒，一般又可分为硫化物、氧化物、氮化物和硅酸盐等。

2. 外貌与特征

绝大多数非金属夹杂物没有金属光泽；不同的夹杂物具有不同的色泽与形状，其熔点和性质也各不相同。非金属夹杂物在反射光下的色泽，随显微镜观察时所用的光源的性质不同而不同；只有在暗场或偏振光下才能看到夹杂物的固有色彩。

（1）硫化物 它包括 MnS 与 FeS 固溶体型夹杂物，呈球状或共晶状，具有良好的塑性，抛光时不易剥落。明场中 FeS 呈淡黄色，MnS 呈蓝灰色，且随 MnS 含量的增加其颜色变为深灰色，然后变得稍微透明而具有黄绿色；暗场下不透明；偏光下各向异性，不透明。硫化物易受 10%（质量分数）铬酸、碱性苦味酸钠和 20%（质量分数）氢氟酸溶液的侵蚀。

（2）SiO_2 夹杂物 它包括石英（六方晶系）、磷石英（斜方晶系）、方石英（α 属立方晶系，β 属四方晶系）。非晶体 SiO_2 呈大小不同的典型小球，明场中呈深灰色，常随其中所含的杂质不同而具有不同的色彩，中心有亮点，边缘有亮环；暗场中无色透明，鲜明地发亮；偏光下透明并有暗十字。

（3）Al_2O_3夹杂物　此类夹杂物无确定形状；硬脆，不易磨光，易剥落，常在磨光面上留下曳尾；明场中呈深灰带紫色；暗场中透明，呈亮黄色；偏光下各向异性，但颗粒小时各向异性不明显。

（4）TiN夹杂物　此类夹杂物为立方晶系；呈有规则的几何形状，如正方形或长方形等；无可塑性，易剥落；易受煮沸的20%（质量分数）氢氟酸溶液侵蚀；明场中呈淡黄色；随基体中含碳量的增加，其色彩按淡黄、粉红、紫红而变动；暗场中不透明，周界被光亮的线条所围绕；偏光下各向同性，不透明。

3. 预防措施

预防措施包括严格控制型砂、芯砂性能；改善浇注系统，使金属液流动平稳；大平面铸件要倾斜浇注。

资料卡

鉴别夹杂物的方法有宏观的和微观的两大类，可用来确定夹杂物的种类、形状、性质和分布。较为常用的宏观鉴别法有断口鉴别法、硫印、酸蚀（冷蚀和热蚀）、超声波鉴定法等；常用的微观鉴别法有化学分析法、岩相法、金相法、X射线衍射和电子显微镜观察等。

七、偏析

1. 产生原因

合金在冷凝过程中，由于某些因素导致的化学成分不一致称为偏析。硫的区域偏析（硫印图）如图5-5所示。

2. 分类

（1）晶内偏析　凝固形成的晶体内部由于扩散不足引起的偏析。

（2）区域偏析　先结晶区域与后结晶区域间的化学成分不均匀。

（3）比重偏析　先结晶区域的密度不同于后结晶区域间的密度引起的偏析。

3. 偏析的预防措施

预防措施包括：净化金属液；改善凝固条件；扩散退火处理。

八、热裂纹

1. 产生原因

金属液在完全凝固之前，在固相线附近的液

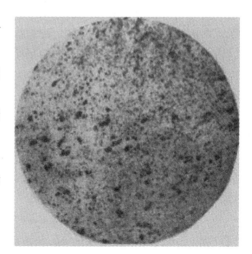

图5-5　硫的区域偏析（硫印图）

固共存区，因收缩受阻而形成的裂纹，称为热裂纹。热裂纹常常延伸到铸件表面，暴露于大气之中，受到严重氧化和脱碳或发生其他大气反应。

2. 形貌与特征

热裂纹呈连续或断续分布，有时呈网状或半网状，裂纹短而宽，无尖尾，形状曲折，无金属光泽（呈氧化色）。微观上为沿晶断裂，伴有严重的氧化脱碳，有时有明显的偏析、疏松、杂质和孔洞等。热裂纹缺陷如图 5-6 所示。

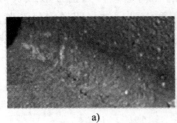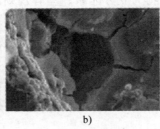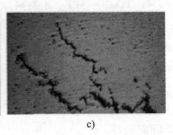

a)   b)   c)

图 5-6　热裂纹缺陷

a）铸件外热裂纹宏观形貌　b）铸件外热裂纹微观形态　c）铸件内热裂纹

3. 预防措施

预防措施包括：合理地调整合金成分（严格控制钢和铁中的硫、磷含量）；合理地设计铸件结构；采用同时凝固的原则和改善型（芯）砂的退让性。

九、冷裂纹

1. 产生原因

冷裂纹发生在金属液凝固之后，是由于冷却时所形成的热应力、组织应力及搬运、清理、校正时的热振作用而产生的。

2. 形貌与特征

冷裂纹不如热裂纹明显，裂纹细小，呈连续直线状；微观上为穿晶断裂，基本上无氧化脱碳，两侧组织和基体相差不大。冷裂纹大多出现在铸件的最后凝固部位，特别是在应力集中的内尖角、缩孔、夹杂部位及结构复杂的铸件上。

3. 预防措施

预防措施包括：合理设计结构，减少内应力，控制 P 含量，提高退让性；凡是减小铸造内应力或降低合金脆性的措施，都能防止冷裂纹的形成，如钢和铸铁中的 P 能显著降低合金的冲击韧性，增加脆性，容易产生冷裂纹。

图 5-7 所示为常见的铸造缺陷射线探伤图像，可供对比。

资料卡

射线检验是应用较早的材料检测方法之一。1896 年，即德国物理学家伦琴（W. K. Röntgen）发现 X 射线的第二年，英国的霍尔·爱德华兹（Hall·EdWards）和拉德克利夫（Radcliffe）便把 X 射线用于医疗诊断；不久又将 X 射线用于检查金属缺陷。γ 射线检验始于 1925 年，当时，皮隆（H. Pilon）和拉博德（M. A. Laborde）用镭对蒸汽机进行射线检查。1948 年以后，由于人工放射性同位素的出现，γ 射线检验的应用日趋广泛。

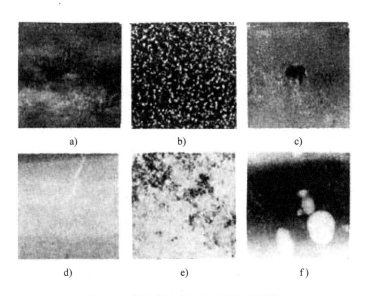

图 5-7　常见的铸造缺陷射线探伤图像

a）疏松　b）针孔　c）夹杂物　d）裂纹　e）偏析　f）气孔

工匠说

"有一种责任感督促我，要铸造好铝合金材料，实现国家高精尖、高强高韧铝合金材料的突破。"贾春成说。他是东北轻合金有限责任公司一名特级技师，也是 2022 年全国五一劳动奖章获得者。贾春成 20 多年来始终奋战在铝镁合金铸造前沿，他全程参与了神舟、嫦娥、天宫等航空航天系列工程用铝镁合金新材料的研发、试制、生产，累计铸造高端合金上百万吨。在某火箭底座的连接锻环研发中，他解决了熔体内部组织不均匀以及产生夹渣的问题，确保了重点工程项目如期进行；在一项重点项目的科研攻关过程中，他铸造出长度为 4m 的超大规格铝合金铸锭（当时国内该合金板材最长只能铸到 1.8m），填补了国内高精尖高强高韧铝合金材料铸造的一块空白。贾春成用 20 多年的攻坚克难、锐意创新在铸造"大国重器"的机台上谱写出青春华章。

模块二　锻造加工缺陷与失效

▶ 案例引入

【案例 5-2】　在工程建设中，热作模具所起到的作用是不能代替的，热作模具钢的锻造质量直接关系着建筑工程的总体效果，与人民的生命和财产安全有着紧密的联系。实际上，各种质量的原材料参差不齐，再加上锻造的质量不符合规范，直接影响了热作模具钢的整体质量，如在锻造早期就出现的断裂、热疲劳、疲劳断裂等现象。

一、折叠

1. 产生原因

锻件一部分表面金属折入锻件内部，使金属形成重叠层缺陷，称为折叠。模锻件的典型折叠如图5-8所示。折叠是金属在锻轧过程中，变形流动金属与已氧化的金属汇合在一起而形成的。锻轧时产生的尖角、耳子一般均较薄，冷却速度较基体快，易氧化而形成一层氧化皮，因而不能再与基体金属互相溶合而产生折叠。此外，在锻件的截面突变处、枝杈结构处，由于金属的多向流动而易于形成折叠。铸锭或坯料表面存在缺陷（疤痕和不平整、粗大的刮伤、轧辊表面有磨损或剥落；模具表面缺陷）；锻轧前金属加热不良；锻模、轧槽设计不合理；锻轧工艺设计不合理或操作不当；冷拔工艺不当等都会导致折叠产生。

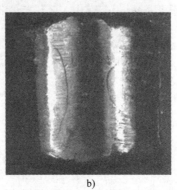

a)　　　　　　　　　　　　b)

图 5-8　模锻件的典型折叠

a）汽车连杆模锻件的折叠　b）球面管嘴模锻件的折叠

2. 常见折叠的类型

常见折叠的类型包括：存在于轧件一侧的贯穿全长的折叠；在轧件两边相对称的侧面上贯穿全长的折叠；存在于锻轧件全长上断续状的分散折叠（模锻件或轧件上的分散折叠具有周期性分布的）；拔长件横截面上的横向折叠；线材、管材上的横向全长折叠或局部折叠等。

3. 形貌与特征

锻轧件表面上存在的折叠，在很多情况下与裂纹等缺陷难以区别，因此正确地判断与区分这些缺陷的性质，对失效件的分析和以后采取相应的工艺和措施以防止其产生是极其重要的。折叠从表面开始，其高倍特征是开口较大，两侧较平滑，有程度不同的氧化脱碳现象，尾端圆秃，内存氧化物夹杂，一般与金属表面呈锐角，或与金属流线方向一致。对非铁金属型材上的折叠进行微观分析时，在折叠缝内及其两侧通常见不到氧化物夹杂，且两侧无脱碳组织。

4. 预防措施

预防措施包括：合理控制坯料长度；通过改进型砧型腔或控制制坯，达到坯料分布合理的目的；若要避免横截面尖角，则应对坯料做封棱处理或加大型砧型腔的过渡圆角半径；产生后随即磨掉，然后再放回终锻型槽中成形。

二、分层

1. 产生原因

锻件金属局部不连续而分隔为两层或多层称为分层。钢板分层缺陷如图 5-9 所示。分层缺陷产生的主要原因是金属中存在未溶合的裂纹、非金属夹杂物、缩孔、气孔等缺陷，在锻造后使金属局部不连续而分隔为两层或多层。

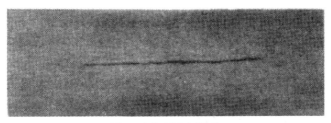

图 5-9　钢板分层缺陷

2. 形貌与特征

分层一般都平行于压力加工表面，在纵、横向截面低倍试片上均有黑线。分层严重时有裂纹发生，在裂纹中往往有氧化铁、非金属夹杂物和严重的偏析物质。

3. 锻入的氧化皮

一般情况下，金属表面极易氧化，尤其在锻造加热过程中极易形成表面氧化皮，如 Fe、Si 和 Mn 的氧化物，铝合金则形成 Al_2O_3 氧化膜。这些氧化皮（氧化膜）是在合金熔炼、浇注或前道锻轧工序中形成的，并且在锻压之前或过程中都不能消除，它的作用如同非金属夹杂物，其显微特征为沿金属流线呈点状或线状（条状）分布。

技术说

钽钨合金具有极为出色的物理化学性能，被广泛应用于航天、航空、航海和国防等领域。但在无保护锻造过程中，合金表层出现氧化粉化，次表层形成氧化固溶层，导致裂纹和折叠产生以及塑性降低。通过在锻造前对合金表面涂覆适合的玻璃基涂层可以有效解决上述问题，锻造完毕后通过机械加工或打磨的方式清除表面残留物即可。

三、流线不顺

锻件流线不沿零件主要轮廓外形分布，严重时会形成涡流、穿流或紊流流线。锻造曲轴的流线分布如图 5-10 所示。涡流即锻件流线呈旋涡状或树木年轮状。穿流即在锻件肋条或凸台根部金属流线被穿断，破坏了金属流线的连续性。紊流则呈不规则而紊乱的流线。

资料卡

锻件流线也称流纹，在锻造时，金属的脆性杂质被打碎，顺着金属主要伸长方向呈碎粒状或链状分布，塑性杂质随着金属变形沿主要伸长方向呈带状分布，这样热锻后的金属组织就具有一定的方向性。

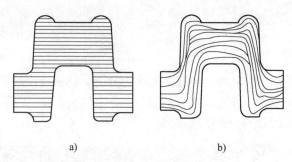

a)　　　　　　　　　　　b)

图 5-10　锻造曲轴的流线分布

a）流线被切断，不合理　b）流线沿曲轴外形连续分布，合理

四、裂纹

锻件内部的裂纹有两种类型：内部纵向裂纹和内部横向裂纹。

1. 内部纵向裂纹

（1）形貌与特征　内部纵向裂纹在锻坯横截面上呈十字形（所以也称十字裂纹）或条状，有的裂纹穿透锻坯中心延伸至表面与空气接触而被氧化，有的裂纹没有暴露在锻坯端部，因此不与大气相通，开裂面未被氧化。由于在锻造过程中开裂面之间存在摩擦，当剖开时可以观察到开裂面有磨光和发亮的情况。2A11 铝合金锻造裂纹处两边组织流向不同（50×）如图 5-11 所示。锻造裂纹如图 5-12 所示。

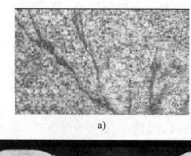

a)

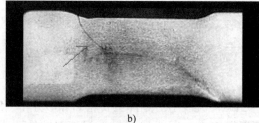

b)

图 5-11　2A11 铝合金锻造裂纹处两边
组织流向不同（50×）

图 5-12　锻造裂纹
a）20CrMnTiH 钢　b）7A04 铝合金

（2）形成原因　十字形裂纹的形成是锻造温度低，锻坯拔长时沿着切应力最大的对角线上产生的交变应力引起的。当锻坯中保留着粗大柱状晶时易导致裂纹形成。高速钢由于内部组织中存在着莱氏体共晶、网状及块状碳化物或疏松等缺陷，在锻造过程中也易出现此种裂纹。

2. 内部横向裂纹

（1）形貌与特征　内部横向裂纹主要位于锻坯中心部位，裂纹断面呈粗糙状，属沿晶断裂性质。

（2）形成原因　坯料在加热或锻造过程中，由于加热不均或工艺参数不当，其表层金属的变形（如伸长）大于心部金属的变形而导致心部受拉应力，当拉应力超过材料自身的抗拉强度时，心部将出现横向裂纹。

3. 龟裂

（1）形貌与特征　锻件表面呈龟壳网络状的裂纹称为龟裂或网状裂纹。

（2）形成原因　主要原因是过热、过烧、渗硫、渗铜等。锻件加热温度过高，引起晶粒粗大或过烧，氧沿晶界渗入而生成氧化物，削弱了晶粒间结合力，降低了塑性变形能力，或热疲劳使锻件局部强度降低，应力增大，以致在锻造加工时沿晶界出现表面龟裂。

钢材或燃料中含硫量过高，引起金属晶界渗硫，在晶界上形成低熔点的硫化亚铁和 Fe 的共晶体，其共晶温度低于 1000℃，在正常的锻造温度下，晶界即被熔化，经锻造后形成龟裂（称为热脆）。锻件含铜量过高（$w(Cu)>0.2\%$），并在氧化气氛中加热，在钢的表面氧化皮下，富集一层熔点低于 1100℃ 的富铜合金，在锻造加热温度下即熔化，并侵蚀表面层的晶界，锻造时形成龟裂（称为铜脆）。在加热炉中含有残存的铜杂质时，也会因熔融的铜沿晶界渗入而引起龟裂。

4. 过热与过烧

（1）过热及其特征　金属坯料加热温度超过始锻温度，或在高温下长时间保温，致使奥氏体晶粒迅速长大，或终锻温度过高而剩余变形量（剩余锻造比）又小，这时高温引起的晶粒长大，不能由剩余变形量对晶粒的破碎作用所抵消，因而形成粗晶粒组织的现象，称为过热。PCrNi3Mo 钢锻件过热组织（100×）如图 5-13 所示。过热钢锻件，断面粗糙灰暗，属沿晶断裂；高速钢锻件，断口晶粒粗大，有金属光泽，属穿晶断裂。

（2）过烧及其特征　锻件加热温度接近熔点温度，或长时间在氧化性气氛的高温炉中保温，不仅使奥氏体晶粒极为粗大，而且炉中的氧以原子形式渗入晶界处，使 Fe、S 等元素氧化，形成低熔点的氧化物或共晶体，造成晶界早期熔化，破坏了晶粒间的联系，这种现象称为过烧或烧毁。GCr15SiMn 钢锻件过烧组织（100×）如图 5-14 所示。过烧的钢在锻造时一触即裂，裂口宽大，裂纹沿晶界扩展，两侧严重氧化脱碳，沿晶界形成网状氧化物夹杂及脱碳组织。

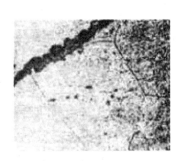

图 5-13　PCrNi3Mo 钢锻件过热组织（100×）　　图 5-14　GCr15SiMn 钢锻件过烧组织（100×）

（3）防止加热缺陷的措施　严格执行正确的加热规范；注意装炉方式，防止局部加热；调准测温仪表，精心加热操作；控制炉温、炉气流动，防止不均匀加热。

模块三　焊接缺陷与失效

▶ 案例引入

【案例5-3】　泰坦尼克号轮船船体上有长长的焊缝，在海水中撞击冰山而裂开时，脆性的焊缝无异于一条91m长的大拉链，使船体产生很长的裂纹，海水大量涌入而使船迅速沉没。

一、焊接裂纹

1. 产生原因

焊接裂纹是指焊接件在焊接或焊后的退火、存放、装配、使用过程中产生的各种裂纹，它是焊接缺陷和焊接应力共同作用的结果。

2. 焊接裂纹分类

焊接裂纹按其性质可分为热裂纹、冷裂纹、延迟裂纹、再热裂纹及层状撕裂。裂纹，尤其是冷裂纹带来的危害是灾难性的。世界上的压力容器事故中，除极少数是由于设计不合理、选材不当引起的以外，绝大部分是由于裂纹引起的脆性破坏。

（1）热裂纹　因热裂纹大部分是在结晶过程中产生的裂纹，故又称结晶裂纹或高温裂纹。根据所焊材料不同，产生热裂纹的形态、温度区间和主要原因也各有不同，因此又把焊接热裂纹分为结晶裂纹、液化裂纹和多边化裂纹三种，如图5-15所示。

焊接热裂纹必然是沿晶裂纹，呈光滑的锯齿形边缘，连续或不连续地沿着晶界或枝晶边界分布于焊缝下面，有时呈蟹脚状或网状。焊缝内腔及附近晶界或多或少地存在有硫化物、磷化物、碳化物、氧化物、硼化物夹杂，其断口具有明显的氧化色特征。

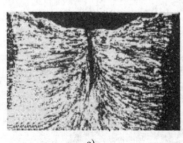 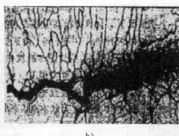 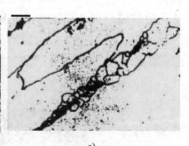

a) b) c)

图5-15　焊接热裂纹

a) 结晶裂纹　b) 液化裂纹　c) 多边化裂纹

结晶裂纹主要产生在含杂质较多的碳钢、低合金钢、镍基合金以及某些铝合金的焊缝中。个别情况下，结晶裂纹也在热影响区产生。液化裂纹主要产生在含有铬镍的高强钢、奥氏体钢以及某些镍基合金的近缝区或多层焊层间部位。母材和焊丝中的硫、磷、硅、碳偏高时，液化裂纹的倾向将显著提升。多边化裂纹多发生在纯金属或单相奥氏体合金的焊缝中或近缝区。

防止结晶裂纹的措施是：减小硫、磷等有害元素的含量，用含碳量较低的材料焊接；加入一定的合金元素，减小柱状晶和偏析，如铝、钛、铁、锆等可以细化晶粒；采用熔深较浅的焊缝，改善散热条件，使低熔点物质上浮在焊缝表面而不存在于焊缝中；合理选用焊接规范，并采用预热和后热减小冷却速度；采用合理的装配次序，减小焊接应力。

（2）冷裂纹　冷裂纹是在金属焊后冷却过程中形成的裂纹，又称低温裂纹，是焊接生产中较为普遍的一种裂纹，焊后立即发生，没有延迟现象，通常出现在热影响区，有时出现在焊缝上。冷裂纹是焊接热应力、淬硬组织应力和机械应力共同作用的结果。钢在冷却过程中，过冷奥氏体如果发生马氏体相变，形成硬而脆的淬硬层组织，在焊接应力作用下，即可能产生焊接冷裂纹。

有些塑性较低的材料焊接冷却时，由于收缩力引起的应变超过了材料自身的塑性极限或材质变脆而产生裂纹，也是焊接冷裂纹，又称低塑性脆化裂纹。

焊接冷裂纹呈锯齿形，凹凸不平，深浅不一，尾端细而尖锐，与淬火裂纹相似，如图 5-16 所示。在淬硬性高的钢中，一般属沿晶裂纹；在淬硬性低的钢中，通常为穿晶裂纹，有时也有混晶特征。断口的氧化色不明显，没有明显夹杂，大部分属于解理断裂。

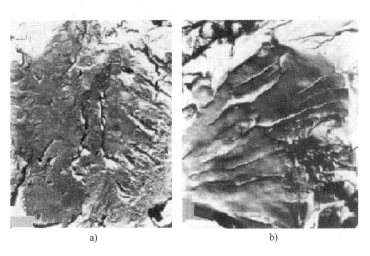

a)　　　　　　　　　　　　b)

图 5-16　焊接冷裂纹

a）16Mn　b）20MnMo

防止冷裂纹的措施是：采用低氢型焊条，严格烘干，在 100～150℃ 下保存，随取随用；提高预热温度，采用后热措施，并保证层间温度不小于预热温度；选择合理的焊接规范，避免焊缝中出现硬组织；选用合理的焊接顺序，减少焊接变形和焊接应力；焊后及时进行消氢热处理。

（3）延迟裂纹　实质上也是以焊接应力为主要原因的冷裂纹，而且是焊接冷裂纹中一种普遍形态。它是在焊后几分钟、几十分钟乃至几天以后产生的裂纹，即具有延迟性质。延迟裂纹的产生是由于高温下奥氏体中固溶了较多的氢，主要取决于钢种的淬硬倾向、焊接接头的应力状态和熔敷金属中的扩散氢含量。断口形貌呈亮晶状结晶断口，无氧化色，微观形态以马氏体的解理断裂为主，并混有沿晶断裂的混合型断裂。焊缝中的延迟裂纹如图5-17所示。

（4）再热裂纹　对于某些含有沉淀强化元素的钢种和高温合金（包括低合金高强钢、珠光体耐热钢、沉淀强化高温合金及某些奥氏体不锈钢等），在焊后并没有发现裂纹，而是在回火热处理或在高温下使用过程中产生裂纹，这种裂纹称为再热裂纹。再热裂纹都是产生在焊接热影响区的过热粗晶部位，并且具有晶间开裂的特征。在母材、焊缝热影响区的细晶区均不产生再热裂纹。再热裂纹的走向是沿熔合线附近的粗大晶粒晶界扩展，有时裂纹并不连续，而是断续的，遇到细晶组织就停止扩展，如图5-18所示。

图5-17　焊缝中的延迟裂纹

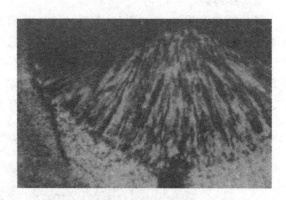

图5-18　再热裂纹

含有一定沉淀强化元素的金属材料才具有产生再热裂纹的敏感性，普通碳钢和固溶强化的金属材料一般不产生再热裂纹。回火之前焊接区存在较大的残余应力并有程度不同的压应力集中，两者必须同时存在，否则不会产生再热裂纹。再热裂纹的产生与再热温度和时间有关，存在一个敏感温度区，对于一般低合金钢在500~700℃。

再热裂纹的防止措施是：注意冶金元素的强化作用及其对再热裂纹的影响；合理预热或采用后热，控制冷却速度；降低残余应力，避免应力集中；回火处理时尽量避开再热裂纹的敏感温度区，或缩短在此温度区内的停留时间。

（5）层状撕裂　大型厚壁结构在焊接过程中常在钢板的厚度方向承受较大的拉伸应力，于是沿钢板轧制方向出现一种台阶状的裂纹，称为层状撕裂。层状撕裂是一种内部的低温开裂，一般在表面难以发现。其主要特征就是呈现阶梯状开裂，这是其他裂纹所没有的。层状撕裂的全貌基本是由平行于轧制表面的平台与大致垂直于平台的剪切臂所组成的。在撕裂的平台部位常可发现不同类型的非金属夹杂物，如MnS、硅酸盐和铝酸盐等。

层状撕裂常出现在T形接头、角接头和十字接头中，一般在对接接头中很少发现，但在焊趾和焊根处由于冷裂纹的诱发也会出现层状撕裂。层状撕裂的产生与钢种强度级别无关，主要与钢中夹杂物含量与分布形态有关。当沿轧制方向上以片状的MnS夹杂物为主时，层状撕裂具有清晰的阶梯状；当以硅酸盐夹杂物为主时呈直线状；以Al_2O_3夹杂物为主时则呈不规则的阶梯状，如图5-19所示。

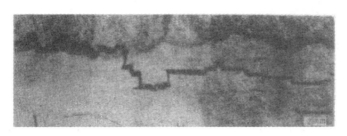

图 5-19　层状撕裂

抗层状撕裂钢
Q460E-Z35 炼成记

技术说

无损检测技术在焊接裂纹检测中的应用：①磁粉检测，主要用于检测铁磁性材料和工件表面或近表面裂纹；②渗透检测，用于检测焊接件的表面开口裂纹、奥氏体钢和非铁金属；③涡流检测，可在不去除表面涂层的情况下探测金属材料的表面及近表面裂纹；④射线检测，图像直观，对裂纹的检测灵敏度较高；⑤超声波检测，既可以检测焊缝表面裂纹，也可以检测内部裂纹；⑥无损检测新技术，包括红外热波、激光全息和微波检测。在失效分析检测焊接裂纹时，各项无损检测技术相互融合、取长补短，充分发挥各自的优势。

二、气孔

溶入熔池焊缝金属中的气体（CO_2、H_2、N_2、水蒸气等），在金属凝固前未来得及逸出，而在焊缝金属表面或内部形成的孔穴称为气孔。由 CO_2 形成的气孔，其外形主要呈条虫状，是圆形气孔的连续；由 H_2 形成的气孔，其外形主要有针孔形（似针孔的微小气孔）和圆形；由 N_2 形成的气孔，其外形多呈表面开口的气孔。焊接气孔如图 5-20 所示。根据起因不同，气孔可分为孤立的、线状排列的和群集的三类。

防止气孔的措施是：清除焊丝、工件坡口及其附近表面的油污、铁锈、水分和杂物；采用碱性焊条、焊剂，并彻底烘干；采用直流反接并用短电弧施焊；焊前预热，减缓冷却速度；用偏强的规范施焊。

密集气孔

图 5-20　焊接气孔

三、夹渣

如图 5-21 所示，夹渣是指焊后残

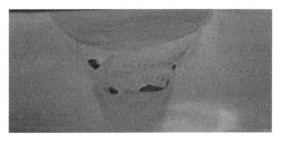

图 5-21　夹渣

留在焊缝金属内部或熔合线上的熔渣或非金属夹杂物，如残留在焊条电弧焊、埋弧焊焊缝中的熔渣，CO_2 气体保护焊焊缝中的氧化物夹杂，钨极保护焊焊缝中的钨电极夹杂物等。

四、焊缝成形不良

成形不良的焊缝有焊瘤、咬边和焊缝外形尺寸不符合要求等缺陷，如图 5-22 所示。焊瘤是熔融金属流到焊缝根部之外而后凝固所形成的金属瘤；咬边是母材和焊缝交界处，在母材表面形成的沟槽或凹陷，在熔融金属深度达到母材高度时，则形成烧穿或穿孔；焊缝外形尺寸不符合要求，是指焊缝隆起面过高过陡，高低不平，宽度不等，焊波粗劣等现象。

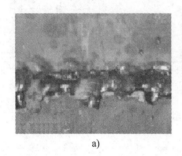 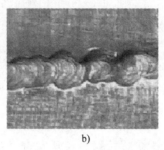 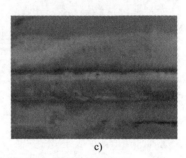

a) b) c)

图 5-22　焊缝成形不良

a）焊瘤　b）咬边　c）焊缝外形尺寸不符合要求

库尔斯克号核潜艇
沉没原因探析——
焊接缺陷

五、未填满

未填满是指焊缝金属不足，沿焊缝长度方向在焊缝表面形成的连续或断续沟槽，如图 5-23 所示弧坑。

六、未焊透

【案例 5-4】　2016 年 8 月 11 日，国内某发电公司热电联产项目在试生产过程中，2#锅炉高压主蒸汽管道上的"一体焊接式长径喷嘴"裂爆，导致一起重大高压蒸汽管道裂爆事故，造成 22 人死亡，4 人重伤，直接经济损失约 2313 万元。事后失效分析发现安装在 2#锅炉高压主蒸汽管道上的事故喷嘴，焊缝最薄处有效厚度仅为 1~2mm，远低于规范要求的 21.2mm，且焊接接头还存在未焊透、未熔合的情况，其焊缝缺陷在高温高压作用下扩展，局部裂开出现蒸汽泄漏，形成事故隐患。相关人员未及时采取停炉措施消除隐患，焊缝裂开面积扩大，剩余焊缝无法承受工作压力造成管道断裂爆开，大量高温高压蒸汽骤然冲向仅用普通玻璃进行隔断的集中控制室以及其他区域。

未焊透是指母材与母材、熔敷金属与熔敷金属、母材与熔敷金属之间局部未熔化的现象，如图 5-24 所示。此缺陷一般出现在焊缝的根部或基体金属与熔化金属未熔合（对接或角接时），焊缝金属向基体金属中熔透不足的部位。

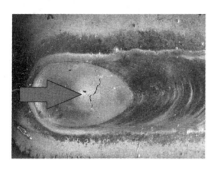

图 5-23　弧坑

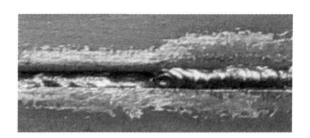

图 5-24　未焊透

七、过烧

过烧是指金属强烈氧化，在电极周围有金属熔化的痕迹，有蜂窝孔和较大的外部飞溅，如图 5-25、图 5-26h 所示。

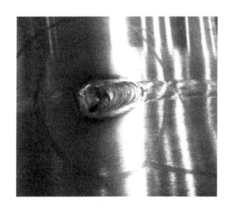

图 5-25　过烧

焊接人物故事——高凤林的工匠精神

常见焊接缺陷如图 5-26 所示。

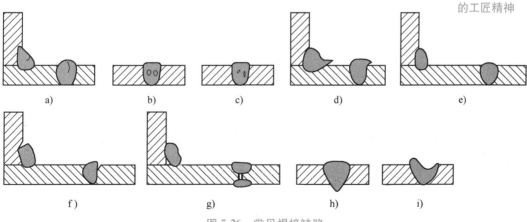

图 5-26　常见焊接缺陷

a）裂纹　b）气孔　c）夹渣　d）焊瘤　e）咬边　f）未熔合

g）未焊透　h）过烧　i）未填满

- 金属材料失效分析基础与应用 第2版

工匠说

张冬伟是中国船舶工业集团沪东中华造船（集团）有限公司的高级技师，也是国内首批建造"LNG船"的16名殷瓦钢焊接技师之一。一艘"LNG船"的建造难度堪比一艘航空母舰，其建造技术只有少数几个国家掌握。张冬伟主要负责焊接只有0.7mm厚的液货舱围护系统的殷瓦钢。殷瓦钢是一种耐超低温的钢材，薄如纸张，极易生锈，一颗汗珠、一个手印都会造成锈穿。而上面的焊缝上哪怕出现一个针眼大小的漏点，就有可能造成整船的天然气发生爆炸。为保证焊接的质量，张冬伟往往一干就是3~4h才能停下来，表现出精湛的技艺、超常的耐心和专注度。此外，张冬伟所在的沪东中华焊接团队，已经研发出我国首台Mark3型等离子弧自动焊机，用来实现波浪形钢板的自动焊接，打破了国外船企长期的技术垄断，标志着我国高端海洋装备制造实现从跟跑到领跑的重大飞跃，也是实施海洋强国战略的重大成果。

模块四 热处理缺陷与失效

 案例引入

【**案例5-5**】 规格为 ϕ5mm 的圆柱销在装配过程中发现裂纹，圆柱销材料为45钢，热处理过程为预热、淬火及回火。该零件的化学成分无异常，基本硬度符合材料规定。金相检查结果是裂纹形态呈喇叭形、锯齿状分布，走向刚直，尾端尖细，具有典型的应力裂纹特征。经侵蚀，圆柱销表面及裂纹两侧均无脱碳现象，基本金相组织为回火索氏体。结合该零件的生产工艺分析，认为圆柱销表面裂纹属于热处理过程中产生的淬火裂纹。

一、氧化和脱碳

所谓氧化是指材料中的金属元素在加热过程中与氧化性气氛（氧、二氧化碳、水蒸气等）发生作用，形成金属氧化物层（氧化皮）的一种现象。所谓脱碳是指钢铁材料在加热过程中表层的碳与加热介质中的脱碳气体（氧、氢、二氧化碳、水蒸气等）相互作用而烧损的一种现象，如图5-27所示。脱碳也是材料的氧化过程。根据脱碳程度可分为全脱碳层和半脱碳层两类，全脱碳层的显微组织为全部铁素体。

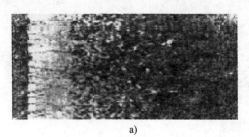 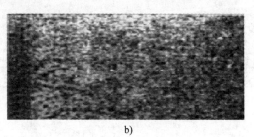

a)   b)

图 5-27 脱碳

a）全脱碳层 b）半脱碳层

202

脱碳的预防及补救措施是：在热加工生产时尽可能降低钢的加热温度及在高温下停留的时间；合理安排工艺路线及留放加工余量；调节空燃比，使炉气带还原性；制备可控碳势的气氛，使碳势接近或等于钢的碳含量。

二、内氧化

金属材料形成内氧化的倾向与合金中的组元和氧的亲和力的大小有关，如在铜合金中含有比铜更活泼的易氧化元素 Zn、Si、Mn、Ti 等，在钢中含有比铁更活泼的易氧化元素 Cr、Mn、Si、Mo 等，极易发生内氧化。在钢材的气体渗碳和碳氮共渗层中常常出现由于内氧化形成的组织缺陷。在热处理介质中，若含有不纯物质如硅酸盐等时，也易引起材料内氧化。发生内氧化的构件，其断口呈粗糙状，或者沿晶形成黑色的氧化物，如图 5-28 所示。内氧化是合金内部沿晶界形成氧化物相或脱碳区的现象。

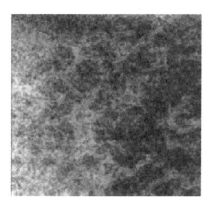

图 5-28　发生内氧化的构件

三、过热

钢被加热到 Ac_3 以上某一温度，随着奥氏体晶粒的长大，在粗大的奥氏体晶界上，发生了化学成分的明显变化（主要是硫的偏析），在冷却时，或者在原始奥氏体晶界上保持了硫的偏析，或者产生了第二相（主要是硫化物）质点的网状沉积，导致晶界脆化，使钢的拉伸塑性和冲击韧性明显降低的现象，称为过热，过热组织如图 5-29 所示。

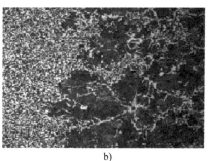

a)　　　　　　　　　　　　　　　　　b)

图 5-29　过热组织

a）15 钢　b）45 钢

过热的预防及补救措施是：选择正确的加热温度，热压力加工时的加热温度至少要低于钢的熔点 100℃；采用正确的加热方法；控制热加工时的变形量及终止温度；过热组织已经形成，可采用细化晶粒的退火、正火或锻造等来消除。

四、过烧

钢被加热到接近固相线或固-液两相温度范围内的某一温度后，在十分粗大的奥氏体晶界上不仅发生了化学成分的明显变化（主要是硫和磷的偏析），而且局部或整个晶界出现烧熔现象，从而在晶界上形成了富硫、磷的液相。在随后的冷却过程中，晶界上产生富硫、磷的烧熔层，并伴随着形成硫化物、磷化铁等脆性相的沉积，导致晶界严重弱化，从而剧烈降低钢的拉伸塑性和冲击韧性的现象，称为过烧。W18Cr4V 的过烧组织如图 5-30 所示。

过烧的预防及补救措施是：金属的过烧是不允许的，所以要在热处理过程中进行积极的预防；在加热时尽可能采用较低的温度，一般的金属热变形应在低于熔点 100℃ 以下进行；用加热炉均匀加热时，采用还原性气氛，掌握透热时间，避免火焰直接喷射到金属的表面；提高测温仪表的灵敏度和按期校准。

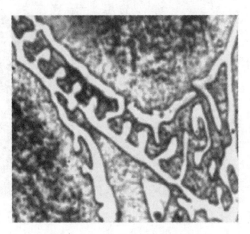

图 5-30　W18Cr4V 的过烧组织

五、淬火软点

淬火零件出现的硬度不均匀称为软点，其与硬度不足的主要区别是在零件表面上硬度有明显的忽高忽低现象。这种缺陷是由于原始组织过于粗大不均匀（如有严重的组织偏析、存在大块状碳化物或大块自由铁素体），淬火介质被污染，零件表面有氧化皮，或零件在淬火液中未能适当地运动，致使局部形成蒸气膜，阻碍了冷却等。

六、回火脆性

回火脆性是指淬火钢回火后，随着回火温度的升高出现韧性下降的现象。淬火钢在回火时，随着回火温度的升高，硬度降低，韧性升高，但是在许多钢的回火温度与冲击韧性的关系曲线中出现了两个低谷，一个在 200~400℃ 之间，另一个在 500~650℃ 之间。回火温度与合金钢冲击吸收能量的关系如图 5-31 所示。回火脆性可分为第一类回火脆性和第二类回火脆性。发生回火脆性的构件断口组织粗糙，呈银灰色颗粒状，齐平，扫描电子显微镜下的形貌特征为岩石状或冰糖状。

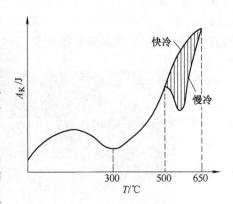

图 5-31　回火温度与合金钢冲击吸收能量的关系

资料卡

冲击韧性是反映金属材料对外来冲击载荷的抵抗能力，一般由冲击韧度和冲击吸收能量表示，其单位分别为 J/cm^2 和 J（焦耳）。冲击韧度或冲击吸收能量试验（简称"冲击试验"），因试验温度不同而分为常温、低温和高温冲击试验三种；按试样缺口形状又可分为 V 型缺口试样和 U 型缺口试样两种。冲击韧度指标的实际意义在于揭示材料的变脆倾向。

七、石墨化脆性

钢在较高温度长时间停留时，钢中的渗碳体分解为铁和石墨，使钢的强度和塑性都显著降低，由此引起的脆性称为石墨化脆性。断口因石墨呈黑色，故又称黑脆。钢的碳含量越高，石墨化越容易。硅促进石墨化，而锰阻碍石墨化。高碳钢锻后冷却速度过慢，退火保温时间过长，多次重复加热退火容易引起石墨化脆性。石墨化脆性一旦发生就无法消除，要注意预防。

八、网状或大块状碳化物

由于渗碳剂活性太高，使表面含碳量过高；渗碳后冷却速度太慢，预冷温度过低所导致。危害是：增加了表面脆性，渗层易剥落，缩短使用寿命；零件在淬火或磨削中易产生裂纹。消除办法是：进行 A_{cm} 以上的高温淬火或正火。

九、粗大马氏体和大量残留奥氏体

由于渗碳剂浓度太高，使表面含碳量过高；淬火温度过高所导致。危害是：降低表面硬度和接触疲劳、弯曲疲劳性能，淬火易变形。消除办法是：进行高温回火后，重新加热淬火或冷处理。

十、淬火裂纹（淬火龟裂）

表面脱碳的高碳钢零件，在淬火时，因表面层金属的比容比中心小，在拉应力作用下产生龟裂，称为淬火龟裂。该裂纹为沿晶扩展，一般较浅，很少氧化。淬火直裂细长零件在心部完全淬透情况下，由于组织应力作用而产生纵向淬火直裂。该裂纹为穿晶扩展，一般起源于应力集中或夹杂处，裂纹尾端尖细。

模块五　金属零件冷加工缺陷与失效

 案例引入

【案例5-6】　某公司生产的多台变速器在不同的路面试车时，出现动力无法输出的现象，经过查检发现变速器输出轴断裂。通过材料成分分析、硬度测试、金相观察，发现造成断裂的原因有如下几点：①零件花键的过渡圆角较小，半径为 1mm；②零件退刀槽的刀痕太深，输出轴表面粗糙度值（为 $Ra3.2\mu m$）较大；③热处理后的校正是人工校正，校正下压力难以得到控制，如果下压力过大，势必会在零件表面产生微裂纹。针对造成输出轴断裂失效的原因进行了如下改进：①将花键处的过渡圆角半径改为5mm；②降低退刀槽的表面粗糙度值（改为 $Ra1.6\mu m$）；③改人工校正为机械自动识别校正。经过改进，输出轴的质量得到了改善。

一、切削加工缺陷

切削加工时，由于刀具材料、形状、几何角度、零件材质硬度、切削速度、切削量及冷却条件等因素影响，会造成切削裂纹、加工精度不符合要求、表面粗糙、深沟痕、鳞片状毛刺、零件拐角半径过小及表面机械损伤等缺陷。

（1）切削裂纹 加工过程中表面产生的异常纹理。

（2）加工精度不符合要求 切削加工后，构件尺寸、形状或位置精度不符合工艺图样或设计要求。这不仅直接影响零件装配质量，而且影响其正常工作时的应力状态分布，从而降低其抗失效性能。

（3）表面粗糙 这种缺陷会增大零件的摩擦与磨损，降低接触刚度，影响配合性质的稳定性，降低机械零部件的结合密封性，增加流体在管道中的阻力，并且对疲劳极限也有一定的影响。

（4）深沟痕 加工表面存在的深沟痕在零件使用中将成为应力集中的根源，导致疲劳断裂。其形成原因是：零件硬度低、塑性大、切削速度较小或者切削厚度较大等，可使前刀面形成积屑瘤。由于积屑瘤在形成过程中受到剧烈挤压变形而强化，其硬度远高于被切削金属，相当于一个圆钝的刃口并伸出切削刃之外，故而在已加工表面留下纵向不规则的沟痕。

（5）鳞片状毛刺 以较低或中等切削速度切削塑性金属时，加工表面往往会出现鳞片状毛刺，尤其对圆孔采用拉削时更易出现。若拉削出口的毛刺没有去除，它将成为使用中应力集中的根源。

（6）零件拐角半径过小 零件拐角半径过小，尤其是横截面形状发生急剧的变化，会在局部发生应力集中而产生微裂纹并扩展成疲劳裂纹，导致疲劳断裂。

（7）表面机械损伤 切削加工过程中，构件表面相撞擦伤、碰伤、压伤等。

二、冷冲拉缺陷

（1）破裂 一般拉深系数太小或拉深应力较大时，容易产生拉裂；进行翻边工序时，如果翻边的直径超过允许值，也会使孔的边缘造成破裂。板料冲裂一般与变形度和材料晶粒度有关，如碳质量分数小于0.2%的碳钢变形度达到8%~20%时，中间退火会导致晶粒长大，不均匀晶粒度则会导致冲裂。

（2）拉穿 拉深件底部拉穿，多由拉应力超过材料抗拉强度所致。

（3）波浪形 在拉深过程中，由于坯料边缘在切线方向受到压缩而产生波浪形。

（4）折皱 拉深件表面折皱。拉深所用坯料的厚度越小，拉深的深度越大，越容易产生折皱。为了防止折皱产生，可用压板把坯料压紧。

（5）横向破裂 裂口附近的表层金属有全脱碳和氧化铁沿裂口分布的现象。由于冲制过程中造成制件表面的凹凸缺陷在感应加热退火过程中，在凸出的尖角部位造成过热或过烧是制件上产生横向破裂的主要原因。感应加热工艺不稳定，造成工件显微组织不正常也是制件横向破裂的原因之一。

三、冷弯扩缺陷

（1）弯曲裂纹　弯曲裂纹的形成主要是由于弯曲半径太小，或金属材料塑性差引起的。一般通过加大弯曲圆角半径和退火可以防止弯曲裂纹的产生。

（2）收口裂纹　在滚压收口过程中，收口部分金属不仅受到弯曲应力作用，而且受到切应力作用，表层金属变形剧烈，如滚压速度和挤压应力选择不当，则容易形成表层金属破裂，即收口裂纹。

（3）扩口裂纹　有的液压导管接口处需进行扩口，若扩口进给量大，材料塑性差或材料表面存在缺陷，则往往产生扩破或扩口裂纹。

四、冷冲压裂纹

1. 由于材料表面缺陷所致

（1）划痕　划痕在钢板、钢带、钢管上呈粗细、长短不等，有时呈周期分布。划痕似切口一样会造成应力集中而导致断裂，尤其是在冷冲压时，会成为裂纹或裂纹扩展的中心。如果划痕取向与零件拉深方向垂直，冷冲压时划痕因受张应力而开裂，反之则不易产生开裂。划痕引起的冷冲压开裂，裂纹取向都和划痕平行，且裂纹的局部或全部与划痕重合，在裂纹断口上有旧的划痕。在冷划痕的周围，具有局部微区塑性变形的特征；如果是热划痕，其表面残留有氧化锈蚀的痕迹，且一般晶粒粗大。

（2）锈蚀　钢材表面锈蚀以后，断裂韧性降低，脆蚀增加，冷冲压时容易在锈蚀处出现裂纹。较严重的局部表面，裂纹边缘粗糙，形如锯齿，无固定的分布取向。

2. 由于材料内部缺陷所致

（1）球化退火不良　冷冲压多是一次成形，且变形量较大。它要求冷冲压用钢必须具有较低的屈强比和较高的塑性，因此常用低碳结构钢、低合金结构钢来加工零件。钢的显微组织要求为球状珠光体，但由于材料球化退火不良，容易得到铁素体和片状珠光体或铁素体和片状、粒状珠光体。由于片状珠光体硬度高、塑性差，对于变形量较大的冷冲压加工极为不利，冷冲压裂纹多呈透镜状，穿晶扩展。

（2）带状组织　钢中带状组织是由铁素体和珠光体相间分布组成的。它是由于碳、磷、硫晶间偏析，在热压力加工中使之沿着金属变形方向被拉长，呈带状分布的夹杂物。由于带状组织的取向平行于钢材轧制方向，而铁素体和珠光体的强度及塑性差异悬殊，因此冷冲压时当钢件的变形方向与钢板带状组织相垂直，容易产生拉裂和撕裂。由于钢板带状组织引起的冲裂，裂纹平行于钢板轧制方向，裂纹粗大，显微观察时裂纹多沿珠光体边缘分布，取向平行于带状组织。

（3）晶粒粗大或粗细不均　晶粒粗细不均是由于钢板原始晶粒粗大或大小不均，或由于钢板在一定的预先冷变形度下，金属再结晶退火加热温度过高或时间过长所致。晶粒粗大或粗细不均会导致在变形量较大的部位产生裂纹，且裂纹多沿粗细混晶交界区择优分布。

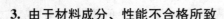

3. 由于材料成分、性能不合格所致

（1）成分不合格　冷冲压用钢板的化学成分应严格控制，特别是碳、硫、磷含量极为重要。碳元素在钢中形成渗碳体，硬而脆，含碳量增加，钢的强度、硬度增加，塑性降低；硫是钢中的杂质元素，硫与铁和锰形成 FeS、MnS 夹杂物，促使钢材在轧制时形成带状组织，磷与铁形成脆性大的 Fe_3P，使钢在室温下强度提高、脆性增加。由于化学成分超标造成的冲裂，一般裂纹取向不定，裂纹边缘部分无显著塑性变形，且数量较多。

（2）性能不合格　由于材料力学性能和工艺性能不合格而导致的冲裂，裂纹尺寸一般较大，且批量较多。

4. 由于操作不当所致

（1）坯料落料时纤维方向不正确　钢件坯料落料的方向恰好与零件变形方向垂直，就容易在冷弯时造成沿纤维方向撕裂。一般冲裂数量较多，且冲裂部位具有规律性。

（2）冲模错位　上、下模位置不正确，不但会使零件冲裂，严重时还会把模具冲坏。此类裂纹一般出现在模具间隙小的一边，由于间隙过小，钢板在模内滑移变形受阻，局部表面将产生严重擦伤。

五、磨削加工缺陷

1. 表面损伤

磨削时，工件表面、次表面由于受到磨削热和磨削力的作用，表面组织硬度和应力状态发生变化，产生表面回火损伤或淬硬损伤，即磨削变质。在磨削加工过程中，由于磨削力及磨削热的作用，不仅工件表层产生塑性变形，而且温度急剧升高。磨削加工与其他切削加工方法比较，磨削力要比其他切削加工的切削力大数十倍，而磨削热甚至大百倍以上，因此可使工件表层瞬间温度达数百摄氏度，有时甚至使表层金属熔融，从而使工件表层的物理和化学性质发生变化。磨削变质层厚度一般在几十微米内变化，越接近表面层，回火析出的碳化物越多、颗粒越大，抗腐蚀能力越弱，压应力越低。

2. 表面烧伤与剥落

工件磨削表面呈明显色彩的斑点状、块状、带状、点片状、线状或细螺旋线形、鱼鳞片状或者整个表面都呈变色的烧伤痕迹。磨削淬火钢零件烧伤时往往伴随有磨削裂纹或剥皮。此类缺陷多产生于渗碳零件磨削加工过程中。渗碳层表面在磨削过程中，砂轮与零件接触面较大，砂轮过钝，进给量过大，零件表面磨削瞬间温度可高达 1000℃ 左右，表层金属发生加热、回火甚至退火的热处理过程，产生一层氧化膜。由于传到工件表面的温度不同，氧化膜的厚度也不同，它所表现的颜色也不同，因此可以根据烧伤颜色来判断烧伤温度，如深黄色相当于 500~600℃ 的温度，褐色相当于 700~800℃ 的温度，而蓝黑色则可能达到相变温度以上的温度。急冷时也易于在应力交界区域形成疲劳剥落。

3. 表面残余应力

磨削表面残余应力一般表现为拉应力，存在于零件表层内，它的大小和深度取决于磨削热与工件材料特性等。由于较高的磨削热而使零件局部表面温度升高，达到不均匀热传导，引起塑性变形，因而产生塑变应力。急剧高温与冷却作用还会造成表层组织变化而产生相变应力，表现在磨削表面上即形成了残余应力。较大的残余应力会引起应力腐蚀裂纹的出现。为了消除磨削应力，进一步稳定组织和尺寸，在磨削后可进行低于前次回火温度20℃的附加回火。

4. 磨削裂纹

磨削裂纹有两种：呈直线状，与磨削方向垂直并彼此基本平行分布；呈网状分布。由于磨削剧烈，砂轮过钝，促使表面温度在瞬间高达 1000℃ 左右，若冷却不当，易形成明显的二次淬硬层。由于二次淬硬层使表面产生很大的热应力和组织应力，再加上高速磨削时的滚压应力，当其总应力超过磨削件本身强度极限时，即导致磨削裂纹。

5. 点剥落及点蚀坑

【案例 5-7】 38CrMoAlA 钢主轴离子氮化，于精磨与超精磨之间，磨削表面有分散分布的和成簇分布的脆性点剥落及点蚀坑。其大小及深度较均匀一致，大小在 0.5~2mm 之间，深度在 0.05~0.15mm 之间。光学显微暗场形貌检查发现，在点剥落及点蚀坑内既有脆性剥离的残留金属，又有氧化腐蚀产物，呈白色与黑色蘑菇云状分布；电子显微镜形貌呈沿晶剥落及穿晶断裂。同时，在剥离区域有明显的二次裂纹，具有应力腐蚀和氢脆特征。其产生的原因主要是表面氮浓度富集，化合物呈连续粗大网络状分布。在磨削时倾向于脱落的氮化层的显微结构特点是沿奥氏体晶界存在稠密的网状氮化物，它的存在使晶格畸变加剧，在位错与晶界处三向应力增大，在磨削力、热应力及组织应力的作用下，粗大的氮化物网络边界区切口效应敏感性增大，造成综合应力叠加。当这种应力超过渗层的强度极限时，即产生脆性破裂与剥落。当晶界强度大于晶内强度时，则裂纹沿晶扩展产生脆裂及剥落；当晶界强度等于晶内强度时，则裂纹的扩展呈穿晶脆裂及剥落。

防止措施是：①严格控制锻后退火组织晶粒在 5~8 级之间，不允许有 4 级晶粒存在；②调质索氏体组织的弥散应均匀细小，表层 10μm 处不允许有游离铁素体存在。③渗氮前工件不允许有锈斑、油污和蚀迹，防止零件表面有严重的"打弧"现象。氨气应严格过滤，过滤口在使用一段时间后必须对其进行清理。

一个机械零部件的加工过程是复杂的，往往要经过锻造、机械加工、热处理等所有环节，因此每一个环节的缺陷都会对构件的失效产生影响。同时，在零部件的失效中，往往不是单个因素的作用所致，而是多个因素共同作用导致早期失效，这在失效分析时应引起足够注意。但对于一个零部件的失效，毕竟有一个因素是最主要的因素，必须抓住最主要的因素，才能真正解决问题。

专家说

鉴于失效原因或影响失效原因的因素很多，它们的不确定性更加突出，特别是现代装备使用的条件越来越苛刻、安全储备系数越来越小、工作能力也越来越复杂，因此单因素引起的失效原因已基本不存在，大多是多因素的非线性耦合交互作用的结果。

——钟群鹏（中国工程院院士，失效分析专家）

工匠说

装甲车有很多零部件是由各种模具成型的，因此模具质量决定着装备质量。细微差错或将导致零部件批量报废，影响重大，必须控制好过程和细节确保精度。这是马小光的观点。他是中国兵器工业集团首席技师，是全国技术能手、全国五一劳动奖章、中央企业先进个人、全国劳动模范、中华技能大奖等诸多荣誉获得者。马小光的绝技是制作各种精密复杂模具，而"高精度"的背后凝结着极其艰辛的努力。为了实现使用数控机床批量加工装甲车最精密的零部件之一——一体式行星架，马小光日夜守在机床旁边，记录早中晚不同时间的车间温度和机床运转情况，一遍遍耐心验证，最终掌握了其中的变化规律，将一体式行星架的精度稳定控制在了 0.01mm 以内。作为新时代的工人，马小光传承着老一代兵工人精神、职责和使命，以精湛的技艺和执着的钻研不断攻克难题，实现创新超越。

综合训练

请根据下述材料，运用所学知识判别金属构件加工缺陷并进行失效原因分析，通过查阅梳理文献资料，了解相关研究热点与前沿技术，提出科学.可行的失效解决方案。

材料一：

某新开发的牵引车鞍座具有尺寸较大、结构复杂且壁薄的特点。在铸件生产过程中，采用内浇道、环形横浇道和直浇道相结合浇注系统，以及底注式和分层注入式相结合的浇注方式，确保金属液快速充满铸件型腔。同时，在铸件型腔上和砂芯边缘处设计了排气孔，确保有效排出金属液中的气体，避免气孔缺陷的产生。进行试铸后，对试铸件进行切割检测，发现在限位挂钩位置出现倒锥形的粗糙孔洞和细小且分散的孔穴。

材料二：

航空工业的快速发展，使得航空锻件向着大型化、整体化和复杂化方向发展，而锻件的表观质量缺陷不仅会造成巨大的经济损失，甚至还将引发极为严重的安全事故。某型号钛合金锻造后出现肉眼可见、深度约为 1~3 mm 的裂纹，在锻件的两端更是出现"一"字形裂缝。

材料三：

目前，焊条电弧焊仍然是核设备制造安装的主要焊接方法。采用钨极惰性气体保护焊（GTAW）进行焊接：管对接焊接时，焊接位置为管子轴线固定，向上立焊，焊后出现根部焊道未焊透；进行管板角接焊接时，焊接位置为支管轴线固定，向上立焊，焊后出现打底焊道背面的未熔合、未焊透、背面焊道余高超差及焊缝中的密集气孔。

材料四：

某地铁路部门对长轨条进行焊接后，采用移动中频热处理机对焊接头进行正火热处理。接头热处理后进行砂轮打磨，并采用超声波双探头探伤，结果发现多个焊缝区域出现较严重的伤波。再次使用单探头进行复探，未发现裂纹类型缺陷。组织形貌表现出焊缝线不明显且有中断，焊缝两侧颜色较深的正火区域出现块状的浅色区域，而两边的白色亮带为软化带。

材料五：

某厂选用 3Cr2W8V 钢制造热锻模具，用于锻造 25 钢的齿状零件，模具加工成形后外部尺寸为 500mm×250mm×115mm，模具质量为 110kg。在同一模具上开出预锻和终锻两个型腔，加工时发现模具坯料锻件硬度偏高，采用 HR150 型洛氏硬度计测试硬度为 30HRC。为便于加工，该厂将模具进行了一次降低硬度退火，但温度和时间已无纪录。加工后的模具由本厂进行热处理，淬火加热炉采用箱式电阻炉。为防止氧化，在模具周围填充旧渗碳剂加以保护。模具淬火时先采用500℃、850℃两次预热，后经1050℃、4h保温，冷却介质选用L-AN15号机油。淬火过程中听到模具开裂声音，随即停止冷却，并放在630℃回火炉中回火，回火时裂纹继续扩展使模具成为多个碎块。由于发现模具开裂，中止回火。

材料六：

华电（漳平）能源有限公司（原漳平电厂）1号机系北京重型电机厂制造的冲动凝汽式汽轮机，其高压转子第8级叶片材料为20Cr13。1998年4月大修揭盖后发现该级叶片有一段围带残缺约10cm长，有一个叶片在根部断裂丢失，部分围带铆钉头有弹起现象。修复工作由电厂委托北京重型电机厂有限责任公司进行，其修复过程为：拆除5段围带及43片叶片，更换断裂和受损的2个叶片及损坏的2段围带，复装后叶片与围带采用焊接固定，并对2段围带铆钉头弹起的部位进行打磨后焊补，修补后机组恢复运行。2000年5月7日，汽轮机出现异常响声，且振动不断加剧，揭盖后发现高压转子第8级叶片丢落19个，部分围带脱落，第9级叶片及8、9、10级部分隔板磨损变形。对照1998年4月大修记录，发现此次丢落的19个叶片大部分为当时修复处理过的叶片。由于此次叶片断裂事故对转子损伤较为严重，因此把整个转子送到制造厂修复。

第六单元
典型构件失效分析案例

> ### 学习目标
>
> 　　实际金属构件的失效分析是一件非常重要的工作，它对于确定金属构件的失效原因并提出防止今后事故再次发生的措施具有重要的作用。
>
> 　　本单元主要从齿轮、轴类、弹簧、容器、紧固件等典型零件的失效分析案例阐述金属构件失效的性质、原因、预防措施，使读者了解失效分析的一般步骤和基本方法。

模块一　齿轮失效分析

　　齿轮是在机械传动装置中起着传递动力、变速和改变运动方向等作用的重要零件，被广泛应用于航空、船舶、兵器装备、汽摩、农机、机床工具、工程机械、轨道交通、水泥建筑、起重运输、矿山冶金、电力能源、石油化工和仪器仪表等诸多领域。作为工业关键部件之一，齿轮决定了机械装备的主要功能，失效将导致灾难性后果。齿轮在运行过程中产生的主要失效形式有断齿、疲劳、齿面磨损、齿面塑性变形四种。根据美国某齿轮厂商在 20 世纪中期对 931 起齿轮失效案例的统计分析，与齿轮疲劳相关的失效案例（断裂、点蚀、剥落）超过一半。其中断齿失效占 61.2%，表面接触疲劳占 20.3%，磨损、塑性变形较少。

　　断齿既有交变载荷产生的疲劳折断，也有短时过载或冲击过载产生的过载折断。

　　过载断齿一般是由于作用应力超过其极限应力，导致裂纹迅速扩展所致。常见原因有突然冲击超载、轴承损坏、轴弯曲或较大硬物挤入啮合区等。断齿断口有呈放射状花样的裂纹扩展区，有时断口处有平整的塑性变形，断口处常可拼合。产生的原因一般是材质存在缺陷、齿面精度太差、齿根刀痕过深等。

　　疲劳断齿一般是过高的交变应力重复作用导致危险截面（如齿根）的疲劳源裂纹不断扩展，使齿轮剩余截面上的应力超过其极限应力，造成瞬时折断。疲劳断齿裂纹源处可见贝状纹扩展的出发点并向外辐射。产生的原因一般是载荷设计不足、选材不当、齿轮精度过低、热处理裂纹、磨削烧伤、齿根压应力不足、齿根刀痕过深等。

疲劳是齿轮在过大的接触剪应力和循环应力作用下，表面、硬化层或硬化层与基体交界处产生疲劳裂纹，并进一步扩展造成的失效。表现形式有点蚀、剥落、压碎等。严重的破坏性点蚀会造成疲劳断齿。产生原因一般也是载荷设计不足、选材不当、齿轮精度过低、装配精度不够、润滑条件太差、热处理裂纹、热处理硬化层深度不够、硬度梯度过陡、表面硬度不够、心部硬度过低、磨削烧伤、机加工磨削量过大、齿根压应力不足、齿根刀痕过深等。

齿轮减速器在运行过程中，齿轮副啮合表面发生相对摩擦运动，产生正常磨损。如果存在啮合表面润滑不良、润滑油品质下降或被污染、齿轮设计选材或操作不当等问题，齿面磨损可能加剧，最终造成齿轮失效。齿面磨损主要有黏着磨损、磨粒磨损与擦伤、腐蚀磨损、烧伤、齿面胶合与擦伤。

软齿面齿轮在传递载荷过大（或受大冲击载荷）时，易产生齿面塑性变形。在齿面间过大的摩擦力作用下，齿面接触应力会超过材料抗剪屈服极限，齿面材料进入塑性状态，造成齿面金属塑性流动。在主动轮节线附近的齿面形成凹沟，在从动轮节线附近的齿面形成棱脊，从而破坏了正确的齿形。有时可在某些类型齿轮的从动轮齿面上形成飞边。严重时挤出的金属充满顶隙，引起剧烈振动，甚至发生断裂。

一、重型汽车变速器六档齿轮断裂失效分析

1. 概述

某齿轮公司为某商用车公司配套的一款变速器的六档齿轮是传动变速的关键部件，其材料为20CrMoH。该六档齿轮的加工工艺流程为：下料→锻造→正火→粗车→精车→滚齿→剃齿→渗碳淬火→清理→强力抛丸→精磨→清洗→装配。该齿轮用户反馈失效频次较高，为查明原因，对六档齿轮进行了失效分析。

2. 检验及结果分析

（1）宏观分析　对失效的六档齿轮进行了宏观分析，发现断齿形态表现为齿面断裂，断裂的位置不固定，齿轮的宏观断裂形貌及其位置如图6-1所示，而且个别齿面存在明显的点蚀。

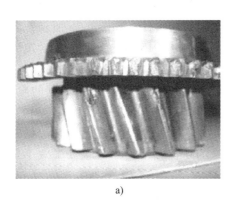 

a)　　　　　　　　　　　　　　　　　b)

图6-1　齿轮的宏观断裂形貌及其位置

（2）非金属夹杂物分析　在断齿疲劳源区取一个试样进行非金属夹杂物分析，级别为

1~1.5级，满足汽车齿轮材料标准（GB/T 3480.5—2021《直齿轮和斜齿轮承载能力计算 第5部分：材料的强度和质量》）的一般规定，因此可排除因存在夹杂物导致齿轮破坏的情况。

（3）化学成分分析 断齿表面经打磨处理后，用直读光谱仪进行化学成分分析，齿轮材料化学分析见表6-1，可知其化学成分符合20CrMoH钢的要求，说明齿轮的断裂不是由材料成分异常所引起的。

表6-1 齿轮材料化学分析

元素	C	Cr	Mo	Mn	Si	Ni	Cu	S	P
实测各元素质量分数（%）	0.21	1.01	0.17	0.68	0.24	0.062	0.05	0.007	0.009
各元素质量分数标准值（%）	0.17~0.24	0.80~1.10	0.15~0.25	0.40~0.70	0.17~0.37	≤0.25	≤0.3	≤0.035	≤0.035

（4）硬度测定 对断裂齿轮的轮齿端面及齿面（节圆部位）进行硬度测定，其结果列于表6-2和表6-3。

表6-2 齿轮端面硬度测定结果

测试点	第一点	第二点	第三点	平均值
硬度 HRC	61	60.1	60.2	60.4

表6-3 齿轮齿面（节圆部位）硬度测定结果

距齿面的距离/mm	0.03	0.038	0.045	0.06
硬度 HV	613	624	691	707

（5）金相分析 用线切割机在如图6-1b所示的断齿裂纹源附近取样并进行金相分析，侵蚀剂为4%（质量分数）硝酸酒精溶液。该断口表层组织为回火马氏体+少量残留奥氏体，如图6-2a所示；心部组织为低碳回火马氏体+少量游离铁素体，如图6-2b所示；齿顶组织碳化物为0级，如图6-2c所示；齿根表层氧化层厚度为0.015mm（轻腐蚀），如图6-2d所示。在断齿裂纹源附近取样后先进行退火，再进行金相分析，发现表层存在脱碳，碳的质量分数约为0.6%，在距离表面0.05mm范围内的碳的质量分数低于次表层的碳的质量分数，表层脱碳组织（100×）如图6-3所示。

（6）硬化层深度检验 将断齿裂纹源附近取的试样预磨抛光后进行硬化层检验，检验结果表明硬化层深度为1.3mm，符合工艺规范要求的0.8~1.5mm。这说明失效不是硬化层深度不够所引起的。

3. 讨论

（1）断口宏观分析表明 齿轮断裂属于过载疲劳引起的齿面点蚀，点蚀部位的微裂纹在反复冲击载荷的作用下扩展，最终导致齿轮断裂。由于断口不是一次形成，因此断口表面粗糙，断口多次裂纹痕迹清晰可见，如图6-1所示。

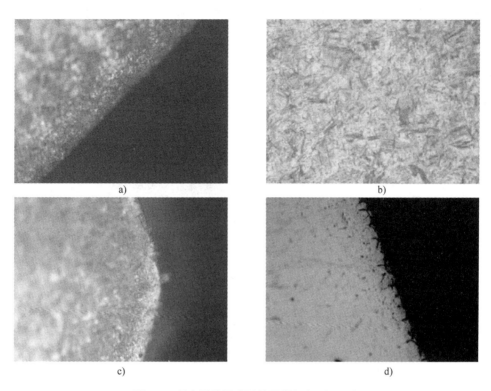

图 6-2 断齿裂纹源附近的显微组织 （400×）
a）表层组织 b）心部组织 c）齿顶组织 d）齿根表层氧化层

（2）硬度和金相分析 齿轮组织正常，但部分断口的轮齿表层贫碳（图 6-3），心部组织表现为低碳回火马氏体+少量游离铁素体。这是因为在渗碳处理后，淬火保持区的碳的质量分数偏小，导致表层的碳溢出，使最表层碳的质量分数小于次表层；整个表面碳的质量分数只相当于 60 钢，低于共析钢的碳质量分数 0.77%。表层贫碳使轮齿硬度降低，在 0.038mm 以内的硬度只有 613~624HV，相当于 55~56HRC，严重影响零件的耐磨性及接触疲劳强度。所以当零件承受较大冲击载荷作用时，极易发生点蚀剥落，导致断齿。

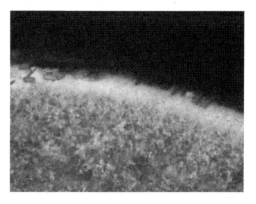

图 6-3 表层脱碳组织 （100×）

（3）通常情况下的齿部断裂有两种 一种是疲劳断裂。在传动过程中的齿轮类似一根悬臂梁，受载后齿根处产生较大的弯曲应力。由于在交变的弯曲应力下工作，因此当齿轮工作一段时间后，齿根弯曲应力超过材料的疲劳极限时，齿根圆角处将产生疲劳裂纹。随着应力循环次数的增加，裂纹迅速扩展，最终导致轮齿疲劳折断。当材料淬透性选择不合理出现零件心部硬度过低或者过高时，都有可能发生此种断裂。另一种是过载断裂。过载断裂是指齿轮在工作过程中有严重过载，或受冲击载荷的作用，或有较大的冲击时产生的断裂。过载断裂不同于疲劳断裂，其特点是断口位置不固定，断面粗糙。此外，齿轮表面碳的质量分数小或者渗碳层浅，使得齿面接触疲劳强度不足，也会导致齿面发生早期点蚀（图 6-4）剥落、失效扩展，最终发生齿轮过载断裂。因此，该齿轮断裂属于第二种断裂形式，即过载断裂。

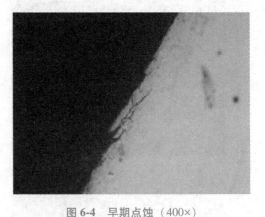

4. 结论

1）六档齿轮的断裂形式为材料接触疲劳强度不足引起的表面点蚀失效扩展断裂。

2）由于齿轮表面碳浓度偏低，使得齿面硬度偏低，齿轮疲劳强度较低，从而在恶劣的工作条件下发生接触疲劳失效。

图 6-4 早期点蚀（400×）

5. 建议

1）适当提高渗碳处理后淬火保持区的碳的质量分数，确保表层碳的质量分数在 0.7% 以上，马氏体+残余奥氏体级别应控制在 2~4 级。

2）六档齿轮的硬化层深度应不低于 1mm。

3）选择材料时应考虑淬透性，防止齿轮心部硬度过低或者过高而发生齿根疲劳折断。

二、变速器副箱减速齿轮断裂失效分析

1. 概述

某齿轮公司的副箱减速齿轮要经渗碳处理，技术要求：表面硬度为 80~83HRA，心部硬度为 30 ~ 45HRC，有效硬化层深度为 0.84 ~ 1.34mm，材料为 8620H（相当于我国的 20CrNiMo）。在变速器进行效率试验，试验到 4 档时出现扭矩报警，随后听到断齿声音，拆检发现副箱主减速齿轮结合齿断裂。

2. 检验内容及结果

（1）断口宏观形貌 断离的啮合齿、断裂后的齿轮如图 6-5a、b 所示。齿轮结合齿部位全部断离，结合齿断裂成 7 块，而且断口有不同程度的磨损，重点分析其中一块，如图 6-5c 所示。可以看出，失效试样断口虽有轻微磨损，但可看到宏观疲劳断口所特有的贝纹线。

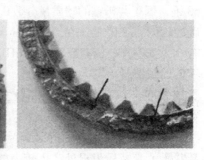

图 6-5 断裂齿轮的宏观照片

a）断离的啮合齿 b）断裂后的齿轮 c）重点分析

（2）化学成分分析 在失效齿轮上取样，用直读光谱仪进行化学成分复检，齿轮化学

成分见表6-4，各元素成分符合 SAE J1268（碳素钢和合金钢的硬度带级别）中 8620H 的成分要求，说明齿轮材料合格。

表6-4 齿轮化学成分

元素	C	S	P	Si	Mn	Cr	Ni	Mo	Cu
各元素质量分数标准值（%）	0.17~0.23	≤0.040	≤0.030	0.15~0.35	0.60~0.95	0.35~0.65	0.35~0.75	0.15~0.25	≤0.35
实测各元素质量分数（%）	0.23	0.031	0.014	0.27	0.82	0.55	0.46	0.19	0.017

（3）硬度和有效硬化层深度 由于齿轮啮合部位已损坏，因此主要对齿轮完好部分齿部的硬度做分析，测其表面硬度为82HRA，心部硬度为36HRC，均符合技术要求。根据《钢件渗碳淬火硬化层深度的测定和校核》（GB/T 9450—2005），取表面至550HV处的垂直距离为有效硬化层深度。用显微硬度计（载荷9.8N）对抛光的齿部试样进行硬度梯度测量，分别测其1/2齿高和齿根圆角的显微硬度，失效齿轮硬度梯度分布如图6-6所示。可以看出，有效硬化层深度为0.84~1.34mm，且硬度分布均匀，过渡平缓，符合渗碳工艺及性能要求。

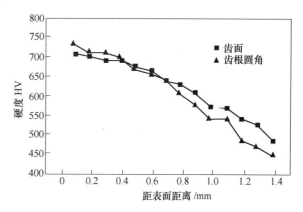

图6-6 失效齿轮硬度梯度分布

（4）金相分析 在失效齿轮断口附近取样，抛光后不腐蚀，在金相显微镜下发现有大量夹杂物。如图6-7a所示，根据《钢中非金属夹杂物含量的测定 标准评级图显微检验法》（GB/T 10561—2023）评定为硫化物夹杂，级别为3.5级。另外，在裂纹附近发现有与裂纹扩展方向平行的硫化物夹杂带（图6-7b），取一个试样并用4%（质量分数）的硝酸酒精腐蚀，裂纹附近的金相组织如图6-7c所示，裂纹两侧的金相组织与基体一致，无脱碳现象，说明裂纹产生于热处理之后的效率试验过程中。

 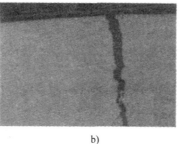 

a) b) c)

图6-7 断口金相图片

a）硫化物夹杂（100×） b）裂纹附近的硫化物夹杂带（100×） c）裂纹附近的金相组织（500×）

（5）断口微观形貌 图6-8a所示为在SEM下观察的断口全貌。由此可以观察到疲劳断口所具有的独特形貌，由裂纹源区Ⅰ、扩展区Ⅱ和瞬断区Ⅲ三个部分组成。图6-8b所示为扩展区Ⅱ放大后的形貌，可以观察到大量的韧窝和条带状夹杂脱落物留下的痕迹。将裂纹源区Ⅰ放大后，其形貌如图 6-8c 所示，观察到断口为解理断口，并且发现大量条块状夹杂物，经 EDS 检测为 MnS。这与金相显微镜下看到的硫化物夹杂一致。

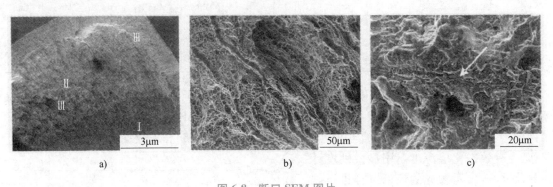

图 6-8　断口 SEM 图片

a）断口全貌　b）扩展区Ⅱ放大后的形貌　c）裂纹源区Ⅰ放大后的形貌

3. 分析及结论

非金属夹杂物对疲劳性能影响的重要因素之一是夹杂物的变形率。由于非金属夹杂物和基体的变形率不同，在钢加工变形时，可能在夹杂物与钢基体界面形成显微裂纹，这些显微裂纹便成为后来的疲劳破坏之源。另外，钢中非金属夹杂物危害性还在于它破坏钢基体的连续性，造成应力集中，促进疲劳裂纹的产生，并在一定条件下加速裂纹的扩展，从而加速疲劳破坏的过程。

由电子显微镜观察可知，零件为疲劳断裂，断裂起始于结合齿齿根部位，断口存在大量硫化物夹杂；利用金相显微镜观察，同样发现有大量硫化物夹杂存在，且在裂纹附近观察到与裂纹扩展方向平行的硫化物夹杂带，说明硫化物夹杂与结合齿开裂有一定的对应关系；裂纹两侧的组织与基体一致，这说明裂纹产生于效率试验过程中。从宏观观察可知，结合齿面磨损程度差异较大，结合齿受力不均衡，再加上大量硫化物夹杂的存在，降低了齿轮强度，在结合齿受力啮合的过程中，产生了疲劳裂纹，导致结合齿部位裂成多块，最终全部断裂。

模块二　轴类失效分析

轴是机械设备中受轴承支承的重要零件之一。它直接支承旋转零件，并能传递运动和动力。如齿轮、车轮、电动机转子、铣刀等各种做旋转运动的零件，都必须装在轴上，才能实现它们的功能。轴的断裂失效往往会引起灾难性的事故，如某架安—24 飞机高压燃油泵传动轴的断裂，导致机毁人亡的事故，再如某发动机涡轮轴在 20 世纪 70 年代曾多次发生断裂失效，造成极其严重的后果。

由于轴的受力特点及特定的工作环境，轴失效的基本类型有疲劳断裂、磨损失效、腐蚀失效、变形失效及韧性断裂和脆性断裂等。

（1）疲劳断裂　轴工作时大多受变应力作用，当应力值和循环次数超过极限时，将发生疲劳断裂。这是轴失效的最主要形式。轴的疲劳通常可分为弯曲疲劳、扭转疲劳和轴向疲劳三种基本类型。弯曲疲劳是由单向、交变和旋转的弯曲载荷引起的。扭转疲劳是旋转轴最常见的情况，常因施加变化或交变的扭转力矩所产生。轴向疲劳则是由于施加变化或交变的拉伸—压缩载荷作用的结果。

（2）磨损失效　磨损失效主要有磨粒磨损、黏着磨损、疲劳磨损及微动磨损。

轴的磨粒磨损失效主要指润滑剂中的沙粒、灰尘和其他碎片等外来硬质点在与轴表面接触的过程中由于切削机制使轴表面产生磨削痕迹，使轴的尺寸减小或形状改变，其结果是使轴因不能完成其设计的规定功能而失效。

轴的黏着磨损是指在轴件与配合件之间发生了固相黏着，使材料从一个表面转移到另一表面的现象。这种磨损通常根据擦伤、划痕或咬合等表面痕迹特征来判定。表面被撕裂是黏着磨损特有的形貌，两表面首先产生焊合，随后在相对运动作用下再被撕开。同时由于黏着磨损产生过多的摩擦热，因此它常常伴随有金属组织的变化，如形成热剪切带、使轴件发生局部回火或再硬化。

轴的疲劳磨损指的是轴表面与配合件表面做滚动或滑动，或滚动加滑动的复合摩擦状态，在较高的接触应力作用下，使轴表面因疲劳而产生物质流失的过程。可见轴件接触疲劳剥落损伤是由于受到交变接触应力而发生疲劳损伤的结果，该应力的最大值处于接触表面下。影响疲劳磨损的因素有接触应力、材料特性和接触表面的理化、冶金特性，包括润滑油表面的油膜以及轴件表面特性，尤其是表面硬化层的特性。

轴与配合件之间由于一微小振幅的不断往复作用而导致的磨损形式称为微动磨损。产生淡红棕色粉末通常是钢轴件微动磨损的典型特征。微动磨损通常发生在一对紧配合的零件上，如压配合的轴颈、汽轮机及压气机叶片配合处以及销钉或螺栓连接零件等。微动磨损一般会导致微动疲劳，最终导致轴件发生失效。

（3）腐蚀失效　一般而言，腐蚀性介质导致轴件的均匀性腐蚀并不会严重缩短轴件的使用寿命。但是腐蚀性介质一般易导致表面产生麻点或蚀坑，而这些点状局部腐蚀点会成为轴件的应力集中点，在交变应力作用下萌生疲劳裂纹，从而导致腐蚀疲劳。腐蚀疲劳扩展速率一般远高于疲劳裂纹在干燥空气中的扩展速率，且腐蚀介质导致的蚀坑或麻点会使疲劳裂纹萌生周期大为缩短。一旦出现腐蚀疲劳，则轴的寿命将大大缩短。

轴发生腐蚀疲劳开裂的主要判据如下：

1）轴在交变应力和腐蚀环境条件下工作，在液态、气态和潮湿空气中有腐蚀性介质。

2）断裂表面颜色灰暗，无金属光泽，通常可见到较明显的疲劳弧线。

3）断裂表面上或多或少存在有腐蚀产物和腐蚀损伤痕迹。

4）疲劳条带多呈解理脆性特征，断裂路径一般为穿晶，有时出现穿晶与沿晶混合型甚至沿晶型。

（4）变形失效　轴的变形可能使轴件不能实现甚至丧失所规定的功能。永久性变形则表明轴件所承受的应力已超过材料的屈服强度，这需要通过改变轴件的设计尺寸，使所承受的应力下降或通过提高轴件屈服强度的方法来解决。轴件的变形通常通过轴件尺寸的测量或测定轴件表面残余应力的方法来确定。

（5）韧性断裂和脆性断裂　轴发生韧性断裂的典型特征是在断裂表面上呈现有塑性变形的迹象，相当于在普通拉伸或扭转试样中所观察到的情况，断口的韧窝是显微孔洞聚合的结果。轴在超过其抗拉强度的单一载荷作用下发生断裂时，通常已经在断裂前产生了相当大的塑性变形。对拉伸断裂轴的这种变形，用目视检查即能看到。但是，当轴发生扭转断裂时，变形常常是不明显的。材料抵抗塑性变形的能力称为材料的韧性。以韧性方式失效的轴，断裂表面的形貌与轴的形状、所受应力类型、加载速度及使用温度有关。

在正常工作条件下，轴很少发生韧性断裂。但是，如果对工作要求条件估计过低、所用材料强度达不到预定数值或者轴受到单一超载载荷，则可能发生韧性断裂。在制造上的差错，如误用材料或热处理不当，也可能导致轴的韧性断裂。

轴的脆性断裂是当轴承受超过其抗拉强度的单一载荷时发生的断裂，没有宏观塑性变形痕迹。轴发生脆性断裂与材料的变形能力有关。这些材料在其缺口根部存在应力时，没有发生塑性变形的能力。脆性断裂的特征是裂纹以极高的扩展速率发生突然断裂。这类断裂的特征是断裂表面上存在鱼骨状或"人"字纹花样的标志，"人"字纹的顶点指向断裂源。

一、离心泵轴断裂失效检测分析

1. 情况简介

某公司离心泵在运行过程中多次发生泵轴断裂失效故障，为此，对两根断裂的离心泵轴进行检测分析。其中一根断裂的离心泵轴由泵轴和叶轮两部分组成（编号为 1#），其失效位置如图 6-9 中引线所指位置。另一根断裂的离心泵轴（编号为 2#）的断裂位置如图 6-10 中引线所指位置。离心泵轴的材料为 ETG100。由离心泵的结构图（图 6-11）可知，泵轴套装在轴套内，用销插入键槽内铆接。泵轴的一端接电动机，另一端安装叶轮，电动机驱动泵轴转动后带动另一端的叶轮转动。

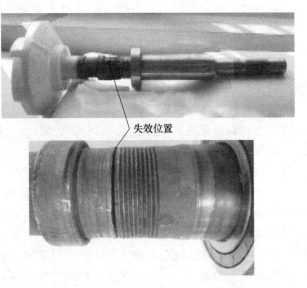

图 6-9　1#断裂的离心泵轴的宏观形貌

图 6-10　2#断裂的离心泵轴的宏观形貌

2. 检测结果

（1）宏观形貌　通过分解 1#泵轴，发现泵轴断裂位置在轴套内，如图 6-12a、b 所示。两个匹配断裂面呈现出同心圆状的磨损犁沟，局部金属剥落（图 6-12a、b 中箭头所指处），边缘磨损呈圆弧状。轴圆周表面黏附的多余金属（图 6-12c 中箭头所指处）。图 6-12b 所示的断裂部分编号为 1-1#。

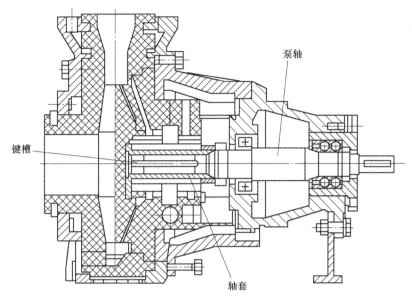

图 6-11　离心泵的结构图

图 6-12　1#泵轴断裂部位宏观形貌

a)、b) 断裂位置　c) 轴圆周表面黏附的多余金属

　　2#泵轴断裂部位存在挤压变形和破损，断裂部分宏观形貌如图6-13a、b所示，并且变形较严重部位伴有裂纹，轴边缘及断裂表面裂纹形貌如图6-13c、d所示。在体视显微镜（10×）下观察断裂轴的表面有的部位呈现出周向磨损犁沟（图6-13e），有的部位有金属熔融后留下的形貌（图6-13f）。从图6-12和图6-13可以看出，两根泵轴断裂部位均在轴套内尺寸为 $\phi32$mm 的轴上，长度约为10mm。

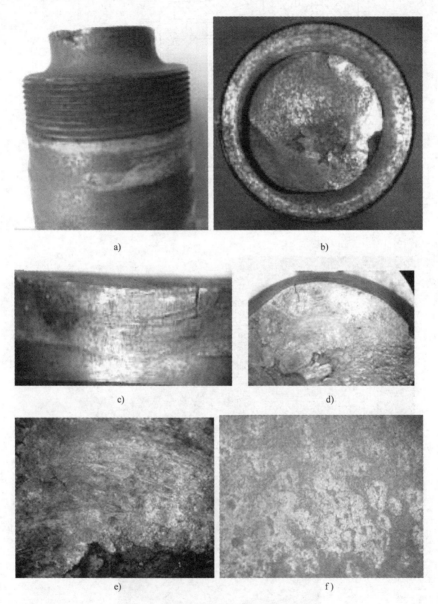

a)　　　　　　　　　　　　　　　b)

c)　　　　　　　　　　　　　　　d)

e)　　　　　　　　　　　　　　　f)

图6-13　2#泵轴断裂部位破损宏观形貌

a)、b) 断裂部分宏观形貌　c) 轴边缘裂纹形貌　d) 轴断裂表面裂纹形貌
e) 周向磨损犁沟形貌　f) 金属熔融后留下的形貌

　　对1-1#断裂部位进一步分解可以看到，发生断裂的位置是轴套与轴的键槽端部，如图6-14a、b所示。由图6-14b可以看出轴键槽底部结构，轴与轴套和销之间有一个间隙。

在体视显微镜（5.6×~40×）观察到，轴的断裂面附近还有微小裂纹（图 6-14c、e），并在轴键槽内壁观察到较粗的加工刀痕（图 6-14c、d）。由此可以推测，轴键槽底部是泵轴断裂的起始位置。

图 6-14　轴的断裂面形貌

a）轴套与轴键槽部位破损形貌　b）泵轴断裂部位键槽端部损坏形貌　c）轴断裂面裂纹（5.6×）　d）键槽内壁刀痕形貌（10×）　e）断裂面附近裂纹形貌（40×）

（2）断口形貌　泵轴断裂断口表面均有磨损，上面覆盖黄褐色的氧化层，裂纹源区已无法看清。但在 FEI 公司的 Quanta200 型扫描电子显微镜下对超声清洗后的断口进行观察，发现局部仍能观察到疲劳带，两根泵轴断裂面不同部位疲劳条带形貌如图 6-15 和图 6-16 所示。

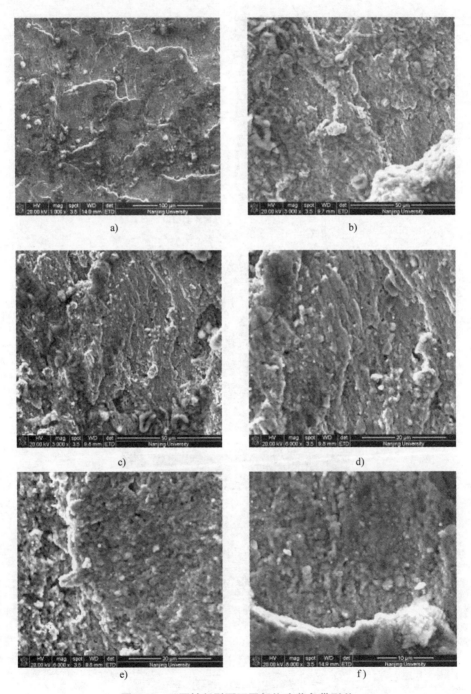

图 6-15　1#泵轴断裂面不同部位疲劳条带形貌

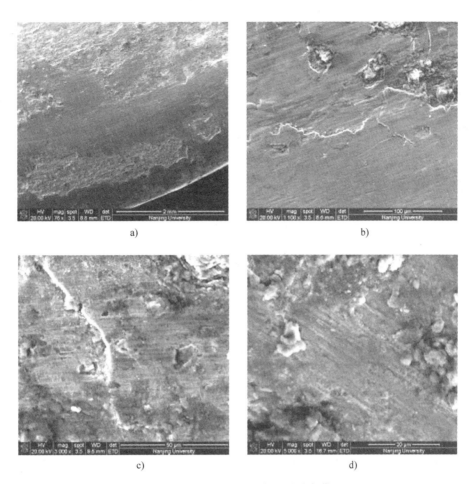

图 6-16 2#泵轴断裂面不同部位疲劳条带形貌

（3）金相组织 对 1#、1-1#、2#断裂泵轴取样并将其磨制成金相样品，在金相显微镜下观察到泵轴材料中沿纵向分布较多的长条状夹杂物或纺锤状夹杂物。1#泵轴材料金相组织中夹杂物形貌（100×）如图 6-17 所示，1-1#泵轴材料金相组织中的夹杂物形貌（100×）如图 6-18 所示。2#泵轴材料金相组织中的夹杂物形貌（100×）如图 6-19 所示。经 EDAX 检测分析后得知，这些夹杂物为 MnS，1#、1-1#泵轴材料中夹杂物能谱分析结果如图 6-20 和

图 6-21 所示。1-1#泵轴断裂断口部位夹杂物经扫描电子显微镜背散色电子探测器检测可以看出，断口边缘的夹杂物与材料基体的连续性被破坏，形成微裂纹和缺口，其形貌如图 6-22 所示。对样品用 4%（质量分数）硝酸酒精浸蚀后在金相显微镜下观察，其金相组织为：铁素体+珠光体，珠光体呈条带状，1#、1-1#、2#泵轴金相组织如图 6-23～图 6-25 所示。MnS 夹杂物分布在铁素体基体上。

图 6-17 1#泵轴材料金相组织中的
夹杂物形貌（100×）

图 6-18　1-1#泵轴材料金相组织中的
　　　　夹杂物形貌（100×）

图 6-19　2#泵轴材料金相组织中的
　　　　夹杂物形貌（100×）

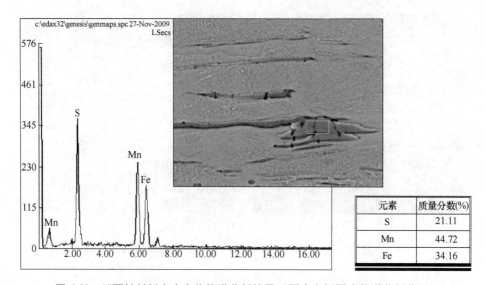

元素	质量分数(%)
S	21.11
Mn	44.72
Fe	34.16

图 6-20　1#泵轴材料中夹杂物能谱分析结果（图中方框图为能谱分析位置）

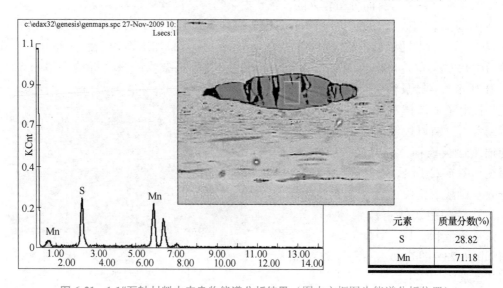

元素	质量分数(%)
S	28.82
Mn	71.18

图 6-21　1-1#泵轴材料中夹杂物能谱分析结果（图中方框图为能谱分析位置）

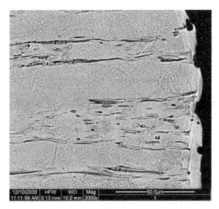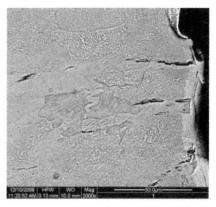

图 6-22　1-1#泵轴断口边缘夹杂物形貌（2000×）

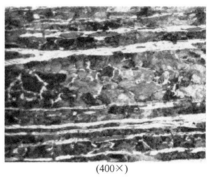

(100×)　　　　　　　　　　　　　　(400×)

图 6-23　1#泵轴金相组织（铁素体+珠光体）

(100×)　　　　　　　　　　　　　　(400×)

图 6-24　1-1#泵轴金相组织（铁素体+珠光体）

(100×)　　　　　　　　　　　　　　(400×)

图 6-25　2#泵轴金相组织（铁素体+珠光体）

将 1-1#泵轴断裂部位沿纵向剖开磨制成金相试样（图 6-26a），在金相显微镜下观察到轴套的金相组织为：石墨+铁素体+珠光体（图 6-26b），断裂面边缘的金相组织发生变形，1-1#轴断裂面边缘及其变形层金相组织如图 6-26 和图 6-27 所示。对变形层在金相显微镜（1000×）下观察，可看到铸态组织，如图 6-28 所示。由此说明，泵轴断裂后，在工作力的作用下，两断裂面相互之间旋转摩擦产生的高温（>1000℃）使其表面金属发生熔融而出现铸态组织，在旋转力作用下组织发生变形。

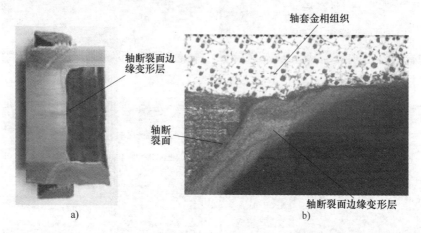

图 6-26   1-1#轴断裂面边缘金相组织（100×）

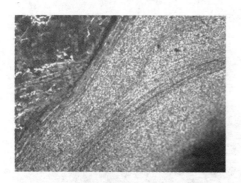

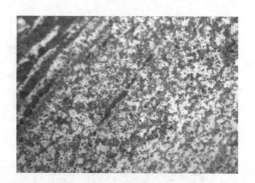

图 6-27   1-1#轴断裂面边缘变形层金相组织（200×）

图 6-28   变形层中的铸态组织（1000×）

（4）硬度测定   1#、2#断裂泵轴经硬度测定，结果分别为 266HBW10/3000 和 285HBW10/3000。

（5）化学成分   1#、2#断裂泵轴的化学成分分析结果见表 6-5。

表 6-5   1#、2#断裂泵轴的化学成分分析结果

样品编号	质量分数（%）							
	C	Si	Mn	S	P	Cr	Ni	Cu
1#	0.44	0.22	1.50	0.29	0.024	0.16	0.023	0.013
2#	0.44	0.29	1.51	0.33	0.16	0.14	0.020	0.017

3. 结果分析与结论

对送检 1#、2#断裂泵轴经过以上检测分析后可得出以下几点。

1）两根泵轴断裂部位基本相同，均有不同程度的变形和磨损。通过对 1#断裂轴的解析可知，轴的断裂部位均在键槽的底部（图 6-14a、b），并在键槽底部内壁存在较粗的加工刀痕（图 6-14c、d）。

2）泵轴金相组织为：铁素体+条带状珠光体。金相组织表明泵轴的热处理为轧制状态，未经正火或调质处理。

两根泵轴金相组织中分布较多的 MnS 夹杂物（图 6-17~图 6-19）。按照《钢中非金属夹杂物含量的测定　标准评级图显微检验法》（GB/T 10561—2023）评定，夹杂物级别远大于 3 级（此标准中最大级别为 3 级）。

3）1#、2#泵轴断裂部位的断口均为疲劳断裂特征（疲劳条带），如图 6-15 和图 6-16 所示，这说明泵轴在运行过程中受交变应力的作用而产生疲劳断裂。

综合分析：两根泵轴断裂失效模式为疲劳断裂。钢制零部件的疲劳断裂一般与两个因素有较大的关系，即受力状态（交变应力）和应力集中（零件表面的缺陷和组织缺陷等）。通过对泵轴的检测过程了解到，两根泵轴的断裂位置基本都在轴键槽的底部，而键槽底部和轴与轴套连接部位存在空隙和加工过程中留下的刀痕，使得在离心泵的整体结构中该处成为薄弱环节和应力集中部位。在轴的运行过程中受交变载荷作用，则在应力集中部位先形成微裂纹，随着工作时间推移，裂纹逐渐扩展，使得轴的工作截面减小，承载能力随之下降，最后产生断裂。

金相组织中非金属夹杂物对疲劳性能的影响也不容忽视。泵轴的金相组织中存在较多的 MnS 夹杂物，由于非金属夹杂物以机械混合物的形式存在于钢中，而其性能又与钢有很大的差异，因此它破坏了钢基体的均匀性、连续性，还会在该处造成应力集中而成为疲劳源（即疲劳起始点）。当夹杂物处于零件表面或表面高应力区时，危害更严重。

从扫描电子显微镜背散射电子图像看到，沿泵轴纵向分布的 MnS 夹杂物使钢的基体连续性破坏，在微观区域形成微缺口（图 6-22），在交变应力作用下，通常沿着夹杂物与其周围金属基体的界面开裂，形成疲劳裂纹。

2#泵轴断裂面出现宏观熔融形貌（图 6-13f）和 1-1#轴断裂面边缘变形层及铸态组织（图 6-27 和图 6-28）均表明，泵轴在运行过程中，断裂在轴套内的两个轴面仍在运转、相互摩擦，而使两个接触面瞬间温度升高，致使两个摩擦面表层金属处于熔融状态，出现铸态组织，并使断裂面疲劳断裂特征形貌破坏及表面金属剥落。

因此，泵轴疲劳断裂失效与泵轴受到交变应力作用、键槽底部的刀痕所形成的应力集中，以及金相组织中 MnS 夹杂物所形成的微缺口造成的应力集中有较大关系。

二、摩托车发动机曲轴连杆失效分析

1. 情况简介

广东某摩托车厂一辆摩托车在行驶了 2000km 后发生机械故障，经拆机检查，发现发动机曲轴连杆断裂，如图 6-29 所示。该连杆材料为 20CrMnTi，表面渗碳处理。连杆工作原理如图 6-30 所示，连杆的往复运动带动两传动曲轴转动。

图 6-29 连杆断裂

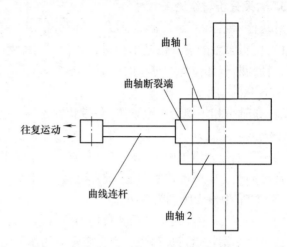

图 6-30 连杆工作原理

2. 宏观检查

失效连杆有两个断口，在连杆断裂端的轴承弧面可见许多与断口平行的裂纹，如图 6-31a 所示；断裂端一侧面存在强烈摩擦痕迹（图 6-31b），磨损深度达 0.5mm；轴承弧面靠近摩擦面一端可见蓝灰色的高温氧化痕迹（图 6-31c）；断口 2 未见疲劳弧线。

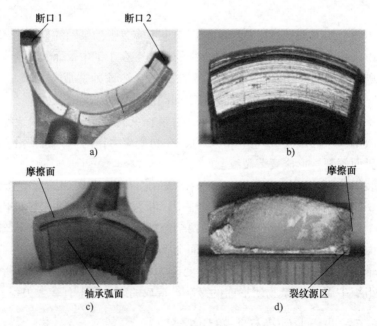

图 6-31 断裂连杆的宏观形貌

3. 扫描电子显微镜分析

断口 1 在扫描电子显微镜下显示疲劳弧线（图 6-32a）；根据弧线的走向可以找到裂纹源区，裂纹源区在图 6-32d 所示右上方拐角处，局部放大后发现裂纹源区的细微组织大部分已磨损，但能看到放射棱特征，如图 6-32b 所示；在裂纹扩展区可见疲劳条纹及二次裂纹，如图 6-32c 所示；断口 2 未见疲劳条纹，只有韧窝，可见断口 1 是最先开始断裂的断口，而断口 2 是二次断口。

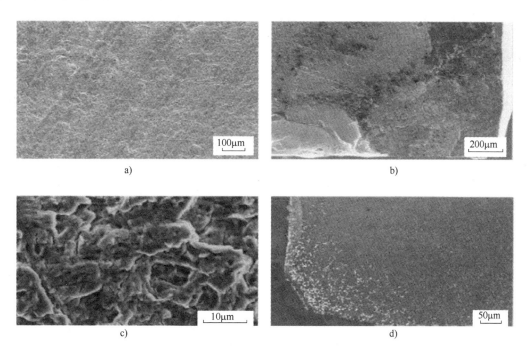

图 6-32　断裂连杆断口扫描图片

4. 化学成分

在连杆杆身部位取样，进行化学成分分析，结果符合《合金结构钢》（GB/T 3077—2015）中规定的 20CrMnTi 的成分要求。

5. 结果分析

综合上述检验结果：失效件材料化学成分符合技术要求，连杆断裂端一侧面出现非正常严重磨损现象，轴承弧面靠近摩擦面一端出现的蓝灰色的氧化膜是黑色氧化铁（Fe_3O_4）及红色氧化铁（Fe_2O_3）的混合体，其形成温度在 400℃以上。这表明因该连杆与一根输出轴之间存在摩擦而导致该区域温度过热。

断口扫描电子显微镜分析表明断口疲劳裂纹源区在氧化膜附近的拐角处，为高温区域。表面氧化会使裂纹产生的机会增加，同时高温增大了蠕变损伤的可能性。摩擦导致金属表面粗糙，容易形成表面应力集中，增大裂纹源产生的可能性。

断裂起源往往发生在拉应力最大的层面上。从连杆运动受力情况分析，断口 1 的断面所受的拉应力最大，因此容易在此断面靠近摩擦面的拐角处形成裂纹源。同时由于该区域存在较粗大的块状碳化物，破坏了基体组织的连续性，加速了裂纹的形成和扩展，降低了疲劳强度，最终导致了疲劳断裂。

连杆渗碳表面的碳化物过大与渗碳工艺不当有关。粗大的块状碳化物主要是由于碳含量过高造成的，特别容易在工件尖角处形成，从而导致零件寿命显著缩短。

6. 结论

曲轴连杆断裂属于疲劳断裂，引起断裂的原因是在使用时连杆受到剧烈摩擦，导致局部区域应力集中及温度过高，降低了材料的疲劳强度。连杆拐角处表面的较大块状碳化物加速了裂纹的产生及扩展。

7. 改进措施

1）设计时，降低摩擦处的表面粗糙度值，这可以减小应力集中，降低零件的疲劳强度。同时，减少摩擦带来的高温现象，降低蠕变损伤的可能性。

2）改善渗碳工艺。在渗碳过程中应注意严格控制渗碳气氛的碳势，以免过高的碳势引起工件表面形成粗大的碳化物。

模块三　弹簧失效分析

作为机械产品中的基础件之一，弹簧在工作过程中，起到缓冲平衡、储存能量、自动控制、回位定位、安全保险等作用，广泛应用于航空航天、国防装备、机电设备、仪器仪表、石油化工及交通能源等领域。因此，弹簧一旦失效会造成巨大的经济损失，一些重要部位的弹簧产生失效可能导致严重事故。例如，机动车辆的制动弹簧和悬架弹簧的失效可能引发机毁人亡的严重后果；飞机起落架弹簧的失效将导致飞机难以安全着陆；卫星的太阳能叶片控制器弹簧失效，将导致卫星无法摄取能量而失去控制；电厂用的高压阀门弹簧失效将引起爆炸和火灾等。因此，在设计和使用中，除了提高弹簧质量可靠性，做好弹簧的失效分析并采取相应的预防措施是十分必要的。

弹簧失效的一般规律：在薄弱的环节或部位开始萌生裂纹，裂纹逐渐扩展，以致最终造成整体失效。对弹簧进行失效分析，就是针对失效弹簧进行全面、系统、深入、细致的分析。

在弹簧的失效分析中，必须借助于先进的分析仪器，并采用最新的研究方法进行研究工作。主要步骤包括：确定弹簧的失效模式；分析产生失效的内部和外部原因；采取针对性的措施，提高弹簧产品的质量、可靠度，延长使用寿命，预防同类失效的发生。其中，对产生失效的内部及外在因素进行深入研究，是弹簧失效分析的核心内容。

在进行弹簧的失效分析时，除了对弹簧的设计、材质选择、加工工艺、装配等技术因素进行分析，还要考虑零件的工作环境、维护程度等。实践表明，弹簧产生失效，与其材质是密不可分的。弹簧生产过程中，其表面或内部的缺陷往往是诱发弹簧早期断裂失效的主要原因。因此，在失效分析中，应对制备弹簧所选的原材料或其残骸进行化学成分分析、断口分析、金相组织和力学性能分析。

弹簧的常见失效模式见表 6-6。

表 6-6　弹簧的常见失效模式

失效模式	产生原因	失效判据
塑性变形和塑性断裂失效	当外加应力超过弹性极限时弹簧将产生不可恢复的塑性变形，甚至断裂	该失效弹簧是否发生了明显的不可恢复的塑性变形

（续）

失效模式	产生原因	失效判据
脆性断裂失效	弹簧表面有缺陷、热处理时温度过高造成材料内部晶粒粗大、未进行回火或回火不足、脆性相呈网状分布等，会造成在单次加载的情况下即发生断裂；弹簧工作环境诱发的脆性断裂，如氢脆、应力腐蚀断裂等	与塑性断裂失效不同，弹簧发生脆性断裂时，其断口上几乎看不到塑性变形的痕迹
疲劳断裂失效	疲劳断裂是弹簧失效中最常见的失效模式。弹簧材料承受循环变载荷时，虽然其最大载荷小于材料的屈服极限，一般不会发生明显的塑性变形，但经过一定次数的应力循环后却发生了断裂，称为疲劳断裂	变载荷作用导致失效；发生疲劳断裂之前或之后未出现明显的塑性变形；疲劳断裂是一个损伤累积过程，即裂纹萌生、扩展和瞬断的过程；典型的疲劳断口通常出现三个形貌不同的区域：疲劳源区、疲劳裂纹扩展区和最后的瞬断区
腐蚀疲劳断裂失效	弹簧在有腐蚀性介质中长期工作时产生的失效	失效弹簧的表面出现了腐蚀现象
磨损失效	各种螺旋的端圈和内外表面与其他构件表面接触时，由于往复运动而产生摩擦及磨损，这些磨损带来的失效将显著缩短弹簧的使用寿命。一般来说，磨损不会直接引起弹簧断裂，但它可能是导致弹簧失效的重要原因	弹簧的端圈和内外表面出现了磨损，导致弹簧失效
弹簧的应力松弛与变形失效	应力松弛是在恒变应力条件下，金属材料或构件的应力随着时间延续而减小的现象，典型的例子是工业电器用插座的接触不良现象	弹簧的内应力随工作时间的增加而逐渐减小

一、传动带张紧轮弹簧早期断裂原因分析

1. 断裂弹簧的基本情况

某知名品牌的一款车型在消费者使用后，部分车辆在行驶几十公里至几百公里后出现转向盘故障。经查，故障原因为转向盘助力泵传动带张紧轮上的扭簧发生断裂。该扭簧在正常工作状态下所受应力为 $10N/m^2$。断裂扭簧形状如图 6-33 所示，它是用韩国进口材料按照《淬火-回火弹簧钢丝》（GB/T 18983—2017）规定的 VD 级标准生产的 $\phi3.5mm$ 的弹簧钢丝卷制而成的。

2. 钢丝试样检验情况

从卷制弹簧剩余的该批材料上取试样若干，委托国家金属制品质量监督检测中心进行检验和试验。

（1）化学成分分析结果　采用美国热电生产的 iCAP6000 型等离子体发射光谱分析弹簧钢丝的各项成分，其化学成分见表6-7。

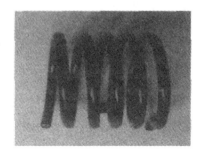

图 6-33　断裂扭簧形状

表 6-7　弹簧钢丝化学成分

元素	C	Si	Mn	P	S	Cr
各元素质量分数标准值（％）	0.50~0.60	1.20~1.60	0.50~0.90	≤0.025	≤0.025	0.50~0.80
实测各元素质量分数（％）	0.55	1.39	0.67	0.014	0.006	0.75

（2）力学性能测试　拉力试验采用宁夏青山试验机有限公司生产的 LJ-5000A 型拉力试验机，扭转试验采用该公司生产的 GX-6A 型扭转试验机，缠绕试验也采用该公司生产的 CR-6 型缠绕试验机，弹簧钢丝力学性能见表 6-8。

表 6-8　弹簧钢丝力学性能

检验项目	抗拉强度/MPa	断面收缩率（％）	扭转	缠绕
标准值	1860~2010	≥45	标距100d，扭转不少于3次，断口平齐	标准无此检验项目
实测值	1920、1920、1920	55.0、53.5、55.0	标距270mm，扭转13次，断口平齐	心轴直径1d，缠绕5圈无裂纹

（3）表面质量检测　钢丝表面光滑，无对钢丝使用可能产生影响的划伤、裂纹、锈蚀、折叠、结疤等缺陷。

（4）显微组织及脱碳层　截取试样两个，浸蚀后在德国生产的 METAVAL 显微镜下观察，两个试样组织均为回火屈氏体，脱碳层深度分别为 0.01mm 和 0.02mm。

以上各项报告显示材料各项性能指标完全符合《淬火-回火弹簧钢丝》（GB/T 18983—2017）规定的 VD 级 SiCr 油淬火-回火弹簧钢丝标准要求。

3. 断裂弹簧分析

（1）表面分析　断裂弹簧表面覆盖黑色物质，断裂面基本为平面，数码相机拍摄断口宏观形貌如图 6-34 所示，断面断裂源区有锈迹，如图 6-35 所示，测量深度约为 0.8mm（图中上圆圈）。断口处的断裂源位于螺旋弹簧端部折角的内侧。

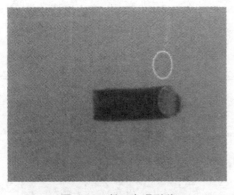

图 6-34　断口宏观形貌

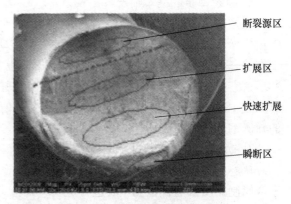

图 6-35　断裂面宏观全貌（30×）

（2）断口电子显微镜扫描检查及分析　使用 FEI 公司的 Quanta200 型扫描电子显微镜分别观察断裂源区、扩展区及剪切唇。如图 6-35 所示，可明显看出整个断面被规则地分成 4

份，最上面一部分为断裂源区。图 6-36 所示为断裂源区低倍形貌。图 6-37 所示为断裂源区的高倍扫描图片，虽然断裂面有一定的损伤，但依然能够明显看到沿晶面及晶界断裂的痕迹，源区内无明显大颗粒夹杂物，且源区扩展是沿着分界线整排推进的。图 6-38 所示为断裂源区对应的表面形貌，源区表面无明显会引发断裂的缺陷。图 6-39 所示为扩展区沿晶形貌，可以看到解理断裂结构。图 6-40 所示为快速扩展区形貌，为典型的解理断裂结构。图 6-41 所示为瞬断区形貌，为韧窝状结构。图 6-39 ~ 图 6-41 所示断裂形貌说明弹簧整体断裂为塑性断裂。

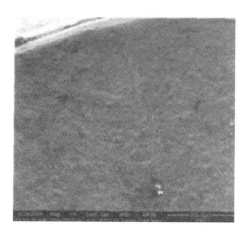

图 6-36　断裂源区低倍形貌

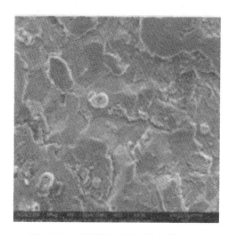

图 6-37　断裂源区的高倍扫描图片

图 6-38　断裂源区对应的表面形貌

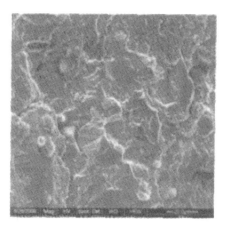

图 6-39　扩展区沿晶形貌

4. 弹簧的制造工艺及其断裂失效特征

该款弹簧的主要制造工艺为：卷簧→400℃回火→弯角→380℃回火→切角→抛丸→200℃回火→电泳（酸洗+涂塑）。

该批弹簧初期大约断裂 10 只左右，断裂的所有弹簧均从弯钩处断裂，且断口处弯钩内侧均出现 0.2 ~ 0.9mm 深的锈迹（即陈旧断口），此锈迹说明弹簧起始断裂位置为弯钩内侧，且起始断裂与最终失效断裂有一定的时间差距。

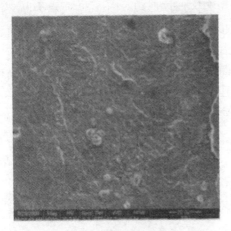

图 6-40　快速扩展区形貌

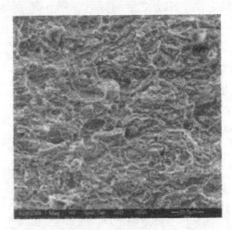

图 6-41　瞬断区形貌

5. 综合分析

材料的各项检验及试验数据均符合标准要求，且各项性能指标较优。

弹簧断口电子显微镜扫描图片表明，弹簧的前期断裂及扩展断裂为沿晶断裂形貌。此形貌为脆性断裂的典型特征。该批弹簧断裂存在以下明显特征：1）断裂面基本为平面。2）断裂源区为沿晶脆性断裂，扩展区及瞬断裂区为塑性断裂形貌。3）起始断裂与最终失效断裂时间相距较长。4）断裂起始于存在有残余拉应力的弹簧折角内侧。5）弹簧在使用过程中受力极小，刚开始使用即发生断裂说明在使用前已经存在原始断裂。

资料表明，钢丝在外力作用下发生弯曲塑性变形成形为圆柱螺旋弹簧，当钢丝被剪断而卸载后，弹簧内圈表层的压缩弹性变形与外圈表层的拉伸弹性变形得到完全回复（消失），因此弹簧内圈表面形成残余拉应力，外圈表层形成残余压应力。油淬火回火弹簧钢丝为高应力弹簧钢丝，由于弹簧材料的强度很高，再加上弹簧成形时的变形很大，因此对氢脆特别敏感，如不及时去氢，往往会造成弹簧的断裂。对冷卷弹簧进行回火处理的主要目的是降低或消除引入内圈表层的残余拉应力，这样做一方面可使弹簧的疲劳强度得以提高，另一方面也可提高弹簧的应力腐蚀断裂抗力。一般情况下，残余拉、压应力随着回火温度的升高而逐渐下降。该批弹簧在表面处理过程中有酸洗的工序，存在高浓度的氢，如果前期热处理过程中应力去除不良，极易发生氢脆性断裂，即应力腐蚀断裂。

6. 结论

首先从加工过程分析，弯角加工变形最大，但回火温度、时间明显比上道回火不足，存在残余拉应力的风险；其次，电泳过程存在与酸接触的过程；再者，从断口看，断口形貌是沿晶断裂形貌，这是应力腐蚀或氢脆断裂的典型特征。另外，弹簧内侧断口有 0.2 ~ 0.9mm 的旧锈迹，说明在使用前就存在很深的裂纹源从而导致早期疲劳断裂。综合上述原因，弹簧装机断裂的原因应该是弯角造成的内侧拉应力没有充分降低，造成在电泳过程中发生应力腐蚀并最终导致装机后发生早期断裂。

二、重卡钢板弹簧断裂失效分析

钢板弹簧是汽车悬架中的重要弹性元件，主要影响汽车行驶的平顺性和操纵的稳定性，在车辆行驶过程中起到缓冲减振的作用。同批次某矿山用短途重载卡车行驶约 6000km 后发生 4 起钢板弹簧断裂事故。断裂钢板弹簧材料为 50CrV 钢，生产工艺流程为：下料→钻孔→卷耳→淬火→回火→喷丸→装配→预压→喷漆。为了查明该批钢板弹簧的断裂原因，对断裂失效件进行了检验和分析。

1. 理化检验

（1）宏观检查　断裂发生在前钢板弹簧组第一片后侧板簧卡附近，断裂位置如图 6-42a 所示。距吊耳孔中心约 260mm 处，断口侧表面可见明显的磨损腐蚀痕迹，如图 6-42b 所示。在体视显微镜下观察发现，钢板弹簧表面磨损腐蚀区域呈红褐色，仔细观察发现存在大量裂纹和腐蚀坑。磨损腐蚀区的裂纹形貌如图 6-43 所示。

a)　　　　　　　　　　　　　　　b)

图 6-42　钢板弹簧断裂位置及断裂件宏观形貌
a）断裂位置　b）断口侧表面

观察断裂钢板弹簧断口形貌可知，断面基本垂直于钢板弹簧纵向轴，有剪切唇，断口上可见多处裂纹源区，且均位于钢板弹簧受拉应力一侧；裂纹扩展区有明显的弧线状贝壳纹，呈典型的疲劳断口特征。疲劳扩展区面积较小，约占整个断口面积的 1/10；瞬断区面积较大，表明该钢板弹簧服役时承受了较大的载荷，钢板弹簧断口宏观形貌如图 6-44 所示。

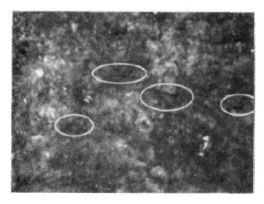

图 6-43　磨损腐蚀区的裂纹形貌

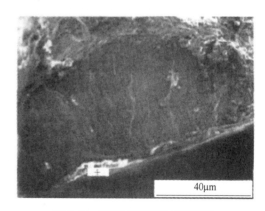

图 6-44　钢板弹簧断口宏观形貌

（2）断口微观形貌分析　图 6-45 所示为钢板弹簧断口裂纹源区扫描电子显微镜形貌，明显可见裂纹起源于磨损腐蚀部位的腐蚀坑处。用能谱仪对腐蚀坑处的腐蚀产物进行分析，其结果如图 6-46 所示。能谱分析结果表明，钢板弹簧裂纹源区的腐蚀产物主要为氧化物和氯化物。

裂纹源区

图 6-45 裂纹源区扫描电子显微镜形貌

钢板弹簧断口的裂纹扩展区已被氧化腐蚀，在扫描电子显微镜下除观察到二次裂纹外，其余微观特征已无法辨别，裂纹扩展区扫描电子显微镜形貌如图 6-47 所示。瞬断区的微观特征为沿晶断裂，如图 6-48 所示。

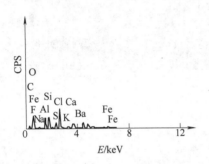

图 6-46　腐蚀坑处腐蚀产物的能谱分析结果　　　图 6-47　裂纹扩展区扫描电子显微镜形貌

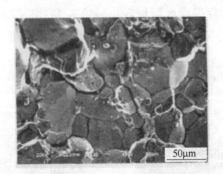

图 6-48　瞬断区的微观特征

（3）硬度测试　在失效钢板弹簧断口附近取样，测试其基体平均硬度为 420HBW，检测结果符合技术要求（409~464HBW）。

（4）化学成分分析　在失效钢板弹簧上取样进行化学成分分析，结果符合《弹簧钢》（GB/T 1222—2016）对 50CrV 钢成分的技术要求，见表 6-9。

（5）金相检验　在钢板弹簧断口附近取样进行金相检验。结果表明该处试样表面无脱碳现象，表面显微组织形貌如图 6-49 所示；基体显微组织为较粗大的回火屈氏体，如图 6-50 所示。检测结果符合相关技术要求。

表 6-9　钢板弹簧的化学成分

元素	C	S	Si	Mn	P	Cr	V
实测各元素质量分数（%）	0.52	0.014	0.28	0.62	0.020	0.87	0.13
各元素质量分数标准值（%）	0.46~0.54	≤0.025	0.17~0.37	0.50~0.80	≤0.025	0.80~1.10	0.10~0.20

图 6-49　表面显微组织形貌

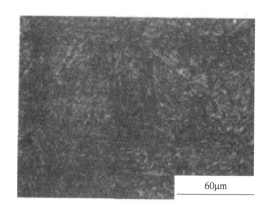

图 6-50　基体显微组织形貌

2. 综合分析

理化检验结果表明，断裂钢板弹簧的化学成分、硬度以及显微组织均符合相关标准技术要求。断口宏观和微观检查结果表明，断裂钢板弹簧失效形式为磨损腐蚀引起的多源疲劳断裂，其疲劳断裂的过程是微动磨损、氧化及腐蚀、交变应力等综合作用的过程。产生这种失效模式的原因是，车辆在服役过程中因超载产生过大的弯曲应力，钢板弹簧出现过度反弓现象，造成板簧卡中的螺栓杆与钢板弹簧组第一片弹簧发生接触摩擦。第一片钢板弹簧油漆涂层脱落后，其表面裸露出的金属与空气接触发生氧化反应，形成氧化铁等反应产物。该氧化产物强度低，在螺栓杆与第一片钢板弹簧继续摩擦时会从表面脱落下来或破碎，使钢板弹簧表面形成凹坑，出现应力集中点。钢板弹簧在汽车行驶时受交变应力的作用，在交变载荷作用下，磨损区域应力集中点容易出现疲劳微裂纹。在交变应力作用下微裂纹不断扩展，某些裂纹在扩展中合并为一主裂纹；同时，磨损过程中形成的腐蚀物及腐蚀介质（空气、水等），也会逐渐渗入到裂纹内部，像楔子一样嵌入微裂纹内部，使裂纹尖端的应力强度因子幅加大，并伴有化学作用，使裂纹进一步扩大，在裂纹稳定扩展区出现大量腐蚀坑，并使钢板弹簧疲劳寿命缩短，最终导致钢板弹簧在过大应力作用下发生断裂。

3. 结论及建议

车辆在服役过程中因超载使钢板弹簧出现过度反弓，造成板簧卡螺栓杆与钢板弹簧动态接触，发生磨损腐蚀现象，使钢板弹簧表面形成凹坑，产生应力集中点；在过大的交变应力作用下，应力集中点产生微裂纹并不断扩展，最终造成钢板弹簧疲劳断裂。

为了防止再次出现此类钢板弹簧断裂事故，应在车辆服役过程中避免出现过大的弯曲应力，从而避免造成钢板弹簧反弓后与板簧卡中的螺栓杆接触摩擦。在汽车行驶时应按设计重量进行承载，避免出现长期超载；同时在车辆行驶中应避免频繁使用紧急制动，防止由于惯性力的作用造成车辆重心前移，使钢板弹簧受到过大的弯曲应力和拉应力。

模块四　压力容器失效分析

压力容器结构
仿真动画

随着经济的发展，工业的进步，压力容器已经广泛应用于炼油、化工等工业部门及日常生活中。在炼化行业中，越来越多的新型的、高效节能的设备得到应用，许多装置对压力容器的要求非常高，其操作介质的性质多为高温（或低温）、高压、易燃、易爆、有毒、强腐蚀等，具有相当大的危险性。随着世界各国对海洋资源的开发，为了适应海洋气候、恶劣的环境和石油加工深度的不断增加、操作条件越来越苛刻，对压力容器的要求变得越来越严。世界能源危机的出现和军事装备的竞争、核能的开发应用对压力容器也提出了新的要求。航天工业更是要求压力容器为其提供坚实的基础。

各类压力容器的操作条件复杂多样，而且越来越苛刻，因此压力容器失效的形态也是多种多样的。由于压力容器的失效带来的一般都是数万元甚至上百万元的经济损失，严重时甚至造成人员伤亡的灾难性后果，如核泄漏，它不仅使人们的生命受到威胁，而且会对周围环境造成毁灭性的污染，并且这些危害的影响会持续几十年、几百年。因此，预测和解决压力容器的失效问题一直受到人们广泛的关注。

压力容器的失效形式常见的有强度失效、刚度失效、稳定性失效、腐蚀失效。

（1）强度失效　压力容器中某最大应力点超过屈服强度后就会出现不可恢复的变形，此时由弹性状态进入塑性状态，随着载荷的增大，容器的塑性区不断地扩大，当载荷大到某一极限时，塑性区就会扩展到一定的范围，容器便失去了承载的能力。

（2）刚度失效　压力容器及其零部件不是因为强度不足，而是由于过大的弹性变形使部件等失去了正常的工作能力。这种失效形式通常出现在密封结构、换热设备等地方。

（3）稳定性失效　压力容器在外压或其他外部载荷的作用下，由稳定的平衡状态转变至不稳定的状态，形状发生突然改变而丧失正常的工作能力。

（4）腐蚀失效　腐蚀失效是压力容器失效的重要类型之一，金属腐蚀的形式是多种多样的，按金属与周围介质作用的性质分为化学腐蚀和电化学腐蚀两大类，都是由于其工作环境所引起，包括应力腐蚀、氢脆、蒸汽腐蚀等类型。

应力腐蚀失效是指在拉应力作用下，一定材料与一定的环境介质发生应力腐蚀，而最终导致的失效。它是一种延迟破坏，造成的后果也比较严重。由于近代工业技术的发展，材料的工作环境条件越来越苛刻，零部件和材料的应力腐蚀问题也日益突出，解决应力腐蚀问题已经成为当今的重要课题。应力腐蚀的必要条件是存在拉应力，而且所用材料与环境介质能发生应力腐蚀。因此，为了解决应力腐蚀问题，设计上通常采用选择应力腐蚀敏感性低的材料、加缓蚀剂或保护层、阳极保护和避免或减小应力集中、改善危险截面的受力状况及避免工件表面层残余应力存在等措施。另外，生产工艺上通常采用适当的热处理工艺来降低材料对应力腐蚀的敏感性和减小工件的残余应力或避免应力集中。

金属的氢脆是指由于金属中存在氢而导致材料的塑性大为降低，从而使压力容器失效。氢脆的表现形式一般分为不可逆氢脆和可逆氢脆两类，前者是指氢造成的永久性损伤（如低合金钢在石油化工设备中或酸洗处理后因吸氢而出现氢鼓包等），后者是指排除氢后力学性能可以恢复的氢脆现象（如钢及一些合金钢中的氢致延迟破坏等）。氢脆产生的主要原因是氢在材料中来不及扩散或逸出而形成局部偏聚（偏析），材料中氢浓度越高越容易发生局部偏聚，材料表现为低应力下的延迟破坏。因此，为了解决氢脆问题，设计上通常采用选择氢脆敏感性小的材料、减小或消除拉应力、清除氢或减少氢的含量（如加缓蚀剂、保护层等）和改变应力状态等措施；另外工艺上也可通过表面处理（如滚压、喷丸等）使表面产生残余压应力。

蒸汽腐蚀实际上是由于高温下水蒸气的分解而造成金属的氧化和氢脆，为了防止蒸汽腐蚀，设计上通常选用高抗蒸汽腐蚀的材料。

一、某发电厂疏水扩容器失效分析

1. 失效概况

某发电厂 6#机组于 1995 年 12 月 22 日投产运行，2004 年 9 月 6 日停机进行第 3 次大修。汽轮机属于超高压、一次中间再热、单轴、三缸、二排汽冲动凝汽式空冷机组。疏水扩容器属一类压力容器，如图 6-51 所示。其设计压力为 0.1MPa，设计温度为 300℃，材质为 Q235F 钢，筒体直径为 720mm，筒体壁厚为 20mm。疏水联箱规格为 ϕ355mm×8.5mm，材质为 12Cr1MoV。

a)   b)

图 6-51　疏水扩容器
a）疏水扩容器检测前　b）疏水扩容器检测后

大修期间经金属渗透探伤检验发现汽机零米南侧疏水扩容器上封头出汽管角焊缝产生 7 处裂纹：4 条为弧坑裂纹，裂纹长度分别为 20mm、20mm、15mm 和 5mm；3 条为焊缝熔合线裂纹，裂纹长度分别为 60mm、30mm 和 30mm。容器上封头出汽管角焊缝裂纹形貌如图 6-52 所示。联箱进疏水扩容器的角焊缝上发现一条与焊缝方向垂直的裂纹，裂纹长 65mm，裂纹贯通焊缝后向容器筒壁上延伸 40mm，向联箱筒壁上延伸 10mm。联箱进容器角焊缝贯穿裂纹形貌如图 6-53 所示。

2. 失效原因分析

（1）宏观检查　经宏观检测发现，如图 6-52 所示，上封头出汽管角焊缝表面成形质量很差，收弧时形成较明显的弧坑，角焊缝上深度超过 2mm 的咬边部位也较多。如图 6-53 所示，联箱进容器的角焊缝产生裂纹的区域是角焊缝中心线右侧 3 点钟的部位，该处正是整个角焊缝应力最集中的部位。经仔细检查发现该处焊缝由于焊接速度过快，波纹间熔合不好，

图6-52　容器上封头出汽管角焊缝裂纹形貌

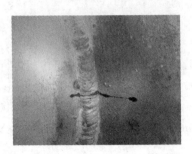 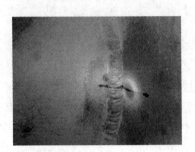

图6-53　联箱进容器角焊缝贯穿裂纹形貌

导致了裂纹的产生，运行期间裂纹不断扩展，最终发展到容器筒壁上。虽然疏水扩容器的使用压力只有0.1MPa，但是汽机本体的高压疏水主要是从这里进行疏导，且温度波动较大的工作状况，将产生一定的热应力。焊缝焊接质量较差加之容器本身较为恶劣的工况和热应力等因素可能是导致裂纹产生和发展的主要原因。

（2）光谱分析　经过对联箱进行光谱分析鉴定发现联箱弯头和与容器连接部分直管材质用错，应该用12Cr1MoV，而实际用的是碳钢。

3. 处理方案

（1）容器上封头出汽管角焊缝裂纹处理　对于容器上封头出汽管角焊缝裂纹可以进行挖补处理。首先用角向磨光机对裂纹进行打磨，经渗透探伤检验确认裂纹已彻底消除后进行补焊。焊接材料选用J507焊条（φ3.2mm），焊接电流为100～110A，直流反接，用焊条电弧焊方法进行补焊。焊条使用前按要求进行烘干。

（2）容器筒壁裂纹及联箱更换弯头、直管处理　对于联箱进容器角焊缝裂纹，由于裂纹已经延伸至容器筒体和联箱筒体上，根据相关要求，压力容器组焊时不宜采用十字焊缝，且当主要受压元件补焊深度超过1/2的壁厚时，焊后应进行耐压试验。经请示，上级主管部门同意对该处裂纹缺陷进行挖补处理。

（3）打磨和焊接工艺处理方案　对容器上的裂纹用磨光机进行打磨，将裂纹彻底消除，并做渗透探伤确认。对容器筒壁的补焊及直管与容器筒壁之间的焊缝焊接选用J507焊条，焊接电流为100～110A，直流反接。联箱弯头改用材质为12Cr1MoV相同规格的弯头，弯头与联箱对接焊缝和弯头与直管之间的对接口选用R317（φ3.2mm）焊条，焊接电流为100～110A，直流反接，用焊条电弧焊方法进行焊接，焊条使用前按要求进行烘干。焊后进行热处理，用电加热方法加热至 720~750℃，恒温 0.5h，升降温速度不大于 300℃/h，降温至 300℃后可以不控制，自然冷却即可。

4. 建议

鉴于该容器焊接质量较差，应继续加强监督检验。在处理本次裂纹缺陷的同时，对容器其他焊缝表面质量较差的部位，尤其是表面气孔和咬边较严重的部位进行修磨和补焊，防止在以后运行过程中裂纹缺陷的再次产生和发展。

二、气瓶失效分析

1. 情况介绍

某产品气瓶在依次进行包括模拟运输试验、振动试验、冲击试验、−X 向单次冲击试验、+X 单次冲击试验和高温贮存及高温工作试验的环境适应性试验的过程中，当进行至高温贮存及高温工作试验时，发生漏气。

2. 检测过程及结果

（1）外观检查　气瓶外观及裂纹位置、形貌如图 6-54 所示，气瓶除裂纹位置外，未见异常损伤；裂纹位于管接头圆角位置，沿周向分布，气瓶外表面开裂长度比气瓶内表面开裂长度长。

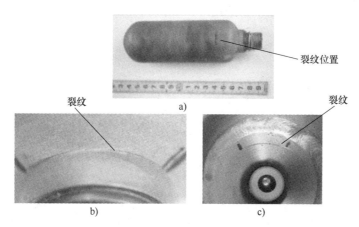

图 6-54　气瓶外观及裂纹位置、形貌

a）气瓶外观及裂纹位置　b）裂纹位于气瓶外表面侧形貌　c）裂纹位于气瓶内表面侧形貌

（2）断口观察　通过人为方式打开气瓶裂纹。裂纹断口宏观形貌如图 6-55 所示。断口上未见明显塑性变形，裂纹沿气瓶外表面起始，多源特征，裂纹源区向内可见较短的放射棱线；扩展区较平整。裂纹源区 1、2 形貌如图 6-56 和图 6-57 所示，裂纹源区位于气瓶表面，源区起始的放射棱线明显，局部可见小刻面及凹坑状特征，呈由粗糙加工面起始的特征；未见腐蚀及异常损伤形貌。裂纹扩展区可见疲劳条带，如图 6-58 所示。裂纹源区附近及圆角位置的气瓶表面形貌如图 6-59 和

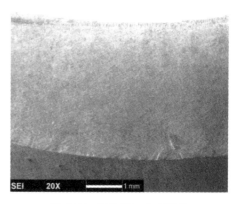

图 6-55　裂纹断口宏观形貌

图 6-60 所示，较粗糙。

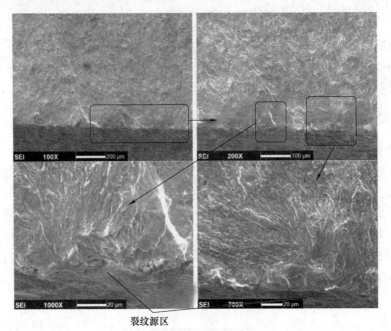

图 6-56　裂纹源区 1 形貌

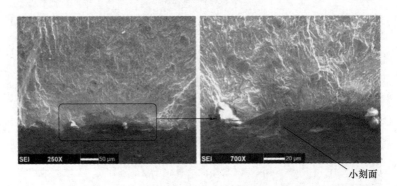

图 6-57　裂纹源区 2 形貌

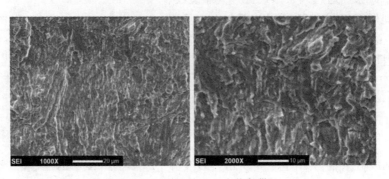

图 6-58　裂纹扩展区疲劳条带

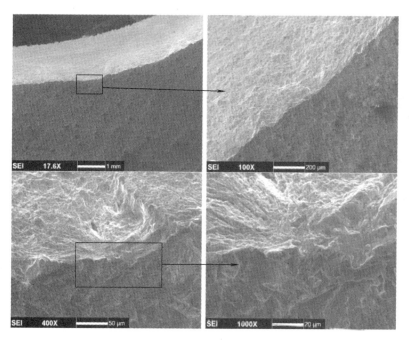

图 6-59 裂纹源区附近的气瓶表面形貌

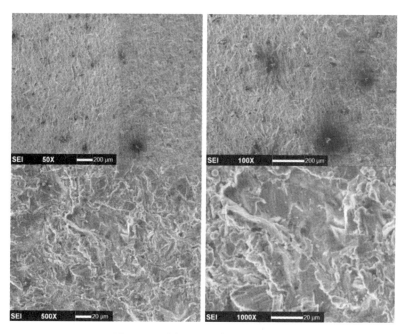

图 6-60 圆角位置的气瓶表面形貌

（3）能谱分析 对气瓶裂纹源区进行能谱分析。裂纹源区主要含有 Fe、Cr 和 Ni 元素，未见异常，能谱分析位置 1、2 如图 6-61 和图 6-62 所示，其分析结果见表 6-10、表 6-11。裂纹源区局部 O、Si 元素或 O、Al 元素较高，能谱分析位置 3、4 如图 6-63 和图 6-64 所示，其结果见表 6-12、表 6-13。可知裂纹源区局部附有氧化硅或氧化铝类物质。

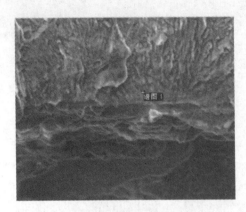

图 6-61　气瓶裂纹源区能谱分析位置 1　　　　图 6-62　气瓶裂纹源区能谱分析位置 2

表 6-10　位置 1 能谱分析结果

元素	质量分数（%）	原子百分比（%）
C	6.93	23.97
O	3.00	7.80
Si	0.71	1.05
Cr	14.46	11.56
Fe	71.39	53.13
Ni	3.50	2.48

表 6-11　位置 2 能谱分析结果

元素	质量分数（%）	原子百分比（%）
C	6.28	22.00
O	3.06	8.03
Si	1.38	2.07
Cr	14.25	11.53
Fe	71.95	54.17
Ni	3.08	2.21

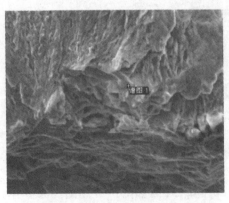

图 6-63　气瓶裂纹源区能谱分析位置 3　　　　图 6-64　气瓶裂纹源区能谱分析位置 4

表 6-12　位置 3 能谱分析结果

元素	质量分数（%）	原子百分比（%）
C	4. 10	9. 84
O	23. 24	41. 87
Si	20. 46	21. 00
Cr	10. 05	5. 57
Fe	40. 79	21. 05
Ni	1. 35	0. 66

表 6-13　位置 4 能谱分析结果

元素	质量分数（%）	原子百分比（%）
C	3. 80	6. 61
O	46. 62	60. 80
Al	34. 98	27. 05
Ti	0. 50	0. 22
Cr	2. 58	1. 04
Fe	10. 92	4. 08
Ni	0. 60	0. 21

（4）金相检查　沿气瓶轴向制取裂纹附近的管接头圆角处的金相试样，进行组织观察。气瓶管接头区域可见由圆角表面起始，向内部扩展的两条裂纹，其中，一条裂纹扩展明显，另一条裂纹较小，两条裂纹均可见由表面凹坑状区起始特征。裂纹起始区组织为回火马氏体，未见异常，裂纹区组织如图 6-65 所示。气瓶组织为回火马氏体，未见异常，如图 6-66 所示。

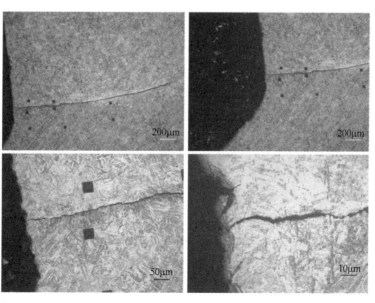

图 6-65　裂纹区组织

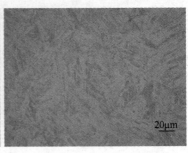

图 6-66 气瓶组织

（5）硬度测试 在气瓶裂纹附近、沿气瓶轴向制取硬度试样，进行显微硬度检查并根据《黑色金属硬度及强度换算值》（GB/T 1172—1999）换算为洛氏硬度，显微硬度检查结果见表 6-14；可知气瓶裂纹附近、裂纹附近弧形区及气瓶轴向的硬度较均匀，约为 43HRC，满足技术要求的≥40HRC。

表 6-14 外筒显微硬度检查结果（0.5HV）

试样	维氏硬度 HV							洛氏硬度 HRC	技术要求 HRC
	位置 1	位置 2	位置 3	位置 4	位置 5	位置 6	平均值		
裂纹附近	422.62	419.37	397.74	427.54	424.23	417.75	418.21	43.33	
裂纹附近弧形区	419.39	420.99	419.38	—	—	—	419.92	43.33	≥40
气瓶轴向	420.97	413.00	412.99	—	—	—	415.65	43	

（6）管接头圆角测量 对气瓶管接头圆角进行测量，圆角半径约为 0.6mm，比推荐的 1mm 小，局部圆滑程度较差。

3. 分析与讨论

（1）裂纹性质 气瓶裂纹断口宏观未见明显塑性变形，扩展区较平坦，微观可见疲劳条带，这表明气瓶裂纹的性质为疲劳裂纹。

（2）裂纹产生原因 气瓶裂纹呈多源特征，裂纹源区起始的放射棱线明显，表明气瓶裂纹的产生与裂纹萌生应力较高有关，这可能与气瓶受力较大有关。气瓶管接头处的圆角半径约为 0.6mm，比推荐的 1mm 小，局部圆滑程度较差。管接头圆角半径比推荐值小，再加上局部圆滑程度较差使得该处的应力集中程度较高，容易引起疲劳裂纹。因此，建议适当增大管接头圆角，控制其圆滑程度。

另外，气瓶裂纹源区位于气瓶表面，局部可见小刻面及凹坑状特征，为粗糙面起始特征。气瓶裂纹源区附近表面较粗糙，对其进行能谱分析，发现局部附有氧化硅或氧化铝类物质。这可能与气瓶表面喷砂（石英砂，主要成分为 SiO_2）处理有关。

气瓶组织为回火马氏体，未见异常。气瓶裂纹附近、裂纹附近弧形区及气瓶轴向的硬度较均匀，约为 43HRC，满足硬度≥40HRC 的技术要求，因此气瓶疲劳裂纹的产生与材质无关。综上所述，气瓶裂纹的产生主要与受力较大有关，同时，裂纹源区圆角较小及附近表面较粗糙对裂纹具有促进作用。

4. 结论及建议

气瓶裂纹的性质为疲劳裂纹；气瓶裂纹的产生主要与受力较大有关；裂纹源区圆角较小及附近表面较粗糙对裂纹具有促进作用。因此，应该改变工艺上对圆角和表面粗糙度的要求。

模块五　紧固件失效分析

紧固件又称标准件、标准紧固件，是一种用途极为广泛的机械基础零部件，其主要作用是连接和紧固。紧固件通常包括螺栓、螺柱、螺钉、螺母、垫圈、销、自攻螺钉、挡圈、铆钉、组合件等十几个类别，是量大面广的通用基础件，广泛应用于各个领域。据统计，约有 70% 的被连接件和组合装置由紧固件连接，而各工业部门的全部生产过程中，约有 60% 的工时是消耗在装配和紧固上，如一部汽车所使用的紧固件有 2000 多个（占汽车成本的 3%~4%），一架洛克希德 C5A 运输机需用 226 万多个紧固件，件数超过零件总数的 60%，一辆坦克需用 7000 多个紧固件。紧固件产品虽小，但其作用却不可低估，一旦出现失效，轻者影响主机正常运转，重者造成停工停产，甚至导致重大人身财产损失。2008 年 10 月，台湾地区一风力发电机组因台风发生倒塔事故，塔筒底部 136 个连接用高强度螺栓由于强度不足全部断裂。2010 年 8 月下旬，甘肃瓜州北大桥地区连续大风，造成某在建风场的一个 1.5MW 机组发生倒塌事故，经初步分析发现，可能是安装时螺栓力矩出现问题，导致大风时螺栓承受剪切力，且超过载荷极限发生断裂，也不排除螺栓本身质量存在问题。航空史上罕见的 1985 年发生的 520 人丧生的客机失事惨案，是由于一架波音 747 客机尾翼上的 850 个紧固件中有一部分存在严重的质量问题，造成尾翼破坏，并最终导致飞机坠毁。大量血的教训和巨大的物资损失促使人们开始重视紧固件这种随处可见、可用，但往往被忽视的通用零件。

失效分析技术及失效分析工作可为产品可靠性提供技术支持，为产品维修提供依据。目前失效分析技术已开始在紧固件生产、使用、维护等多个领域发挥作用，并产生了巨大的经济效益和社会效益。

紧固件的加工方法一般分为三种：冷、热镦头部成形后机械加工；不经冷、热镦头部成形直接机械加工；冲压成形后不经机械加工或经机械加工。高强度螺栓加工工艺一般选用冷、热镦头部成形后机械加工，具体制造工艺流程为：热轧盘条→冷拔→球化退火（预备热处理）→除磷→酸洗→冷拔→冷锻成形→螺纹加工→上料→除磷→淬火→清洗→高温回火→水冷→烘干→喷油→表面处理→质量检查。

一、发动机活塞销短期服役断裂失效分析

1. 概括介绍

本案例是研究发动机活塞销在短期服役后即断裂的问题。发动机活塞上的活塞销外径为 17mm，内孔径约为 11.3mm，全长约为 58mm。材质为 20CrMo，渗碳后再加热淬火。该活塞销在短期服役后发生断裂，断裂发生在连杆的一侧，如图 6-67 所示。

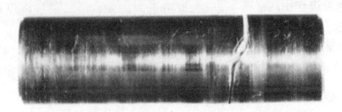

图 6-67　活塞销断裂

2. 取样

取断口表面放入超声波清洗器中在含洗涤剂的热水中清洗，在含洗涤剂的热水中浸泡并用软毛刷刷断口表面，在超声波搅动的丙酮中清洗后进行干燥。将金相试样镶嵌于环氧树脂中，用标准方法磨光和抛光。试样表面用含 2%（质量浓度）硝酸的甲醇溶液蚀刻。

3. 检验结果

（1）断口形貌　活塞销外表未见明显磨损、变形现象。断裂面与销的轴线不完全垂直，而是曲折发展，有一段 45°方向的断面。断裂面处于活塞孔与连杆孔之间，即剪应力最大截面之一，但断面方向表明断裂不完全自由剪应力引发。活塞销断口大部分在运转中被擦伤，在未损伤区可见近内孔处断口较粗糙，近外圆处断口呈细瓷状，均未见明显变形现象，活塞销断口宏观形貌如图 6-68 所示。纵向剖开活塞销，可看到孔内表面的加工刀痕十分粗糙，并有断续小裂纹，活塞销纵向剖面如图 6-69 所示。

图 6-68　活塞销断口宏观形貌

图 6-69　活塞销纵向剖面

（2）显微组织　表面裂纹形貌如图 6-70 箭头所示，在内孔表面可见有氧化物覆盖，并有平行于断裂面的裂纹。近表层裂纹源形貌如图 6-71 所示，在氧化物下可见准解理状断口花样，并有沿晶状二次裂纹，以及向内推进花样。如图 6-72 所示，在裂纹扩展区可看到平行推进的疲劳辉纹。最后瞬断区进入渗碳层，呈现出渗碳层特有的沿晶开裂形貌，渗碳层区沿晶断裂形貌如图 6-73 所示。在断口附近分别截取横向、纵向试样进行金相组织分析。

外圆表面渗碳层组织为：针状马氏体+残余奥氏体+少量小颗粒状碳化物，如图 6-74 所示。马氏体级别为 2 级，残余奥氏体级别为 1 级，碳化物级别为 2 级。

心部组织为：铁素体+低碳马氏体，见图 6-75 所示。在内孔表面有明显氧化、脱碳现象，有多条由表及里的细裂纹，在纵向试样上可见有弯曲起步的横向裂纹，如图 6-76 所示；在横向试样上可见由表向渗碳层发展的径向裂纹，如图 6-77 所示。

图 6-70　表面裂纹形貌

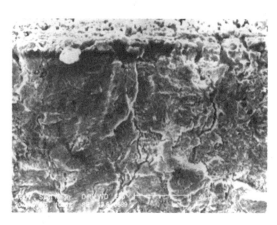

图 6-71　近表层裂纹源形貌

图 6-72　裂纹扩展区疲劳辉纹形貌

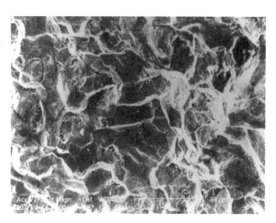

图 6-73　渗碳层区沿晶断裂形貌

图 6-74　外圆表面渗碳层组织形貌

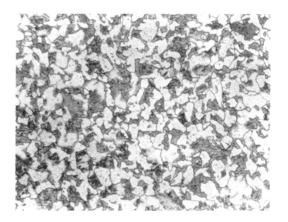

图 6-75　心部组织形貌

4. 讨论与结论

1）由金相分析表明，活塞销材质无明显冶金缺陷。

2）由金相及其他相关检验表明，活塞销的渗碳工艺过程基本正常。

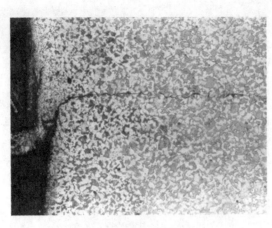

图 6-76　横向裂纹形貌　　　　　　　　　　　　　图 6-77　径向裂纹形貌

3）由断口的宏观及微观分析推断，活塞销失效为旋转疲劳断裂，而开裂起源于内孔表面。

4）在金相分析、断口分析结果中可看到内孔表面十分粗糙，并且氧化脱碳极易在淬火及运行中产生裂纹，该裂纹在设备运行中，在最大应力截面处裂纹扩展交汇相对较快，最后在近外圆处发生瞬时断裂。

5）建议严格控制内孔表面质量，尤其应严格控制最终淬火加热过程中的氧化脱碳。

二、汽轮机高压外缸高温紧固螺栓断裂原因分析

1. 设备概况

某燃煤火电机组汽轮机在点火起动过程中高压缸出现漏气，停机检查发现高压外缸南侧一根联接螺栓断裂。该汽轮机为超高压、一次中间再热、单轴三缸二排汽、冲动凝汽式空冷机组，于 1995 年投产运行。断裂的高压外缸紧固螺栓规格为 M100×670，材质为 25Cr2MoV。

2. 试验分析

（1）宏观形貌观察与分析　对断裂的高压外缸螺栓进行宏观形貌观察，可以看出，该螺栓整体断裂为 2 段，断面位于螺栓与螺母配合部分的第一螺纹牙底处，螺栓断裂位置如图 6-78 所示。螺栓断口平坦无塑性变形，断面粗糙，色泽为暗灰色，断口附近未见明显的机械损伤及腐蚀损伤等缺陷，具有较为典型的脆性断裂特征，其形貌如图 6-79 所示。

图 6-78　螺栓断裂位置　　　　　　　　　　　　　图 6-79　螺栓断口宏观形貌

（2）化学成分检测与分析　对断裂的高压外缸螺栓取样进行化学成分检测，检测数据（质量分数）见表6-15。结果表明，螺栓化学成分中各元素含量与25Cr2MoV设计材质的要求相符合。

表6-15　断裂的高压外缸螺栓各元素的质量分数（%）

检测元素	质量分数（%）							
	C	Si	Mn	Cr	Mo	V	P	S
标准要求	0.22~0.29	0.17~0.37	0.40~0.70	1.50~1.80	0.25~0.35	0.15~0.35	≤0.025	≤0.025
实测值	0.27	0.25	0.51	1.70	0.30	0.21	0.014	0.008

（3）显微组织检测与分析　在高压外缸螺栓断口附近取样进行金相显微组织检测，可以看出，螺栓整个横断面经腐蚀剂腐蚀后，在不同角度的光线下呈现为不同色泽与光亮度的多边形颗粒斑块，螺栓低倍金相组织晶粒粗大，高压外缸螺栓横截面宏观金相组织如图6-80所示。螺栓的微观金相组织为排状回火贝氏体，晶粒尺寸不均匀，存在混晶现象，局部区域晶粒直径超过0.4mm，晶粒度达到0级，未见明显的网状碳化物，高压外缸螺栓横截面微观组织形貌如图6-81所示。

图6-80　高压外缸螺栓横截面宏观金相组织

图6-81　高压外缸螺栓横截面微观组织形貌

（4）力学性能测试与分析　对断裂的高压外缸螺栓取样进行力学性能测试（20℃），其结果见表6-16。可以看出，螺栓的布氏硬度高于标准要求，冲击韧性远低于标准要求。

表6-16　高压外缸螺栓的力学性能测试结果（20℃）

检测项目	布氏硬度　HBW	吸收能量/J
实测值	306	31
标准要求	248~293	≥47

（5）断口形貌与能谱分析　利用SEM对高压外缸螺栓的断口进行检测，其形貌如图6-82所示。可以看出，在螺纹牙底断口的初始断裂区存在明显的冰糖块状沿晶断裂形貌；扩展区可以观察到明显的河流花样及少量韧窝，具有典型的准解理断裂特征。

利用能谱分析仪对螺栓晶粒晶界面的化学成分进行分析，结果如图6-83所示，各主要成分质量分数见表6-17。结果表明，断裂的高压外缸螺栓晶界附近铅含量偏高。

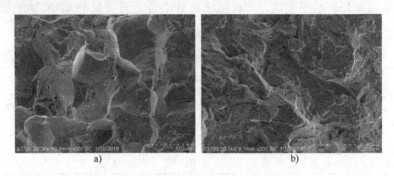

图 6-82　高压外缸螺栓断口 SEM 形貌

a）初始断裂区　b）扩展区

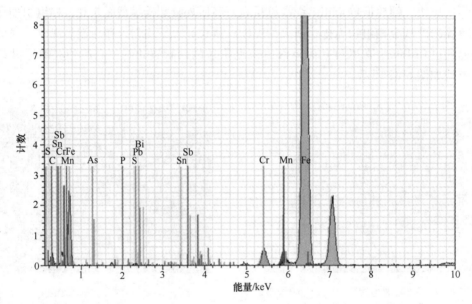

图 6-83　能谱分析结果

表 6-17　各主要成分（质量分数，%）

分析部位	质量分数（%）			
	Fe	Cr	Mn	Pb
螺栓晶粒晶界面	90.59	1.23	1.88	0.34

3. 试验结果

从断口形貌分析，螺栓断裂于配合部分的螺纹牙底处，该部位恰好处于螺栓的应力集中区；断口内初始断裂区为沿晶断裂，扩展区为准解理断裂，整个断口呈典型的脆性断裂特征。从能谱结果分析，断裂螺栓晶界附近铅含量偏高，降低了晶界表面能，导致螺栓脆性增加。从化学成分分析，该螺栓化学成分中各元素含量与《火力发电厂高温紧固件技术导则》（DL/T 439—2018）对 25Cr2MoVA 材质的化学成分含量的要求相符合。从显微组织分析，螺栓局部区域晶粒粗大，这对材料的断裂韧性是十分不利的。从力学性能分析，该螺栓的硬度偏高，冲击韧性不足，使其在机组运行过程中承受冲击载荷的能力严重下降。

对于经正常热加工工艺制造的25Cr2MoV材质的螺栓，其组织一般为细晶状的回火索氏体组织，该类型组织的材料应具有较高的强度和较好的韧性构成的优良的综合力学性能，以便在机组运行过程中承载较高的拉伸载荷和冲击载荷。而本次断裂的高压外缸螺栓因热加工或热处理工艺不当，金相组织为排状回火贝氏体，且局部区域晶粒粗大，这样杂质元素极易在晶界偏聚，造成冲击韧性严重不足，在汽轮机起停及运行过程中不断承受拉、弯、剪切等静载荷及冲击载荷的作用，最终在螺栓与螺母配合部分的第一螺纹牙底处发生应力集中开裂。

4. 试验结论

螺栓断裂的主要原因：螺栓材料加工阶段的热加工工艺不当，造成螺栓材料局部区域晶粒粗大，冲击韧性严重不足，最终在承载最大的部位发生开裂，并以脆性方式逐渐扩展，直至整体断裂失效。

5. 监督建议

应加强对汽轮机各部位高温紧固螺栓的金属技术监督，并对其他同种材质的高温紧固螺栓进行检验排查，发现问题及时处理；同时严格规范高温紧固螺栓的采购、入库和使用的把关、检验，避免材质不合格的螺栓流入并使用到机组设备上；应避免由极端工况的频繁出现引发的螺栓承受异常载荷和应力。

三、风电齿轮箱紧固用双头螺柱断裂分析

1. 概况

风电齿轮箱紧固用双头螺柱的材料为42CrMo，强度级别为10.9级。在装配过程中双头螺柱发生断裂，装配转矩为2000N·m。

2. 理化检验

（1）宏观形貌分析　双头螺柱断口的宏观形貌如图6-84所示。断裂位置位于螺纹根部，断口较灰暗，呈纤维状，未见夹渣、疏松等原材料缺陷，具有扭转断裂特征。

图6-84　双头螺柱断口的宏观形貌

（2）化学成分分析　在断裂双头螺柱上取样进行化学成分检测，结果见表6-18。其化学成分符合《合金结构钢》（GB/T 3077—2015）中关于42CrMo的技术要求。

表6-18　双头螺柱化学成分（质量分数，%）

类别	C	Si	Mn	P	S	Cr	Mo
试样	0.42	0.24	0.70	0.016	0.001	1.07	0.17
42CrMo（GB/T 3077—2015）	0.38~0.45	0.17~0.37	0.50~0.80	≤0.030	≤0.030	0.90~1.20	0.15~0.25

（3）微观形貌分析　将双头螺柱断口放入扫描电子显微镜观察，裂纹源位于螺纹底部，断面绝大部分微观形貌为剪切韧窝，形貌如图6-85所示。

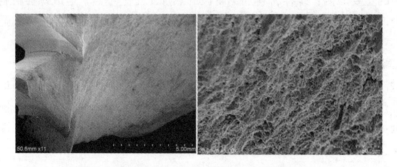

图6-85　双头螺柱断口的扫描电子显微镜形貌

（4）非金属夹杂物检查　沿如图6-84所示虚线对双头螺柱断口进行线切割取样，观察断口截面的显微组织。图6-86所示为裂纹源附近非金属夹杂物的微观形貌。

图6-86　裂纹源附近非金属夹杂物的微观形貌（100×）

（5）金相检查　图6-87所示为双头螺柱螺纹裂纹源截面的微观形貌和显微组织，裂纹源附近未见明显的原始裂纹和异常夹杂。该区域组织为：贝氏体+屈氏体+少量铁素体，未见明显氧化脱碳现象。裂纹源附近存在挤压流线，未见明显氧化折叠缺陷，螺纹截面也未见明显增碳、脱碳现象，沿螺纹轮廓分布形变流线。双头螺柱螺纹根部截面的显微组织如图 6-88 所示。这表明双头螺柱制备工艺为滚压螺纹。双头螺柱纵截面的基体显微组织如图 6-89 所示。

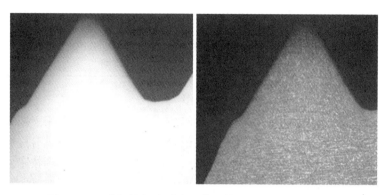

图 6-87　双头螺柱螺纹裂纹源截面的微观形貌和显微组织

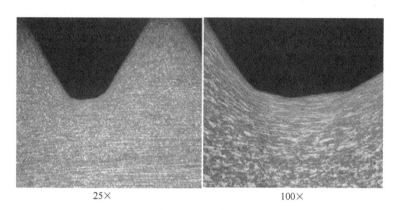

25×　　　　　　　　　　　　　100×

图 6-88　双头螺柱螺纹根部截面的显微组织

图 6-89　双头螺柱纵截面的基体显微组织

（6）力学性能试验　在断裂双头螺柱上取样进行力学性能试验，即拉伸性能、-20℃冲击性能、基体洛氏硬度试验，试验结果见表 6-19。可以看出，双头螺柱材料的强度指标、吸收能量和硬度均未达到技术要求。

表 6-19　双头螺柱的力学性能试验结果

类别	抗拉强度 R_m/MPa	条件屈服强度 $R_{p0.2}$/MPa	伸长率 A（%）	断面收缩率 Z（%）	吸收能量 K/J（20℃）	基体硬度 HRC
试样	865	687	13.0	51.0	21、21、20	25、26、26
技术要求	≥1040	≥940	≥9	≥48	≥27	30～38

3. 分析与讨论

双头螺栓在装配过程中要承受拉应力、扭转应力和剪切应力的作用。断裂双头螺柱宏观形貌有明显的缩颈、伸长塑性变形。断口微观形貌为剪切韧窝，断口具有过载断口特征，这表明双头螺柱不能承受安装应力的作用。该双头螺柱强度、硬度未达到技术要求，在安装应力还没有达到标准规定的应力时，双头螺柱便已发生断裂。因此，双头螺柱的断裂与安装应力无关，而与双头螺柱的组织和强度有关。

断裂双头螺柱显微组织为：贝氏体+屈氏体+少量铁素体，与 42CrMo 调质组织回火索氏体不同。断裂双头螺柱显微组织和硬度均与原材料热轧态接近，原材料热轧态基体显微组织如图 6-90 所示。因此可以推断，该批次双头螺柱中部分双头螺柱未进行调质处理。

对同批次其他双头螺柱进行表面硬度测试，筛选出洛氏硬度较低的双头螺柱进行金相检查，检查结果见表 6-20。现场测试硬度值和显微组织具有一定对应关系，因此可以使用现场硬度测试的方法区分双头螺柱是否进行了调质处理。

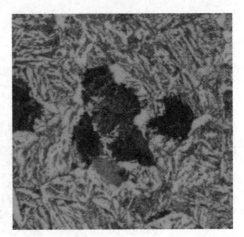

图 6-90　原材料热轧态基体显微组织（500×）

表 6-20　洛氏硬度较低的双头螺柱的金相检查结果

试样编号	现场测试硬度值　HRC	显微组织
1#	19、19、19	贝氏体+少量屈氏体（图 6-91a）
2#	22、23、23	贝氏体+少量屈氏体（图 6-91b）
3#	24.5、24.5、24	贝氏体+屈氏体（图 6-91c）
4#	28、28、27.5	屈氏体+贝氏体（图 6-91d）
5#	32.5、32、33	回火索氏体+少量贝氏体（图 6-91e）
6#	33、33、33.5	回火索氏体（图 6-91f）

4. 结论

该批次双头螺柱中存在部分未进行调质处理的现象，其显微组织存在大量屈氏体和贝氏体，强度和硬度达不到技术要求，不能承受安装应力的作用。在安装应力还没达到技术要求时，双头螺柱就会发生扭转过载断裂，可使用现场硬度测试的方法区分双头螺柱是否进行了调质处理。

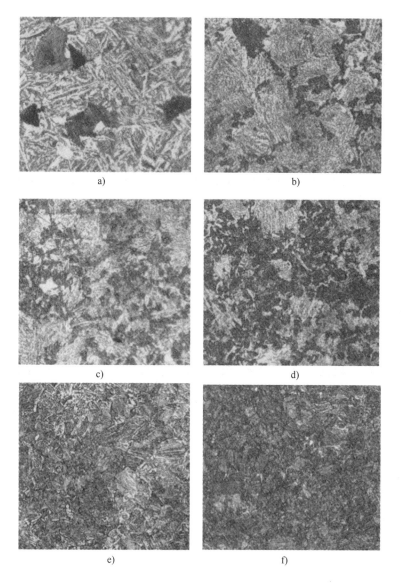

图 6-91　双头螺柱横截面的显微组织（500×）
a）1#试样的显微组织　b）2#试样的显微组织　c）3#试样的显微组织
d）4#试样的显微组织　e）5#试样的显微组织　f）6#试样的显微组织

参 考 文 献

[1] 张铮，陈再良，李鹤林. 我国失效分析的现状与差距 [J]. 金属热处理，2007，32（增刊）：49-52.

[2] 考霍莱. 工程材料的失效分析 [M]. 谢斐娟，等译. 北京：机械工业出版社，2003.

[3] 钟培道. 断裂失效分析 [J]. 理化检验：物理分册，2005，41（7）：375-378.

[4] 刘鹏，王晓燕. 重型汽车变速箱六档齿轮断裂失效分析 [J]. 热处理技术与装备，2013，34（4）：58-60.

[5] 贾舒，候婷. 变速器副箱减速齿轮断裂失效分析 [J]. 热加工工艺，2014，43（20）：227-228.

[6] 胡美些. 金属材料检测技术 [M]. 北京：机械工业出版社，2014.

[7] 刘贵民，马丽丽. 某式手枪枪管断裂失效分析 [J]. 装甲兵工程学院学报，2007，21（5）：45-48.

[8] 白培谦，泮战侠，慕松，等. 重卡钢板弹簧断裂失效分析 [J]. 理化检验（物理分册），2012（8）：532-534.

[9] 肖九梅. 铸造铝合金发动机 [J]. 模具制造，2013（3）：62-68.

[10] 赵时静. 热作模具钢锻造加工的缺陷及预防 [J]. 中国科技投资，2013（14）：93.

[11] 强颖怀. 材料表面工程技术 [M]. 徐州：中国矿业大学出版社，2000.

[12] 高殿奎. 复合凹凸模失效分析工艺改进 [J]. 金属热处理. 2002，27（8）：55.

[13] 吴连生. 失效分析技术及其应用：第一讲 失效背景材料的收集 [J]. 理化检验（物理分册），1995（1）：58-61.

[14] 朱孝录. 机械零件失效分析讲座：第1讲 机械零件失效分析概述 [J]. 机械工人（冷加工），1999（1）：33-35；40.

[15] 潘安霞，徐罗平，刘仕远，等. 紧固件失效分析与案例 [M]. 北京：机械工业出版社，2019.

[16] 干勇，等. 材料延寿与可持续发展战略研究 [M]. 北京：化学工业出版社，2016.

[17] 秦大同，谢里阳. 现代机械设计手册：第2卷 [M]. 2版. 北京：化学工业出版社，2019.

[18] 孙智，任耀剑，隋艳伟. 失效分析：基础与应用 [M]. 北京：机械工业出版社，2017.

[19] 廖景娱. 金属构件失效分析 [M]. 北京：化学工业出版社，2003.

[20] 万荣春，王学武. 金属力学性能 [M]. 2版. 北京：机械工业出版社，2022.

[21] 陶春虎，何玉怀，刘新灵. 失效分析新技术 [M]. 北京：国防工业出版社，2011.

[22] 王志文，关凯书. 过程设备失效分析 [M]. 北京：化学工业出版社，2017.

[23] 李玉海，蔡红，秦会常，等. 失效分析150例 [M]. 北京：机械工业出版社，2020.